魂を撮ろう

ユージン・スミスとアイリーンの水俣

文藝春秋

田中実子

ユージンは彼女を撮ることに拘り、何ロールも撮ったが、
ポートレートとして『水俣』に掲載したのはこの一枚だけだった
撮影：W. ユージン・スミス　© アイリーン・美緒子・スミス

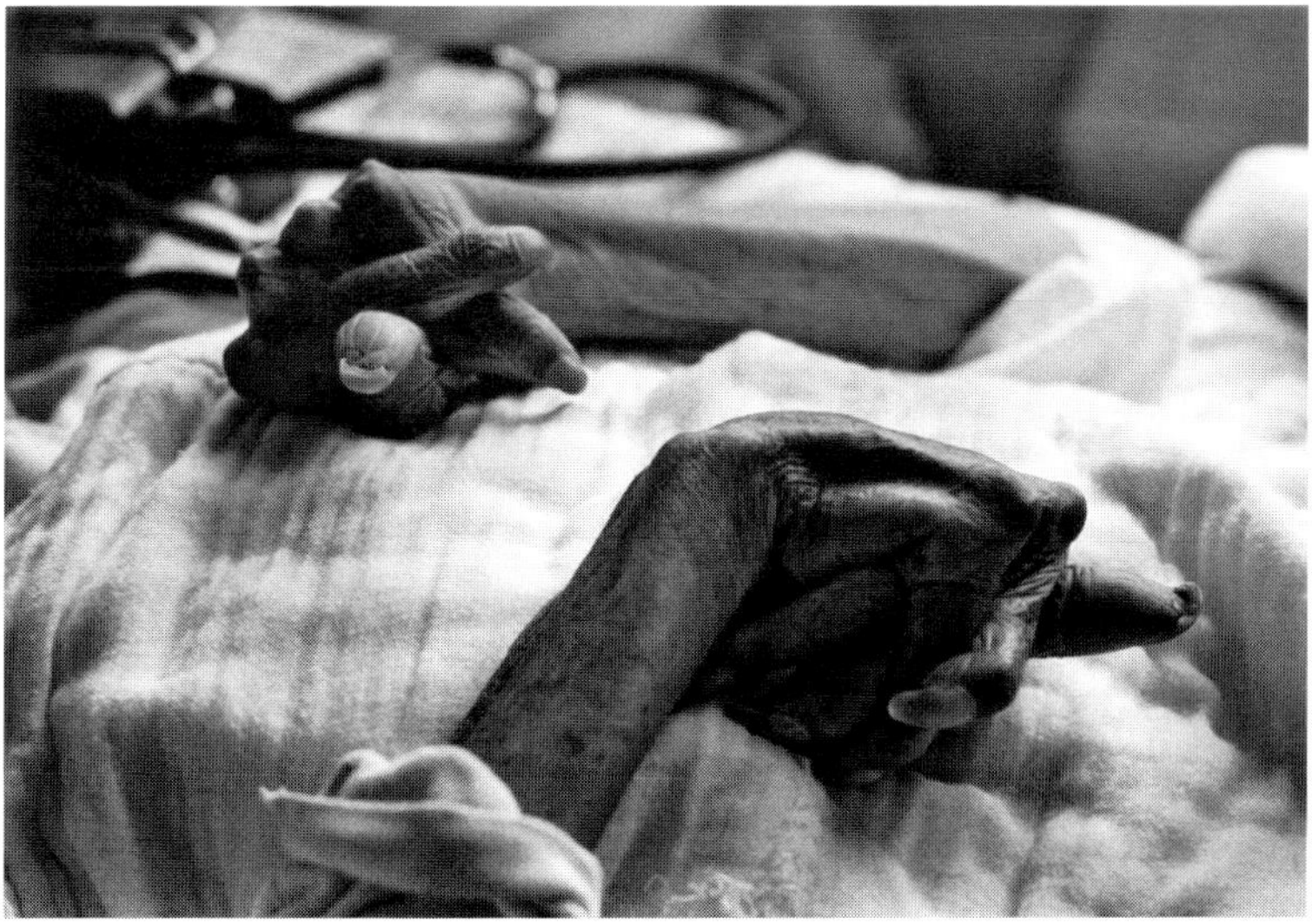

船場岩蔵

すでに息子を水俣病で亡くしていた彼は、この撮影の二日後に亡くなった
撮影：W. ユージン・スミス　© アイリーン・美緒子・スミス

川本輝夫と嶋田賢一チッソ社長

原告勝訴後の東京チッソ本社での交渉時、自主交渉派も救済せよ、と静かに迫る川本（1973）

撮影：アイリーン M. スミス　© アイリーン・美緒子・スミス

川本輝夫

自主交渉派のリーダー

撮影：W. ユージン・スミス

© アイリーン・美緒子・スミス

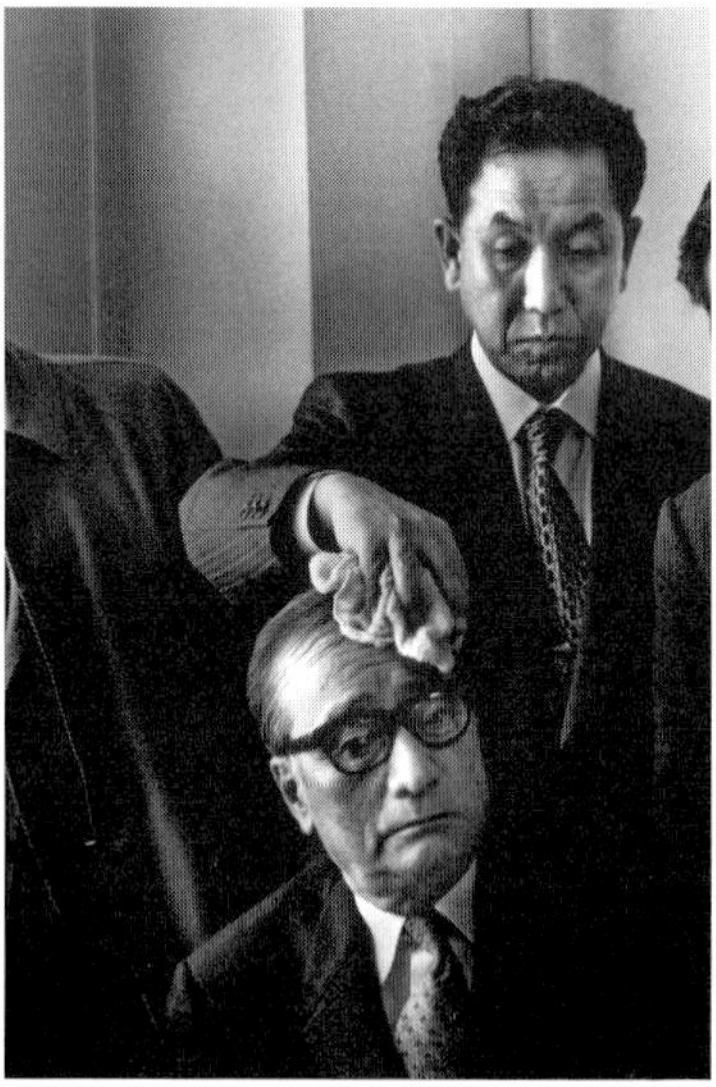

嶋田賢一チッソ社長

原告勝訴後の東京チッソ本社での交渉時、

社員に汗をぬぐってもらう嶋田

撮影：アイリーン M. スミス　© アイリーン・美緒子・スミス

楽園への歩み
従軍カメラマンとして参加した沖縄戦で負傷。戦後、再起をかけて初めて発表した作品。
被写体は自身の子供たち
撮影：W. ユージン・スミス

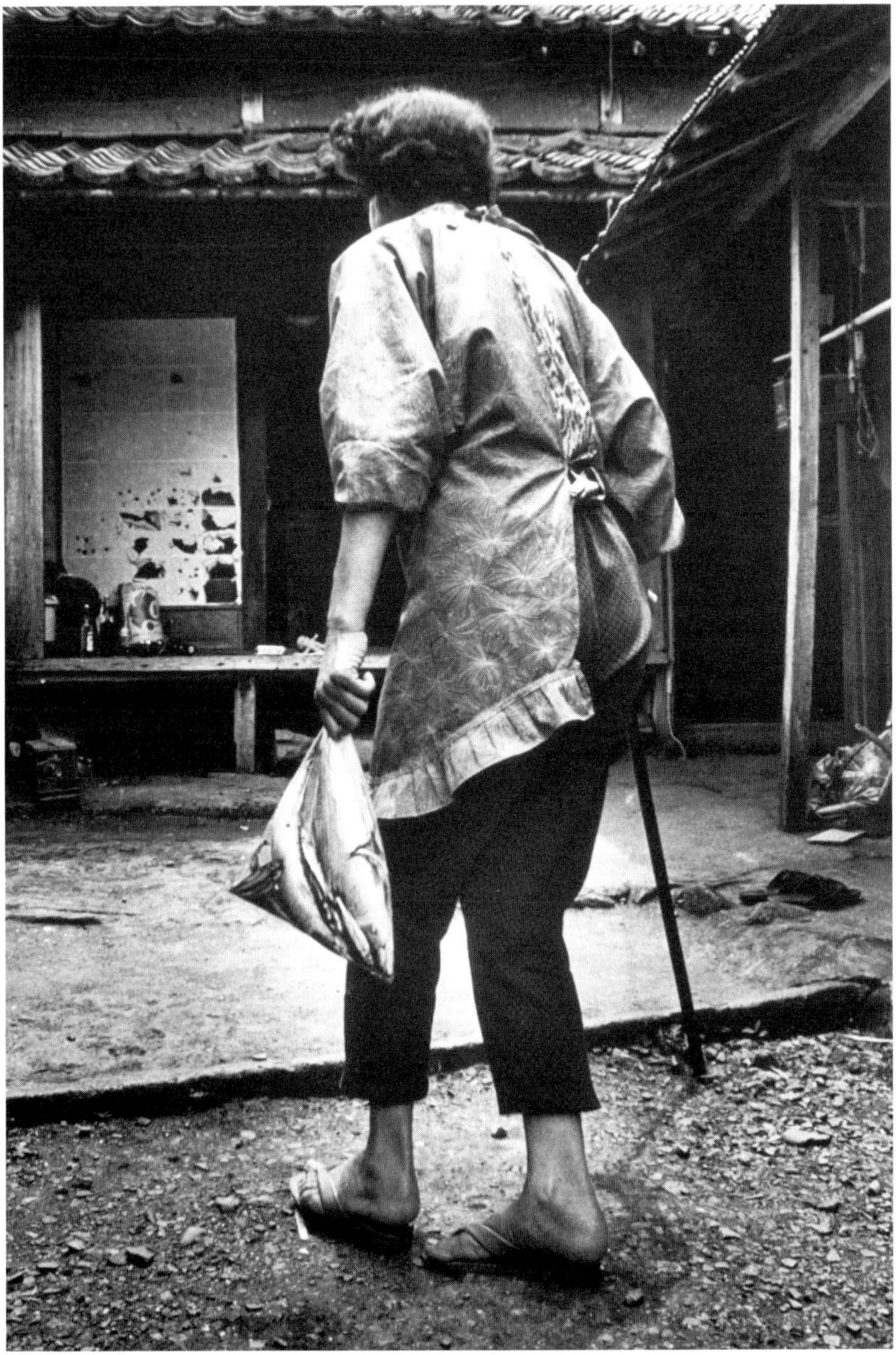

茂道に住む佐藤ヤエ

自主交渉派リーダーの一人、佐藤武春の妻。写真集『水俣』最後の一枚

撮影：W. ユージン・スミス　© アイリーン・美緒子・スミス

目次

第四章　不知火の海

暗室の苦闘
元村和彦の来訪
親族の大歓待
石川武志との出会い
塩田の広大な跡地
憧れになった「会社行き」
冷酷な新しい支配者
朝鮮半島への進出と敗戦
水俣病の「発見」
「針金で頭をえぐられる」
想像を絶する苦しみ
「工場排水が原因の可能性」熊本大学の発表
工場排水放出の停止を拒否
排水口の移動で被害拡大
「猫四〇〇号」と御用学者たち
「産業が止まったら高度成長はない」

第五章　水俣のユージンとアイリーン——

チッソの「隣人愛」で見舞金
産官学とメディアの結託
胎児性水俣病の「発見」
訴訟に踏み切った新潟水俣病の患者たち
十二年後、ようやく国が認める
本当の闘いが始まる
足元を見られた一任派
「チッソの社長と人間的な直接の対決をしたい」
遺影の小さな女の子
自主交渉派、川本輝夫の登場
「この世の常識にしたがって、まず話し合う」
スバルのサンバーで取材を始める
若返ったユージン
自主交渉派の闘い
智子と母を撮る
ユージン、五井工場で襲われる

第六章　写真は小さな声である

証拠の映像があっても不起訴
「ジッコちゃんの苦悩が撮れない」
ユージン、「ライフ」に手紙を送る
「ジャーナリストは客観性に逃げるな」
柱が引き倒される日
すべては裁判で
法廷に響いた智子の声
補償をめぐる新たな闘い
チッソ社長嶋田の葛藤
写真展開催にこぎつける
ふたりの間に生まれた亀裂
金が水俣を変えた
大物プロデューサーの援助
新しい女性の影
写真集『MINAMATA』
ユージンのアリゾナ行きと智子の死

不知火海沿岸図

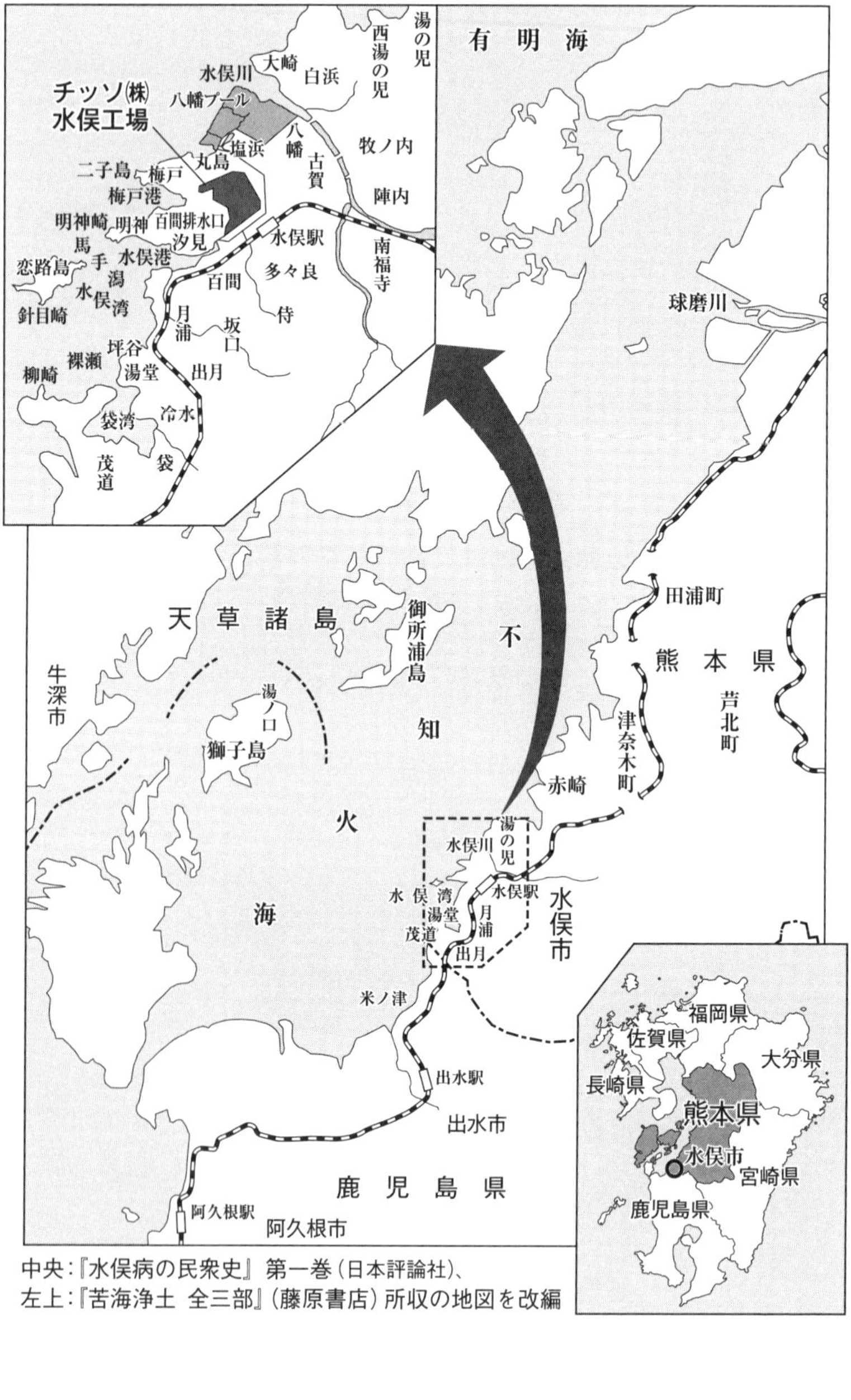

中央：『水俣病の民衆史』第一巻（日本評論社）、
左上：『苦海浄土 全三部』（藤原書店）所収の地図を改編

序章　小さな声に導かれて

二〇二一年四月下旬、私は東京駅から新幹線に飛び乗った。

目的地は熊本の最南端、水俣である。

通常ならば飛行機を使う。長い旅路となることは覚悟の上だった。列車を乗り継ぎ目的地に着くのは七時間後か、それとも八時間後か。熊本からは新幹線を使わず在来線で水俣駅に向かう予定であるから、乗り換え時間も考えれば、もっとかかるのかもしれなかった。それでも鉄路を選んだ理由は彼らの旅路を少しでも、なぞってみたいと思ったからだ。

今からちょうど五十年前の一九七一年九月、米国の著名な写真家ユージン・スミスはニューヨークから日本へとやってきた。

東京から汽車に揺られて、小さな水俣駅に降り立った時、彼の傍らには二十一歳の年若い妻アイリーンがいた。日本人の血を半分ひく、母国を愛する少女のような女性が。

ユージンはこのアイリーンの助けを借りて、最後の仕事をなそうとしていた。それまでの経験で培った技術と彼の美的感性のすべてを灌《そそ》いで、ジャーナリズムとアートの手法を駆使し、何よりも人間と人間社会を見極める彼の表現者としての透徹した目をもって。水俣における深刻な被害の現実を、そこにある人間の物語を、彼は写真と言葉によって、伝えたいと考えていたのである。ユージンは水俣を後に写真集でこう位置づけて読者に紹介している。

〈東京から汽車で行くには、ヒロシマを通り過ぎ、ナガサキの近くを過ぎて、南九州の西海岸を下っていくことになる。町は不知火海《しらぬいかい》に面している。水俣湾はその一部にあたる。私は水俣あたりの海が怒っているのを見たことがない〉（W・ユージン・スミス、アイリーン・美緒子・スミス『MINAMATA』ホルト・ラインハルト＆ウィンストン社、一九七五年。以下、『MINAMATA』英語版）

右の短い一文からは彼がヒロシマ、ナガサキと同じようにミナマタを捉えていたのだということがわかる。

写真は小さな声にすぎない

定刻に東京駅を出発したが、列車に人影はまばらだった。

日本中が新型コロナウイルスの蔓延によって、半ば動きを止められているのだから、当然といえば、当然であろう。ゴールデンウィークを前にして、東京都には、今年二度目の緊急事態宣言が出されるようだと噂が立つ中で、急遽、決めた旅でもあった。

昨秋に訪れてからの再訪であったが、前回はひとりで地図を見ながら町や村を歩いた。今回はそれだけでなく、現地で水俣病に今も苦しむ方々にも、お会いしたいと考えていた。コロナウイルスを持ち込むようなことがあってはならないと思い、ＰＣＲ検査を受け、人と接触せぬようにと新幹線に飛び乗ったものの、目に見えぬ疫病であれば、注意をいくら払っても万全とはいえず不安が消えない。車内で咳をする人がいれば、自然と眼が向いてしまう。コロナというものが全世界を覆って、一年が過ぎた。この病によって、社会は、未来は、どう変わっていくのだろう。これまで当たり前のように思われていたことが、経済重視の人間の営みが、根底から見つめ直される契機になるのだろうか。

だから、いっそう私は今、水俣を知りたいと思っている。今日の問題を考えるために。

日本人で「水俣病」を知らないという人は、まずいないことだろう。誰もが一度は義務教育の過程で接しているはずだ。私にも遠い昔、小学生か中学生の頃、社会の時間に公害教育の一環として、水俣病を教えられた記憶がある。海が汚染され、その海で育った魚を食べた人たちが被害を受けた。原因となったのはチッソという企業が流した工場排水に含まれていた有機水銀であった、と。日本の公害問題の原点である、と。

何より記憶に残ったのは、その際に見た写真や映像だった。水俣病患者たちの痛ましい姿は、私が子どもだったこともあり、あまりにも恐ろしく感じられたのだった。教室ではショックを受けて泣き出す子もいた。私自身もその日、食事が喉を通らなくなるような衝撃を受けたことを今でもはっきりと思い出す。

患者たちが痙攣《けいれん》して苦しむ姿、人間が人間としての在り様を破壊されてしまった姿を目にして、怖い、恐ろしい、という感情を抱いたことを。水俣病は二度と繰り返してはならないと思う一方で、あまりに辛くて、目にしたくないというような気持ちが心の中に沁み込み、それ以上に深く知ろうとはせずに、私は大人になっていった。

歳月が流れた。石牟礼道子の『苦海浄土』を読む機会を得た際には、その独特の文学表現に強く魅了されたが、私に「水俣病」との再会を与えてくれたのは、むしろ彼の作品によるところが大きかった。

ユージン・スミスが撮った一連の水俣作品である。私は偶然、目にして、心を強く揺さぶられた。どの写真も、まるで宗教画のように感じられ、吸い込まれていくようだった。独特の深い陰影がそこにはあった。

告白するならば、水俣病の深刻な被害が写し出されているというのに、それらの写真を私は「美しい」と感じたのだ。そう思ってしまうことは許されることなのだろうか。自分が罪を犯しているようにも思え、怖くなった。

とりわけ有名な一枚は、母の胎内で水銀に暴露した重い症状を持つ胎児性水俣病患者の少女を、横抱きにして風呂に入る母の姿を捉えた「入浴する智子と母」である。しかし、それだけでなく、どの写真からも被写体となった人々の心の叫びのようなものが、内なる声のようなものが、伝え聞こえてくるように感じられた。

こんな写真をどうして撮れたのか。いったい、この写真家は、どのような人物なのか。

アメリカ人の写真家が水俣において、こんなにも繊細な写真をどうして撮ることができたのか。写真という芸術にまったく疎《うと》かった私は、ユージン・スミスという名も知らず、そのことが不思議に思えてならなかった。

彼自身はとうに亡くなっており、この水俣シリーズが彼の最後の作品であるということを、私は後に知った。そして、写真だけでなく私は彼の文章に、より惹かれていった。彼は写真に文章を添える、フォト・エッセイというジャンルを切り開いた人でもあったのだ。

〈写真はせいぜい小さな声にすぎないが、ときたま——ほんのときたま——一枚の写真、あるいは、ひと組の写真がわれわれの意識を呼び覚ますことができる。（中略）私は写真を信じている。もし充分に熟成されていれば、写真はときには物を言う。それが私——そしてアイリーン——が水俣で写真をとる理由である〉（W. ユージン・スミス、アイリーンM. スミス　中尾ハジメ訳『写真集　水俣』三一書房、一九八〇年。以下、『写真集　水俣』）

また、彼が水俣を撮る際、その傍《かたわ》らに妻アイリーンがいたのだということも、私は後々、知ることになる。

アイリーンとは彼の二番目の妻で、ふたりは結婚した直後から三年あまり、水俣で暮らしたのだった。

私はこの「アイリーン」が京都で暮らしていると人に教えられ、会いにいった。それが、もう今から十四年以上も前のことである。

ユージン・スミスを半ば歴史上の人物のように捉えていた私は、彼の元妻が若々しく、生き生きとして私の目の前にいるという事実が、とても不思議なことに感じられてならなかった。ユージンとは、三十一歳ほど年齢の離れた夫婦だったのだ。

彼女は脱原発を訴える活動をしており、京都で「グリーン・アクション」という団体を、当時も今も主宰している。書類が堆《うずたか》く積まれた台所のダイニングテーブルを前に彼女は、「散らかっていて」と肩をすくめて、笑った。その笑顔と飾り気のない人柄に、私は魅かれた。

当時のアイリーンは五十代。私は三十代だったが、年齢の開きを感じることはなく、彼女を同世代の友人のように感じた。年齢よりもずっと若く見えるのは好奇心が強く、いつも目がキラキラと輝いているからだろう。

日本語は達者だが、読み書きになると英語を使う。彫《ほり》の深い顔立ちだが、小柄で、むしろ日本的な人、という印象を私は受けた。

「こうしたい」と意思を伝える時は、「でも、迷惑じゃないかしら」と必ず付け加える。自分の言動について、後で周囲の人に「間違っていなかったかしら」と必ず確認する。

相手を不快にさせたり、誤解させることをしなかったかと、少し神経質なほど気にする一方で、これは後にわかることなのだが、自分がないがしろにされたと思うと、それこそ少女のように泣いて、怒るようなところもあった。

ユージン・スミスと写真集を共著で出した時、彼女はまだ二十代だった。世界的に評価されたが、当時も、その後も、彼女は自分を写真家だと名乗ったことは一度もない。ユージンとの離婚後、写真家の道には進まなかったし、また、進めなかった。

私はしばらく京都に通い、アイリーンから話を聞き続けた。ユージンの思い出を、水俣での日々を、彼女自身の生い立ちを。京都の「グリーン・アクション」の事務所で。彼女は電力をなるべく使わないように心がけて生活している。だから、私は夏は団扇《うちわ》を借りて煽《あお》ぎながら、冬は赤いちゃんちゃんこと毛糸の靴下を貸してもらい話を聞いた。

彼女への、こうしたインタビューはその後、雑誌に連載されることになった。だが、その時から私は、彼女の回想だけに頼って、ユージンを、水俣を、彼女を、語り切ることは難しいのではないかと感じていた。この先へ進むならば、私自身が主体となって調べ、知ろうとしなければならないだろう、と。いつかは、と思いながらも、なかなか自ら足を踏み入れていくことができなかったのは、それが容易《たやす》いことではないとわかっていたからだ。

時は流れ、福島原発の事故が起こった。東京にいた私が真っ先に連絡を取りたいと思った相手は、アイリーン。彼女だった。

数年前のインタビュー時、彼女が言っていたこと、その懸念がまさに現実のものとなっていくのを目の当たりにしたからである。

テレビ画面には建屋が吹き飛び、黒煙があがる福島原発の光景が映し出されていた。給水するために自衛隊の飛行機が上空を飛び水を空から落とす、という作戦が繰り返されているのを見た時、とても現実の出来事とは思えなかった。民放テレビに次々と「原子力の専門家」が登場して、無責任な楽観論を繰り返すのを見て、市民の立場で原発問題に携っているアイリーンの意見を聞きたくなったのだ。

ゆっくりと話せたのは、事故から数カ月後のことだった。彼女はすでに、福島の「その後」を心配していた。

「水俣のようになってしまうんじゃないかと思って」

事故原因が検証されない、企業や国の責任が問われない、住民の健康被害が調査されない、補償金の額に差をつけて被害者同士を対立させる……。水俣で起こった「その後」が福島でも繰り返されるのではないか、と。そして、彼女の危惧は、そのまま現実となっていった。

「ヒロシマ、ナガサキ、ミナマタ」

ユージンは「ヒロシマ、ナガサキ、そしてミナマタだ」と語っていたという。

ミナマタにおける人間と自然への破壊は原子爆弾によるそれと同じように世界に知られるべきことであり、その産業被害の惨禍は人類が教訓として受け継ぐべきことであると、彼は考えていたのだろう。

しかし、現実には、「ヒロシマ、ナガサキ、フクシマ」となってしまった。

水俣がミナマタとなるほど、日本において、世界において、反省のもとに深く認知されていたならば、もしかしたらフクシマは防げていたのではないか。そう考えさせられる日々が続いた。

事故の直後から原発に反対する声は、急速に国民の間で高まった。だが、すでに過去の出来事として風化が進み、政府は再稼働に向けて舵を切り、老朽化した原発すら規則を捻じ曲げてまで動かそうとしている。

アイリーンはこの流れを憂えながら、根気強く、今も昔も変わらずに活動し、福井県の大飯《おおい》原発再稼働に反対する行政訴訟では、原告団の共同代表を務めた。

「国を相手にした裁判を起こしても無駄だ」という声もある中で、二〇二〇年十二月四日に大阪地裁で迎えた一審では、勝訴を勝ち取ったのだ。

その夜、電話で話した時、アイリーンは、「やっと自分の義務を少しだけど果たせたと思った」と私に語った。

〈二十代の時に水俣に行って、水俣の漁村で暮らす普通のおじさんや、おばさんが立ち上がって裁判を起こし、闘う姿を私は見た。あの頑張り、あの強さ。あれを見させてもらったんだから、それを活かさなきゃいけないとずっと思ってきた。水俣の患者さんたちが泣き寝入りせずに裁判をして勝ってくれた。そのお蔭で企業や行政が環境を重視するようになった。その恩恵を私たちは受けている。知らないままに、受けているの。逆に今、ここで原発を一生懸命に止めなかったら、未来の子どもに「どうしてあの時、止めてくれなかったの」と言われるような気がする。今を生きている大人としての責任を果たしたかった。水俣病第一次訴訟判決の時、私は二十二歳。今は七十を過ぎてしまったけれど〉

大飯原発設置許可取り消し訴訟については国がすぐに控訴したので、まだ裁判は続く。最終的な判決が出るのは、何年先になるだろうか。その時、日本はどんな国になっているのだろうか、と彼女の話を聞きながら、私は思った。

年が明けてコロナ禍が収まらぬ中で政府は、二〇二一年四月十三日、福島第一原発から排出された汚染水を海洋放出する方針であると発表した。

テレビやソーシャル・メディアではタレントや、評論家、政治家たちが、「飲んでも問題がない」「飲んで見せてもいい」「福島の魚を自分は買う」と次々に発言した。「処理水を汚染水と書くことは間違っている」とメディアを激しく批判する政治家もいた。

水俣病を引き合いに出して、「福島の魚が売れなくなる。風評被害が起こる」と述べる人も見られた。「水俣のようになる」と訴える声もあれば、「水俣のようにはならない」と訴える声もあった。だが、水俣で起こったことを、果たして私たちはどれだけ十分に知っているのだろうか。知り得ているのだろうか。

水俣で起こったことは風評被害ではなく、被害そのものだった。工場排水の流れ込んだ海で魚を獲り、それを口にした人々がもがき苦しんで亡くなり、あるいは今も、しびれや頭痛、味覚が失なわれるといった被害に苦しんでいる。自分の身体に異変が起こっていると気づいても、それを口にすると魚が売れなくなると言われ、被害を隠した人もいる。行政は魚が危ないとわかっていながら、漁獲を禁じることによって生じる補償を惜しんで、見て見ぬふりをした。

ユージンが「怒っているのを見たことがない」と形容したように、水俣の海は極めて穏やかな海である。天草の島々や宇土《うと》半島などに守られて、外洋と隔てられているからだ。内海の中の内海で、波も立たない。大きな湖のような海である。魚たちも安心して暮らせるからか、ここを産卵の場にする。魚が湧き出るような海、と言われた。この湾から出ることなく一生を終える魚もあった。小さな宇宙であった水俣の海。

そこへ有機水銀入りの工場排水が流れ込む。漂うプランクトンを小魚が食べ、それを少し大きな魚が食べ、さらに大きな魚が食べる、エビが食べる、タコが食べる――そうやって食物連鎖により毒は、母胎のような海の中で、濃縮されていった。

当時の科学の常識として、それほどの毒を体内に持ちながら、なお魚が生きているとは信じられなかったと、原因究明に奔走した熊本大学の医者たちは証言している。

水俣で何が起こったのか。その時、人々はどう生きたのか。水俣病は隠蔽されそうになり、歴史から消されていても、おかしくはなかった。当たり前のように思っていることは、決して当たり前ではないのだ。

ユージンがレンズを通して見つめ、表現しようとしたものは何か。彼らは、なぜ出会い、なぜ水俣へ来たのか。

写真から聞こえてくる「小さな声」に導かれて、私は今、列車に揺られ、窓の外に広がる、不知火の光る海を見ている。

第一章　アイリーンの生い立ち

前列左から美智子、美緒子、久次郎、房子

左から、母美智子、アイリーン、父ウォーレン・スプレイグ

曾祖父・岡崎久次郎

二〇二一年五月――。私は水俣からの帰り路、小田原駅で新幹線を降りた。東海道線に乗り換えて二宮へ。探しているものは水俣の資料館ではなく、こちらにあると知ったからだ。

木立に囲まれた徳富蘇峰記念館は「生きた博物館」のうたい文句に恥じず、徳富が生前に収集したあらゆるものが収蔵されている。それら遺品の中核をなすのは書簡類で四万通を優に超え、その中に私の目当ても含まれていた。

アイリーンの曾祖父・岡崎久次郎から徳富蘇峰に宛てた書簡は、全部で十九通。係の方に聞くと、「十九通は多いほう」だという。それだけ密に付き合っていたということだろう。巻き紙に筆で力強くしたためられた手紙を、私は手に取り、読みふけった。

それにしても、と思う。なんという縁だろう。

水俣が誇る偉人、それが徳富蘇峰である。徳富家は代官の深水《ふかみ》家と並ぶ水俣の名家であって、土地では「西の殿様」と言われてきた。だが、明治の初めに、その水俣を捨てて、東京に出ると中央での栄達をなす。

彼らが手放した水俣の土地は後に、チッソのものとなっていった。その徳富とアイリーンの曾祖父・岡崎久次郎は、こうして書簡を交わす関係にあったのだ。それだけでなく岡崎が手がけようとした、ある事業にも徳富は尽力している。貧困にある人々が自立して生きていく理想の村「光之村」を建設したいと岡崎は考えて出資し、徳富が行政からの許認可などでその設立に力を貸したのだ。その後、運営は岡崎の長男・俊郎が担っている。

日本語の壁もあり、複雑な生い立ちもあって、アイリーンはこうした先祖の話を私が伝えるまで、ほとんど知らなかった。

一九七一年に二十一歳のアイリーンはユージンと、吸い寄せられるように水俣へ向かう。それは彼女だけの意志だったのか。この家系が彼女に与えた影響は大きいと私には感じられた。彼女の半生を、明治の夢を追いかけた曾祖父から語り起したいと思う理由は、ここにある。

一八八五年、日本の元号でいえば明治十八年。陸《おか》蒸気といわれた蒸気機関車から、その少年は新橋駅に降り立った。

「東京に出て学問をし、偉い人になりたい」という一念だけで、小銭を握りしめて横浜から汽車に乗った。半ば家出のようなものだった。数えで十二歳。現代でいえば十歳の子どもである。実家は横浜の米屋。無鉄砲に家を飛び出してきたものの新橋駅に着いた途端に不安になり、べそをかいて、少年は動けずにいた。

すると、道行く老人が目に留めて、声をかけてくれた。老人は四ツ谷で家塾を開く漢学者で、彼は手紙を書いて久次郎の親に了解を得ると、住み込みの塾生にしてくれた。

便所掃除から二百人いる塾生の世話まで寝る間もなく働きながら、久次郎は必死に学んだ。

父の怒りが解けて仕送りをしてくれるようになると、老人の元を辞して九段の修養学校で二年間、英語を学び、一八八九年には一橋の高等商業学校（現・一橋大学）に入学する。バンカラが集まるボート部で活躍。級友たちは学業成績よりも「ボート部の岡崎」として彼を記憶している。大柄で快活、スポーツ万能。学生時代から突拍子もない行動力を示して、しばしば周囲を唖然とさせていた。

一八九五年に卒業すると、三井物産に就職。日本中が日清戦争の大勝利に酔っていた時代だが、三井物産は時計の輸入に力を入れているような、まだ小規模の商店だった。任されたのは帳面付けで、明治の夢を追いかける彼の理想には、ほど遠かった。

三井から出向のような形で中村商店という小さな貿易会社に出されたことが、彼の人生の転機となる。会社の格はずっと落ちたが買い付けを担当できたので、仕事は格段に面白くなった。

中村商店は当時、アメリカのオイル・ウエル・サプライ社と取引をしており、ある日、同社からトーマスという社員が日本に視察にやってくる。

久次郎は世話係を懸命に務めて、すっかりトーマスに気に入られ、彼が帰国する際、一緒にニューヨークへ渡った。

トーマスは久次郎を様々な人物に引き合わせてくれた。久次郎は羽織はかまにシルクハットでニューヨークの街を歩いた。人だかりができたが気にしなかった。彼はアメリカに魅了された。その大きさに、その豊かさに、その自由さに。様々な商談も成功させ、彼は欧州経由で帰国するがその船中で偶然、一緒になったのが、一年二カ月の欧米視察を終えて帰国しようとしていた徳富蘇峰だったのだ。

徳富は久次郎より十一歳年上で、すでに言論界の大物だった。「国民新聞」社主であり、藩閥政治を激しく批判し平民主義を説いていたが、日清戦争後の三国干渉に反発を感じた彼は、主張を百八十度変え、国家主義を唱えるようになる。蘇峰と久次郎は、この偶然の船中での邂逅《かいこう》から、数十年後、「光之村」事業のために再び結びつくのである。

欧州からの帰国後、蘇峰は松方正義内閣で内務省勅任参事官に就任。

一方、久次郎は、すっかり景気の冷え込んだ祖国の現状に失望する。再び三井物産に戻り、横浜支店で生糸を扱うことになった。彼は上司の意見を聞かずに投機に走り、莫大な利益を上げるが封建的な三井家からは危険視された。そんな中で彼は結婚する。当時としては、めずらしい恋愛結婚だった。

相手は横浜で貿易商として知られた守安瀧三郎の長女・房子。久次郎は自伝に謎めいた書き方をしている。「これには、まあ多少のロマンスがあったが割愛する」。

いったい、どんなロマンスがあったのか。アイリーンの母である一九二五年生まれの美智子によれば、それは以下のようなものだったらしい。

〈なんでも房子は別の男性との結婚が決まっていたのに、久次郎は諦めきれなくて、祝言の席に乗り込み、さらってきたんだそうです。それで、房子に深々と頭を下げて「手荒なことをして大変に悪かった。でも、絶対に日本一の金持ちになって幸せにするから自分と結婚して欲しい」と言ったんだとか〉

貿易商として守安家は横浜では知られた家であったようだ。久次郎にとっては、手の届かぬところにいる、眩しい存在であったのだろう。

房子は一八七六（明治九）年生まれで、久次郎より、一二歳年下。フェリス女学院で学んでいる。房子の妹・多美は、高橋是清の次男に嫁《か》しており、長女の房子にも名家との良縁が用意されていたのだと思われる。美智子のいうような略奪婚であったのか、真偽の程は定かではないが、ロマンスによる破天荒な結婚ではあったようだ。

だからこそ久次郎は、この妻に贅沢がさせられるような成功をと、がむしゃらになった。そして、実際に成功してからは、彼女と子どもたちに贅沢を許し続けた。それが故に一族は没落していくのであるが。

アメリカへ

久次郎は結婚してから、しばらくすると三井物産を辞め、京橋に小さな店を持った。店名は「日米商店」と大きくつけたが、実際には横浜の商人から外国製品を買って並べるだけの細々とした商売だった。一階を店舗にし、住み込みの店員とともに夫婦は二階で寝起きをしていた。だが、彼は思い切って渡米するとトーマスの人脈を頼り、コダック社の写真機や、アメリカ製ミシンの代理権を得ることに成功する。

房子とは肩を並べて銀座の大通りを堂々と散策した。三年間、夫婦で約束して英語だけを使って生活した時期もあった。久次郎が英文タイプライターを叩き、房子も帳簿付けを手伝った。

商売は順調だったものの、久次郎は資金繰りをよくしようと考え、東京明治銀行の重役になることを引き受ける。すると直後に銀行が倒産。莫大な借金を背負ってしまった。

借金に追われる苦しい生活が始まったが、彼はここで賭けに出た。ある商品に的をしぼったのだ。目をつけたのが、自転車。当時はまだ娯楽のための高級品とされていたが、これからは実用品として伸びていくと踏んだのだ。思い切ってアメリカから大量に直輸入して売りさばき、次に高級自転車ブランドとして知られたイギリスのラーヂ社と独占契約を結んだ。読みはあたり、巨額の利益を上げた。

大借金を見事に清算した上に銀座の尾張町（現・銀座五丁目）に自前の三階建てビルを建てた。人に勧められて一九一二年五月の衆議院選に岐阜県から立候補して当選、政界入りも果たす。初めは無所属だったが、桂太郎が設立した立憲同志会に所属し、その後は憲政会に。さらには立憲民政党に転じている。実業界の意見を届けたかったと自伝では述べている。

一九一四年に第一次世界大戦が勃発すると輸入品が一切入って来なくなり、貿易商として大打撃を受けたが、この一事がかえって次の躍進を生んだ。

輸入できないなら、作るまでだと考え、自転車製造に乗り出したのだ。貿易業から製造業への転換だった。

第一次世界大戦が終わると未曾有の好景気が到来し、自転車は飛ぶように売れた。日本国内だけでなく、日米商店の自転車は外国にも輸出されるようになる。利益が利益を生み、裸一貫から彼は大金持ちになった。「成金」「自転車屋」と議会でヤジを飛ばされても、彼は動じなかった。明治の夢を、房子への誓いを彼は果たしたのである。

一九二二年には日米商店創業二十周年の祝賀会を盛大に開き、芝区（現・港区）白金には目を見張るような大邸宅を構えた。下町には三千坪の工場を持った。銀座にはビルを建て、大阪にも製造工場を持った。それだけでなく、父母の出身地である神奈川県の茅ヶ崎市東海岸にはテニスコートのある二万坪の別荘を建てた。

年齢を重ね、何不自由ない富を得ても、豪放磊落《らいらく》で血気盛んなところは若い頃と少しも変わらず、一九二三年に関東大震災が起こった際には、自ら陣頭指揮を執った。家族や社員を集めて炊き出しをさせると、自身はひとりで市内視察に出かけている。

震災で一時的に打撃は受けたが、震災復興によって自転車はさらに売れた。一九二八年には自転車の商標を「富士」に改め、会社名も「日米富士自転車」としている。

一方、政界では総理大臣の顔が目まぐるしく変わり続けていた。

震災の翌年には清浦奎吾《けいご》内閣が誕生。門閥政治の復活だった。これに失望した久次郎は、政党政治を日本に根付かせるには、政友会と憲政会が対立を乗り越えて手を組むべきと考え、政友会総裁の高橋是清と、自分と近い憲政会の加藤高明総裁との間に入り、両者を引き合わせようと画策する。

憲政会と政友会は敵対する関係にあったが、政友会総裁である高橋是清は久次郎にとって義父のような存在だった。妻の妹・多美が是清の次男と結婚していたからだ。

そこで、久次郎は自宅に高橋総裁を含む政友会代表四名と、加藤総裁を含む憲政会代表四名を招いた。岡崎邸で秘密裏に会合を重ね、ついに両党は手を組み内閣打倒へと動き、その結果、一九二四年に加藤高明内閣が誕生する。

国会議員を辞して政党への資金援助だけをしていた久次郎だが、浜口雄幸に強く勧められ一九二八年には、父祖の地である茅ヶ崎を含む神奈川三区から再び衆議院選に立候補し、当選。民政党の議員となった。

久しぶりに政界に戻った久次郎は、政治がだいぶ腐敗している、と感じたと自伝で語っている。事業は相変らず順風で、富士自転車は欧米、南洋、インド、中国に年間千二百万台ほど輸出し、台湾や中国、インドに海外支店を持つまでになった。

富が富を生む。だが、それに伴い家庭内には享楽的な空気が濃くなり、様々な問題が起っていることに、久次郎は忙しさのあまり気づけなかった。アイリーンの母である美智子は、幼い頃、久次郎からこう聞かされたという。

「気づいた時には、もう遅かった。子どもたちの教育を房子に任せたのは問題だった」

富が人を不幸にする

白金今里町七十七番地（現・白金台）。明治学院（現・明治学院大学）の正門近くに、成功を収めた岡崎家の、その広大な屋敷はあった。大名屋敷のような門構え。門を入ると松林の中に洋館があり、その奥に日本家屋の母屋があった。広々とした庭では、しばしば園遊会が開かれた。部屋数は二十を超え、手伝いの女性たちは八名、書生や運転手も住み込んでいた。

この屋敷の女主人は、言うまでもなく久次郎の妻・房子だった。いつも真新しい着物に身を包み、水おしろいの化粧をし、奥の間にいた。彼女が家事をすることも、子どもたちの養育にあたることもなかった。
結婚した当初は、店の二階で社員たちと寝起きを共にし、帳簿付けも手伝っていたというが、そんな生活は遠い過去のものとなった。口数も少なく、少し権高《けんだか》で、自分の美しさを誇り、大勢の使用人にかしずかれている。夫も房子に気をつかう。そんな姿は「淀君」と似通っていたとアイリーンの母・美智子は振り返る。

〈久次郎は厳格だけれど優しいから女中さんたちにも人気があった。でも、仕事で忙しかったから、家の中のことは基本的に房子に任された。子どもの教育も。その結果、息子たちは長男を除いて、全員、下から慶應に入れた。あんまり勉強しなくて、その分、テニス、ダンス、玉突きなんかに一生懸命だった。昔でいう軟派で、硬派の久次郎とはまったく違う。髪も長くしていて、派手で、遊び好き。久次郎は質実剛健に育てたかったんだと思う。でも、房子に任せたら、そうなってしまった。息子が三人生まれた後に生まれたのが、長女の桂子。はじめての女の子だったこともあって、久次郎も房子も特別に可愛がった〉

久次郎と房子の間には、上から、俊郎、博、進、桂子が生まれた。桂子の下には、鉄治がいた。鉄治の母は房子ではなく、久次郎が愛した別の女性だったが、生まれた時から岡崎家に引き取られ、他のきょうだいと分け隔てなく育てられた。さらに鉄治の下に、双子の姉妹である美智子（アイリーンの母）と美緒子がいる、という家族構成だった。
派手で享楽的になっていく岡崎家の中で、ただひとり家風に染まらず、そうした価値感に強く反発していたのが、長男の俊郎だった。

俊郎は唯一、両親が貧しく、借金に追いかけられていた時代を覚えている子どもだった。あまりにも急激な家庭の変化を見て、富というものの在り様に疑問を抱いたのだろうか。また、そこには彼自身の挫折も重なっていた。

長男の俊郎は学業にも秀でており、彼は慶應ではなく、府立一中から熊本の第五高等学校に進学した。卒業後は東京帝大に進ませたいと久次郎は思っていたのだろう。ところが熊本に行ってから間もなく、彼は結核に冒されてしまう。学業を続けることは難しくなり五校を退学すると、空気のよい茅ヶ崎の別荘で療養に専念することになった。

肺を病んだ息子のために母の房子は看護婦紹介所に連絡すると、看護婦を雇った。美智子が言うところを借りれば、房子はこう希望を伝えたという。

「一番、年齢のいった、一番、地味な人を」

派遣された看護婦は俊郎より十歳ほど年上の女性で、三十歳間近だった。

だが、房子の恐れていたことが起こった。ふたりが恋に落ち、俊郎が結婚したいと言い出したのだ。美智子が言う。

〈とにかく久次郎も房子もびっくりして、カンカンになって怒った。財産目当てで、病身の世間知らずな息子をたぶらかした悪い女だと決めつけたのよ。あとから、すばらしい女性だとわかって、久次郎は反省するのだけれど。それで俊郎たちは、ハワイまで駆け落ちしてしまった〉

大変なスキャンダルになった。当時の流行作家、久米正雄がこの出来事に着想を得て、小説『光の漣《さざなみ》』を発表しているほどだ。

生活力のまったくなかった俊郎だが、ハワイでは病身をおして洗濯屋を開いて働いた。ふたりの間には子どもも生まれた。それを知って久次郎が勘当を解き、日本に彼らは戻ってくる。

俊郎は結核になってからというもの、トルストイに深く傾倒し、さらに、西田天香に私淑した。西田とは一八七二年生まれの思想家で、所有欲によって人間は争いを起こすという考えのもと、「無所有奉仕」を唱えていた。京都で「一燈園」を主宰して、質素な共同生活を信奉者とともに送っていた西田のもとを俊郎は訪れ共鳴して、日本全国を托鉢、行脚《あんぎゃ》するようになる。美智子が振り返る。

〈俊郎お兄ちゃまは、とにかく金持ちが嫌いだって言って。他の兄弟とは、ひとりだけ違っていた。「こんなに貧富の差があるのはおかしい。美智子、世の中は間違っているよ」と、私にもよく言っていた。ボロボロの服を着て、全国を放浪して、突然、家に帰ってくる。日本橋のところで靴磨きをしたり。泊るところのない、泥だらけの人をたくさん連れてきたこともあって、房子は嫌がっていた。そのうちに、「相続税倍額運動」というのをやり出した。相続税を上げないと、いつまでも金持ちは金持ちのままだ、相続税を上げないと平等な社会にならないと言って〉

これが大金持ちとなった岡崎家の、長男の姿だった。久次郎は俊郎には好きなだけ慈善活動をさせてやろうと思うようになり、また、後には、久次郎自身も俊郎の思想に感化され、彼の活動を積極的に助けていくようになる。それが「光之村」の設立へと繋がっていくのである。富が人を不幸にする、という考えに久次郎自身も傾いていったのは、他の子どもたちの行状に頭を痛めていたからであろうか。

魔性の祖母・桂子

久次郎は自分が築いた会社を誰に任せたらいいのか、悩むようになった。長男は無理である。かといって、次男、三男では、遊び好きで頼りない。四男はまだ幼い。そうした状況下、ある考えが浮んだ。長女の桂子に優秀な婿を迎えよう、と。

しかも、願ってもない候補者が現れた。

岡崎家には久次郎の末弟にあたる、岡崎勝男も暮らしていた。彼は東京帝大を卒業後、外務省に入省。久次郎にとっては自慢の弟だった。勝男は後に、第三次改造～第五次吉田茂内閣で外務大臣となる。

勝男は学生時代から白金の邸宅で兄の家族と同居し、自分の友人を招くこともあった。そんなある時、同級生のひとりが勝男の姪・桂子を見て、ひと目ぼれしたのだ。

相手は山口鉄彦という名の青年だった。帝大でも成績優秀。松江藩士の血を引く武士の家柄で、鉄彦の兄は後にミッドウェー海戦で航空母艦飛龍の艦長として戦い、命を落とす山口多聞である。

久次郎にとっては、まさに申し分のない青年で、桂子との結婚を半ば親の一存で推し進めていった。一方、桂子自身は初めから、この結婚に乗り気ではなかった。山口は桂子の好む男性ではなかったのだ。真面目すぎて、ダンスも洒落た会話もできない。桂子もまた岡崎家らしい、派手で、奔放な性質だった。慶應に通う兄たちの友人と親しくしてきた桂子には、山口が野暮ったく感じられてならなかった。自分とは合わない。その上、桂子には彼女を崇拝する大勢のボーイフレンドがいた。

山口家の両親もまた、岡崎家の評判を聞き知っていたため、この結婚には乗り気でなかった。だが、息子の鉄彦はどうしても桂子と結婚したいと言い張り、政財界の大物である久次郎もまた引こうとしない。山口の両親が折れる形で、ついに二人は結婚する。しかし、桂子のことを知る人々は、初めからこの結婚を危ぶんで見ていた。

〈母の房子が淀君なら、娘の桂子は千姫だった〉(美智子)

男なしでは一日も過ごせないと言われた千姫。

双子の姉妹である美智子と美緒子は、この年の離れた「姉」であるという桂子のことが、小さな時から苦手だった。いつも男たちに囲まれていて、自分たちと遊んでくれることもない。遊び好きな姉として敬遠していた。桂子の自分たちを見る目には何か含みがあるようで、それも気に障った。

桂子には美しさだけでなく、妖気のようなものがあった。それは男性たちに取り巻かれた時に、より強く発揮される。小さな頃から使用人任せで育ち、運転手付きの外車で雙葉《ふたば》高等女学校に通い、自由気ままに贅沢に育った桂子は、男兄弟に囲まれて育ったせいか、男性に接しても恥じらうことなく、逆に相手を翻弄した。

ダンスが何よりも好きで、社交の場に繰り出せば、皆の眼を釘付けにする。自分で外車を運転するようになると、どこにでも出かけていった。そんな彼女は親に押し付けられた夫を毛嫌いした。

「じっと見つめられると息が詰まる」と。

結婚後は岡崎家からも遠くない山口家のそばに住んだが、その後も桂子はボーイフレンドたちと連れ立ち遊びに行くことをやめなかった。夫の鉄彦はそれを注意できない。

鉄彦は桂子の父・久次郎の会社に、初めから役員として迎えられた。そこには妻の兄たちもいる。桂子と兄弟は仲が良く、彼は疎外されていた。それだけでなく帝大在学中から社会主義に目覚めていたこともあり、会社経営では労働者たちに同情的で、それを他の役員たちから責められてもいた。

やがて桂子は身ごもり、夫婦の間に最初の子どもが生まれた。双子の女の子だった。それが美智子と美緒子だったのだ。母になれば、多少は落ち着くかと思われたが、桂子の生活も性格も、まったく変わらなかった。子どもの世話は人任せで遊びに行ってしまう。

桂子は次に男の子を産んだ。義昭と名づけられた。しかし、夫はこの出産を素直に喜べなかった。

「本当に自分の子どもなのか」

鉄彦は悩み続けた。会社での心労も重なった。一九二九年三月、彼は誰にも告げずに日光へと向かった。宿屋に荷物を残し、彼は死出の旅に出た。遺体は五月に発見された。死因は服毒自殺で遺書もあった。「家庭の悩みが自殺原因か」と「東京朝日新聞」（一九二九年五月二十日付）は伝えている。

夫が自殺をしても、桂子は落ち込まず、双子の娘を連れて実家に舞い戻った。双子の娘たちは両親の子ども、ということにして、自分は「姉」になった。

義昭は男の子だったため、山口家に置いて出てきた。久次郎はこの義昭も岡崎家で引き取りたいと考えたが、男児であるため山口家に遠慮し言い出せなかったという。ところが、後日、山口家が松江藩士として付き合いのあった多賀家へ養子に出してしまったと聞き、激怒した。取り返そうとして、彼は靴も履かずに自動車に乗ると、山口家へ押しかける。だが、どうにもならなかったという。

〈引き取りたいと久次郎は交渉したらしい。でも、多賀家も放さなかった。それで山口家とも関係がさらに悪くなって絶縁した。だから、私たち姉妹は弟がいるだなんて、まったく知らないで育ったの。義昭と再会するのは戦後になってから〉（美智子）

岡崎家に戻り、「独身」となった桂子はますます奔放になった。いつも男たちに囲まれている。美智子と美緒子は、この「姉」に近づかなかった。その後、桂子は派手な恋愛をして、二度目の結婚をした。相手は画家の男性だった。だが、やはり彼女は変わらなかった。

〈桂子も男が好きで、男たちも桂子が好き。桂子と結婚した男性は、だから深く悩むことになる。画家も桂子と無理心中をしようとした〉（美智子）

妻の男性関係に悩んだ夫は、「桂子を殺して自分も死ぬ」と思いつめるようになる。桂子の兄たちが間に入って、なんとかなだめ、久次郎は桂子を避難させようと考え、仙台の修道院に入れた。

〈仙台の修道院から戻ってきたら、しばらくは人が変わったようだった。キリストの教えを家族に語り、家でクッキーを焼いたりしていた。でも、すぐにまた、もとに戻った。砂糖に蟻が群れるように、また男たちが寄ってきた〉（美智子）

久次郎は家を省みず、子どもたちの教育を妻任せにしたことを、深く悔い、美智子と美緒子には、マサというしっかり者の養育係をつけた。マサは女学校を出て、その上、専門学校も卒業し、教員の資格を持つ女性だったという。だが、享楽的な家風は変えようがなかった。

徳富蘇峰と「光之村」

一方、長男の俊郎は西田天香の教えに、ますます傾倒し、理想の村を作りたいと父に強く訴えていた。弱者救済のための施設を作り、自給自足の生活を目指す。理想的なこの新しい村で青年たちは開墾し、牧畜をする。愛のある調和した村を作りたいのだ、と。そのための費用を寄付して欲しいと父に懇願した。

ほかの息子や桂子と、あまりにもかけ離れた価値観を持つこの長男に、久次郎自身が救いを見出していたのか、積極的にかかわっていった。理想的な村を築く、という夢にのめり込んでいったのだ。

村の名前は「光之村」と決めた。

一九三三年頃から先にも書いたように久次郎は徳富蘇峰に宛てて、この「光之村」の構想を手紙で打ち明け、協力を仰ぐ。土地を探し回り、西田天香のもとへも通い、百万円という大金を出資。静岡県の伊東の奥に九十万坪の土地も購入した。

翌年には蘇峰の尽力もあってのことだろう、財団法人として認められる。財団の役員には久次郎の他、一条実孝公爵、徳富蘇峰、西田天香らが名を連ね、幹事には婦人参政権運動の推進者として知られ、イギリス人の牧師を夫に持つ、ガントレット恒子も加わった。久次郎は「光之村」への思いを、自伝『裸一貫より光之村へ』において、以下のように述べている。

「今日有する私の財産は、自分ひとりの智能によって出来たものと思えなくなった。これは天に寓意があって、自分に一時この財宝の保管を命ぜられているのではないか。つまり自分は社会全体の貯金の保管者にすぎないのだろう。（中略）自分はすでに六十歳を過ぎて、この大切な財宝の保管者であることに、耐えられなくなるかもしれない。といって、この大財をそのままそっくり私有物として子孫に伝えることも天意に添わないような気がする。だから、むしろこれを天に

返すのが本当だろう。その金が光之村の資金となり、世上の為になれば有難いと思っている、私はそこから出発した」（大要）

世間には「岡崎久次郎は全財産の百万円を『光之村』につぎ込んだと言っているが、彼の資産は一千万円を下らないはずだ。売名だ」と批判する声もあった。だが、久次郎には、ありあまる金によって、これ以上、子どもたちが堕落への道に進むことのないようにしたいという真摯な思いが、あったのではないだろうか。

ある日、久次郎は幼い美智子を前に、床の間に飾られた日本人形を見つめながら、独り言のように呟いた。

「房子はこれと同じだ。綺麗だけれど」

久次郎の死

日中戦争が始まると政界でも軍部の力が強くなっていった。財界も軍部から、さまざまな圧力を受けるようになり、久次郎は深く憂えた。

やがて、決定的な出来事が起こる。

一九四〇年二月二日、後にそれは、「反軍演説」として語り継がれることになる。民政党の斎藤隆夫が行った大演説である。彼は米内光政内閣に対して、日中戦争をどう終焉させるのか、厳しく問い、軍部を批判した。

「東亜新秩序を唱える近衛声明で、支那事変が解決できるというのは、聖戦の美名に隠れて国民的犠牲を閑却するものではないか。国民にはこの事変の目的すらわからない」

斎藤は一時間半にわたって国会で朗々と演説した。

議会が終了すると、「聖戦を冒瀆《ぼうとく》した」と軍部はいきり立ち、詰め寄った。これに政友会の革新派と社会大衆党が同調して、凄まじい斎藤批判が始まった。新聞も同調した。焦った民政党は斎藤を除名処分にすると決定し、斎藤も党に迷惑をかけたくないと、これを受け入れた。この時、民政党の対応に激怒したのが久次郎だった。さらに政府や陸軍は斎藤の議員除名まで迫った。世間も軍部に同調して斎藤批判を繰り返した。

ついに斎藤は一九四〇年三月七日、衆議院本会議の懲罰委員会にかけられた。衆議院議員全員が記名で投票したが、棄権・欠席の空票が百四十四名、三百三名が投票する中で、反対票を堂々と入れたのは七名のみ。久次郎はそのうちのひとりだった。斎藤は衆議院議員の資格をはく奪され、一挙に軍部の政治介入が進んでいった。国家の危機には、政党を解消して新体制をつくるべき、といった意見がまかり通り、全政党が解消され大政翼賛会が成立する。軍部から久次郎は監視されるようになった。

東条英機が総理大臣に就任すると、久次郎は美智子に含むように言い聞かせた。

「今度の総理大臣は軍人だからね、必ず戦争をするよ。アメリカと戦争をしたら、日本は絶対に勝てないよ」

真珠湾攻撃に日本中が沸き、戦勝ムードに浮かれる中で久次郎は体調を崩し、寝込んだ。枕元にきた孫娘に彼は繰り返した。

「今だけだよ。この戦争には必ず負けるよ」

彼は園遊会が度々開かれた、自宅の広大な庭を見ながら続けた。

「この生活がずっと続くと思ってはいけないよ」

病床を最後に見舞った時、久次郎は幼い孫娘たちの将来を案じた。

「この家の人間は誰も頼りにはならないよ。お前たちがかわいそうだ」

真珠湾やマレー沖海戦で奇襲をしかけて、日本中が「勝った、勝った」と熱に浮かされていた。

一九四二年三月二十日、久次郎はこの世を去った。六十八歳だった。


久次郎がいなくなって、岡崎家は坂道を転がり落ちていった。

〈長男の俊郎お兄ちゃまは、「相続税が大変だ」と嘆いていた。あんなに相続税倍額運動をしていたのに。次男の博、三男の進は、賭け事に手を染めて、久次郎の持っていた別荘や高価な品を次々と取られていった。たった一晩の賭けで、家を失ってしまうこともあった〉（美智子）

大邸宅も手放すことになった。芝の伊《い》皿子《さらご》（現・港区高輪と三田の一部）に持っていた別の屋敷に双子の姉妹は桂子とともに移り住んだ。ある日、桂子が思わせぶりな様子で、美智子と美緒子に告げた。

「本当はね、私はあなたたちの姉じゃないの。ママなのよ」

何の感動もなかったと美智子は言う。

〈今でも、私は桂子を母だとは思っていない。両親は久次郎に房子。それになんといっても、女中のマサが私たちの育ての親だった。マサさえいてくれればよかった。でも、桂子は意地悪でマサを解雇してしまった〉

戦況はますます厳しくなっていった。道を歩いていると、憲兵に呼び止められ服装が華美だと注意された。美しいものはすべて禁止された。それでも岡崎家には食料がたくさんあった。桂子が軍部を通じて、調達してくるからだ。美智子が振り返る。

〈桂子たちは黒いカーテンを閉めて家にホームバーを作り、シェイカーを振るってカクテルを飲んでいた。それでレコードをかけて、タンゴやワルツを踊っていた〉

やがて、桂子の新しい恋人が家に入り込んできた。いわくつきの男だった。

〈浅野、という名前だった。久次郎が生きている間は結婚させなかったし、家には寄せつけなかった。でも、久次郎が亡くなった途端に、一緒に暮らし始めた。浅野は「浅野内匠頭《たくみのかみ》の子孫だ」なんて言って、家紋の入った道具を見せびらかした。私は信じなかった。背が高くて髪をオールバックになでつけ、高級なスーツを着ていたけれど、目がものすごく鋭くて、怖かった。伯爵夫人から待合の女将さんまで手玉に取る有名なジゴロだった〉（美智子）

上流階級の女性たちが何人も浅野の餌食になっていた。夢中にさせて財産を巻き上げる。普段は紳士然としていたが、酔うと本性が現れ暴力を振るう。姉妹は心が休まらなかった。

二人は女学校を卒業すると、芝パークセミナリーというスクールで英語や、お茶や、お花を習っていた。だが、それもままならなくなった。

ある日、空襲警報が鳴り、美智子と美緒子は防空壕に入ろうとした。ところが、そこには桂子と浅野が先に入っていた。大男の浅野はガタガタと震えていた。すると桂子は、ここは狭いから別のところへ行くようにと言い、姉妹を防空壕に入れてくれなかった。美智子はこの時のことを今でも忘れられないと言う。

〈その時、私ははっきり思ったの。『この人は母親なんかじゃない』って〉

戦争がようやく終わった時、姉妹のいた世界は完全に崩壊してしまった。岡崎家は空襲に遭い、その上、財産税が払えず、すべてを売り払った。

さらに同居する浅野の酒乱がひどくなっていった。桂子は、ようやく浅野と別れようと考えるようになった。ところが、簡単には行かなかった。桂子に捨てられそうになった男は必ず自殺を図る。桂子には男を破滅させる、何かがあった。

〈あの浅野でさえ、桂子に別れを切り出されると、青酸カリを飲んで自殺を図った。それで桂

子は浅野と別れるためにヤクザを頼った〉（美智子）

それが更なる災厄を生んだ。今度はそのヤクザたちに、まとわりつかれることになったのだ。終戦時、美智子は十九歳だった。若い娘が生きていくには、あまりにも辛い、緊張を強いられる日々だった。

祖母も母も、母の兄たちも、まったく頼りにならなかった。唯一の頼みの綱は久次郎の弟である大叔父の岡崎勝男だったが、外交官の彼は終戦連絡中央事務局長官に就任していた。東京湾上のアメリカ戦艦ミズーリ号の上で降伏文書に署名をする際に立ち会う、といった公務に追われており、すがりようがなかった。

家を出た途端にヤクザに後をつけられて、店に逃げ込んで助けてもらったこともあった。警察もまったく無力だった。唯一、絶大な力を持っていたのはＧＨＱ（連合国軍最高司令官総司令部）である。

一方、桂子はこんな時代でも、しなやかに生きた。外出すると家までＧＨＱのジープに乗って、送られてくる。アメリカ人将校が恭《うやうや》しく、頭を下げて彼女の手を取りジープから降ろす。桂子は、英語と社交術でジープをヒッチハイクし、タクシー代わりにしていたのだった。

父ウォーレン・スプレイグ

そんな終戦時に姉妹は、思いがけない、嬉しい出会いを一つだけ経験した。ある日、見知らぬ青年の訪問を受け、彼の話を聞き、生き別れの弟であることを知った。それが多賀義昭だった。

〈山口家から多賀家に養子に出された彼は戦後、戸籍を見て、初めて自分の出生を知った。それで自分の産みの親を探して尋ね歩き、うちにやってきたの。桂子は涙を浮かべていたけれど、どこか芝居じみていた。私と美緒ちゃんは、すぐに彼と親しくなった。彼はどうして自分の父親が自殺したのか、その理由を知りたくて、ひとりで調べたと言っていた〉（美智子）

父親の同級生を探しては訪ねて行った。すると、ある同級生が多賀の顔を見るなり泣き崩れた。「君の息子さんは、君にこんなにそっくりで。山口君、何も悩むことなんか、自殺することなんか、なかったじゃないか……」と。

終戦後の混乱の中で、美智子と美緒子は働き始めた。芝のスクールで一緒だった輸入食料品・雑貨を扱う明治屋の社長夫人に頼んだのだ。明治屋は占領軍専用店になり、ちょうど英語のできる店員を求めていた。レジに立っていた時、アメリカ人と一緒にやってきた日本人に「岡崎さんのお嬢さんじゃないですか」と言われ、さめざめと泣かれてしまったこともあった。

そのうちに三井や三菱といった財閥が進駐軍の将校を招いて、パーティーを開くようになり、英語ができ、ダンスも得意な美智子と美緒子に「是非、出席して欲しい」と声がかかるようになった。

また、姉妹と桂子が暮らす岡崎家を貸してくれと言われることもあった。当日は帝国ホテルからシェフがやってきて、ステーキやロブスターといったご馳走がテーブルに並ぶ。日本中が飢えているのに、これらはどこからやってくるのか。姉妹は不思議に思った。残った食料はもらえるので岡崎家の使用人たちは、「どんどんお貸しして、パーティーを開いてもらってくださいませ」と姉妹にせがんだ。

「進駐軍の将校たちは、皆、紳士だった」と美智子は振り返る。

〈彼らは戦勝国の軍人だけれど、私たちをレディとして丁重に扱ってくれた。だから安心して出かけていった。ずっと戦争で暗い時代を過ごしてきたから、華やいだ自由な空気を吸えて嬉しかった。日本の軍人や憲兵は暴力的で、嫌なことばっかりされた。だから戦後、私たちの日本軍人を見る眼は厳しかった〉

やがて、姉妹はあちこちに呼ばれるようになった。女優たちと一緒になることもあった。「ビューティフル・ツインズ」と姉妹は持て囃された。華族の蜂須賀家の別荘で行われたダンスパーティーで、美智子はアメリカ人の将校に、「踊って頂けますか」と声をかけられた。

アメリカ人にしては無口で物静かな男性だった。名前はウォーレン・スプレイグ。大学で化学を専攻した彼の任務は、日本の化学産業の復興指導であり、その対象には、チッソや昭和電工といった企業が当然含まれていたことだろう。

ウォーレンはその後、岡崎家をひとりで訪れるようになった。美智子に小さなプレゼントを持って。美智子は、プロポーズを受けた。一九四九年のことである。

美智子は一度、戦後に自殺を図ったことがある、という。生きていく気力がなくなったからだ、と。家や贅沢な暮らしが消えたことに対する絶望ではなかった。それは愛する人を失ったことに対する絶望だった。

美智子には、婚約者がいたという。慶應の学生だった。だが、彼は終戦の年に戦死してしまった。硫黄島の戦いで。彼は美智子と一番、年の近かった兄（実際には叔父）鉄治の後輩だった。鉄治を訪ねて家にやって来るうちに美智子と出会い、魅かれあったのだ。最後に岡崎家で会った時、彼は空を見上げながら美智子に呟いた。

「とても平和だな……。戦争しているなんて思えないな。でも、今度はもう生きて帰れないと思うから、形見に髪と時計を置いていくよ」

美智子はそれをきっぱりと断った。だが、彼は重ねて、「きっと死ぬから」と言って、受け取らせようとした。美智子が首を横に振ると、彼は最後に笑って言った。

「わかった。僕が生きている間は、絶対に敵の飛行機を美智子ちゃんのいる空には来させないから」

東京で空襲がひどくなった時、美智子は思った。彼が死んでしまったのではないか、と。戦死の知らせを聞いたのは戦争が終わる直前だった。戦争が終わり、彼も死に、生きていてもしかたがないと思い、美智子は手首を切った。だが、女中頭のトヨに発見されてしまった。美智子はこう思ったという。

「日本人で素敵な人なんて、もうひとりもいない。私の周りには」

ウォーレンと結婚すると決めてから、彼女は思った。

「私がアメリカ人と結婚するなんて……」

ウォーレンは美智子と結婚するためにGHQを辞めると、化学製品を扱う貿易会社を立ち上げた。

結婚式は東京の教会で上げた。闇市で布地を買ってウエディングドレスを縫ってもらった。ベールにするレース生地はウォーレンの両親がアメリカから送ってくれた。彼の両親は結婚を喜んでくれていた。結婚式に美智子は母・桂子を呼ばなかった。

アイリーンの誕生

新居は麹町の東郷公園近くの屋敷だった。戦前の岡崎家には比べようもなかったが、焼け野原の広がる東京では十分に恵まれていた。周囲にはバラックのような建物もあり、まだ戦争の爪痕が深く残されていた時代だ。

美智子は母親が料理や洗濯をするのを見たことがなかった。お風呂に入っても自分で身体を洗わず、バスタブから上がれば身体を拭いてもらえる、そんな環境で育ってきた。戦争中に苦労したとはいえ、生活の基本が身についていなかった。

ウォーレンは美智子の生い立ちを理解し、家庭の主婦は、家事をするものだと教え、クッキングスクールに通うよう手配した。美智子は料理の楽しさを知り、熱中した。

自家用車があり、食べ物はＰＸ（米兵向けの売店）に行って、好きなだけ買えた。お手伝いさんもひとりだが雇えた。日本中が飢える時代に、アメリカ人の夫に美智子は守られた。

ウォーレンはおっとりとした「東洋のお姫様」のような美智子を愛していた。しかし、時には頭を抱え、美智子にこう注意することもあった。

「美智子、ものには値段があるんだよ。お金は空から降ってこないんだ。値段を見て買い物をしなさい。そうじゃないと、僕は破産してしまうよ」

やがて美智子が妊娠すると、ウォーレンは大喜びし、出産に関する本をアメリカから取り寄せて読みふけった。お産を軽くするには呼吸法が大事だと知った彼は、「美智子、今日からふたりで呼吸法を勉強しよう」と言って一緒に実践した。

出産する時、聖路加病院では医師に止められても、分娩室に押し入った。「美智子をひとりにはしない」と言って。

産声が上がると、分娩室には幸福な空気が流れた。分娩台にいる妻を医者たちがストレッチャーに移そうとした時、夫は慌てて止めに入った。

「妻は私が抱いて運ぶ」

女の子にふたりは「アイリーン」と名づけた。また、美智子の妹・美緒子の名前をもらって、ミドルネームにした。

アイリーンが一歳半になった時、初めて親子三人で海を渡り、ウォーレンの実家を訪れた。中西部のセントルイスを。ウォーレンの両親に美智子は甘えるように接し、娘のように可愛がられた。ウォーレンは仕事の関係で先に帰ったが、美智子とアイリーンは三カ月間、セントルイスで暮らして戻った。美智子にとって、初めてのアメリカだった。久次郎が愛してやまなかったアメリカを美智子も愛そうとした。

ウォーレンは「ずっと日本で暮らす。アメリカには帰らない」と結婚する時、美智子に誓い、その約束どおり一家は東京で暮らし続けた。ウォーレンには日本語を学ぶ気持ちはなく、妻とは英語で会話した。日常会話に支障はなかったが、深い話はできなかった。

ウォーレンの会社はパレスホテル（現・パレスホテル東京）の中に事務所があった。社員は日本人の男性ばかり二十数名。美智子の弟にあたる多賀義昭も一橋大学を卒業すると、このウォーレンの会社に入った。

ウォーレンとの結婚は一見、順風だった。しかし、次第にウォーレンの悩みは深まっていった。美智子が振り返る。


〈ある時、私は家の模様替えがしたくなって、家具をすべて買い替えてしまったの。彼は頭を抱えてしまった。アイリーンは成長していくけれど、君は子どものままだと言われた〉


美智子にも岡崎家的な派手好みなところがあった。堅実な生活を望む、穏やかな性質のウォーレンは妻の性格や個性が自分には合わないと次第に感じるようになっていった。ウォーレンの気持ちは、この頃から他の女性へと向かっていった。会社でウォーレンの秘書をしていた「ヨーコさん」に悩みを打ち明け、頼るようになっていたのだ。

麴町の自宅に社員を呼び、忘年会やパーティーを開くことがあったので、美智子だけでなく、アイリーンも昔から「ヨーコさん」を知っていた。

結婚から五年目の一九五五年になると、夫婦の関係は完全に危機を迎えていた。ウォーレンは離婚したいと思っていた。一方、美智子は続けたいと考えていた。

とにかく、一度、別々に暮らしてみたほうがいいだろう、もし、離婚することになったとしても、その前にアメリカの市民権を取っておいたほうがいい、そんなことが夫婦の間で話し合われるようになっていた。美智子は六月、市民権を取るために、ひとりでアメリカに行った。美智子は関係を修復できると考えていた。一方、ウォーレンは日増しに、離婚の意向を東京で固めていた。「ヨーコさん」にアイリーンを馴染ませたいと考え、三人で食事に行くこともあった。アイリーンは五歳だった。アイリーンは何もわからず、父親と一緒に出かけられることを、ただ喜んでいた。それを見ていた叔父の多賀は日記に「アイリーンがかわいそうだ」と書いている。美智子は、こう振り返る。

〈夫と喧嘩をしたことは一度もない。喧嘩するぐらいのほうが良かったのかもしれないけれど、言葉の壁もあった。ウォーレンに言われた。「美智子、あなたを本当にかわいいと思って結婚した。でも、大人の女性ではなく、あなたは五歳の女の子だった」〉

離婚にあたって、ふたりはアイリーンの親権を争おうとした。ウォーレンはアイリーンをとても可愛がっていた。彼には娘を手放すことは考えられず、また、美智子にこの子の養育を任すことなど絶対にできないとも思っていた。

美智子の弟であり、ウォーレンの事務所で働く多賀が、間に入って苦悩することになった。彼は家庭裁判所に行く美智子に付き添った。

すると担当の裁判官が書類に目を落としながら、美智子にこう尋ねてきた。

「あなたの父親は山口鉄彦さんですね」

さらに隣にいた多賀を見て、こう告げた。

「あなたは山口くんの若い頃にそっくりだ……」

二人が驚いていると裁判官は、おもむろに切り出した。

「私は岡崎勝男君や山口君と大学で一緒でした。同級生だったんです。白金の岡崎さんのお宅にも度々、お邪魔しました。私は、あなたの育った家を、よく知っています。だから、言います。あなたは親権を争おうとしていますが、おやめなさい。あなたには職業婦人になってアパート暮らしをしながら、娘を一人で育てるなんてことは無理ですよ。子どもの養育権は相手に渡し、その代わり、週末には自由に子どもに会えるという条件で離婚したほうがいい。あなたは早く再婚しなさい。いつでも子どもが来てもいいように、家庭を築いておきなさい」

美智子は、この裁判官を信頼し、忠告に従うことにしたという。

ふたりは離婚した。そして翌一九五七年四月、ウォーレンは「ヨーコさん」と再婚する。結婚式にアイリーンは出席した。六歳だった。結婚式が終わると父はハネムーンに行き、アイリーンはその間、美智子の家に預けられた。

アイリーンにも生まれた直後から養育係として佐代子という若い女性が付けられていた。アイリーンは佐代子を回らぬ口で「テヨコ」と呼んで懐き、片時も離れなかった。

〈私も女中のマサに育てられたようなものだから。アイリーンには絶対に彼女が必要だし、彼女さえいれば大丈夫だと思ったの〉（美智子）

もう少し幼ければ、心の傷は小さかったのかもしれない。だが、アイリーンはもう赤ちゃんではなかった。母がいなくなり、「ヨーコさん」が母になった。アイリーンは佐代子にばかり、しがみついていた。

「ヨーコさん」は次々と男の子をふたり産んだ。小さなアイリーンは週末ごとに離れて暮らす母の家に遊びに行った。すると美智子は、アイリーンがいじめられていないか、根掘り葉掘り尋ねる。義昭はアイリーンが可哀想でならなかったと後年、雑誌のインタビューで述べている。美智子は何かにつけて、ウォーレンの新家庭に電話を入れた。

なぜか両親は「ヨーコさん」がアイリーンの継母であることを伏せていた。弟たちにも。それは絶対に人に知られてはいけない秘密なのだと幼いアイリーンは思った。

〈それがバレたら世界が終わってしまうんだと子どもの頃は思っていた。私がミスをしてバレてしまったら……そう考えるだけで怖かった。だから、人前に家族と一緒に出る時は、いつも緊張していた。『ヨーコさん』は一生懸命だったと思う。でも私はやっぱり心を開くことができなかった。そのうちにテヨコ（佐代子）もいなくなってしまった。ふたりが出会わなければ、私の家族はバラバラにならなかったのに、という思いはずっとあった。それはヨーコさんにも、父にも伝わっていたと思う〉（アイリーン）

「自分は邪魔、いなければいい」

離婚後、美智子は日本とアメリカを行き来するようになった。日本にいても未来が開けないと感じていたからだ。それに東京にいるとウォーレンの家族のことが気になってしまう。怨《うら》みも出てくる。自分の生活を変えて、前に進みたいと思ったのだ。美智子は当時の心境をこう語った。

〈アメリカ人と離婚した日本人女性に対する眼は冷たかった。誰も私と再婚しようなんて、日本人の男性は思わない。久次郎がそうだったように、アメリカに行けば道が開けるかもしれないと思った。私はアメリカ国籍を取ったのだし。何か手に職をつけたかった。それで最後はUCLA（カリフォルニア大学ロサンゼルス校）附属の歯科助手養成スクールに通うことにしたの。卒業してカリフォルニアで小児科専門の歯科医院に勤め、アパートを借りた〉

ある日、暖房のつけ方がわからず、寒さに耐えられなかった美智子は、隣人の戸を叩いた。少し年上の男性は親切に、機械の操作を教えてくれた。以後、彼は、「何か困っていることはありませんか」と声をかけてくれるようになった。このマリー・ウィンクルマンに美智子は交際を申し込まれ、八カ月後、ふたりは結婚する。

一方、その頃、アイリーンにとって救いの場となっていたのは、学校だった。駐日米大使の妻であったライシャワー春が創設したインターナショナルスクール「西町スクール」に通っていたが、そこには、いろんな国の、いろんな事情を抱えた子どもたちが集まっていた。国籍も、人種も、家庭環境も様々だった。あんまり早くに登校してしまい、校門がまだ開いていないこともあった。そして、長い休みになると、カリフォルニアにいる母のもとを訪れた。たったひとりで。トランジットはハワイだった。

うまく大人をつかって荷物を持ってもらい、ハワイではひとりで観光までした。すっかり旅慣れた小学生になった。海外旅行も簡単にできない時代だ。周囲の大人たちが驚いて自分を見るのが、おかしかった。こんな子どもは他にいないでしょ、と自分を誇らしく思うこともあった。カリフォルニアでは母に、途中からはマリーにも歓待された。だが、日本に帰る際には、飛行機の中にいる時から緊張していたという。

〈自分には本当の母親がいる。それは世間や、ふたりの弟には絶対に知られたらいけないこと。だから、スーツケースの中に何か証拠になるようなものを残さなかったか。うっかり口を滑らしてしまったらどうしようかと考えて、ノイローゼ気味になる。子どもだった私にとって、それは大きな心の負担だった。神経症のようになっていた〉

金曜日には毎週、家族そろって、麻布の東京アメリカンクラブに食事に行った。会員制のクラブで東京に暮らすアメリカ人たちにとっての社交場だった。そこでも完璧な家族のように見せなければいけないと気が張っていた。

〈自分だけが異分子、自分さえいなければ、新しい完璧な家族になれるのに。自分がいないほうが、皆にとっていいんだろう、そう思っていた〉

年齢が上がるに従い、緊張は高まっていった。父も「ヨーコさん」もアイリーンに気を遣う。それがまた、よそよそしくされているように感じられてしまう。アイリーンにどう接したらいいのか、父は悩んでいた。

十一歳の夏休み。アイリーンは母のいるカリフォルニアへ、いつものように旅立った。すると、しばらくして、日本にいるウォーレンの元に美智子から電話がかかってきた。「アイリーンが、あなたの妻の下着を洗わされていると言っている」。そのような事実はなく、ウォーレンはうろたえた（アイリーンは私に「自分も、そんなことを母に話した記憶はないのだけれど」と言った）。美智子には自分の娘が別の女性を母として成長していくことに対する複雑な思いがあったのだろうか。美智子はウォーレンに、こう提案した。「アイリーンはセントルイスで暮らすほうがいいと思う」。ふたりは電話で何度も、話し合った。「ヨーコさん」はこの会話に一切、関わることができなかった。もちろん、アイリーンも。美智子に言われてカリフォルニアからウォーレンの両親が暮らすセントルイスにアイリーンは足を延ばした。楽しい時を過ごした。だが、そろそろ日本に帰る頃だった。その時、初めて祖父母から切り出された。「このまま、ここに残らないか」、と。アイリーンは、初めて気づいた。自分はここに送られたのだ、と。アイリーンはそのまま祖父母の家で暮らすことになった。

〈そのつもりでアメリカに送られたんだと思い、ショックを受けた。自分は一生懸命、秘密を守ったし、「ヨーコさん」とも弟とも仲良くしていたのに、ひどい、と思った〉

父も母も再婚している。自分にだけ居場所がない。

「日本に帰る」と強く言い張れば帰れただろうが、祖父母を悲しませる。それに、日本にはもう居場所がないのだ。母のいるカリフォルニアにも。

〈私が犠牲になって身を引けばいいんだ。ここでも私が気を付けて振舞えば、認められて生きていけるはずだ。ここで生きていくしかないんだ、そう思った〉

スタンフォード大学へ

生活環境は一変した。日本の中のアメリカから、アメリカの中のアメリカへ。

西海岸でも東海岸でもない。アメリカの中西部の入り口、ミズーリ州のセントルイスはデトロイトと並ぶ工業都市だが、市内から離れれば何もなく農地が広がっているばかりである。祖父母の家は街中から自動車で三十分ほどの郊外にあり、トウモロコシ畑に囲まれていた。

保守的な土地柄で、祖父母を含めて皆が共和党の支持者だった。南北戦争では同じ家族の中でも南軍と北軍に分かれるような悲劇があった土地としても知られている。

スプレイグ家は南北戦争前にアイルランドから渡ってきた一族だった。また、祖父母や親族は、クリスチャン・サイエンスの熱心な信者だった。一八七九年にマサチューセッツ州ボストンで創立されたプロテスタントの一宗派で、世界中に支部を持つ。新聞「クリスチャン・サイエンス・モニター」を発行していることでも知られている。同社の東京支社には、アイリーンが通っていた西町インターナショナルスクールの創設者ライシャワー春も記者助手として勤めていたことがある。


完璧な白人社会の中でアイリーンは、たったひとりの東洋人だった。黒人を目にすることもなかった。スプレイグ家が土地で尊敬される一族だったこともあり、皆がアイリーンには親切だった。だが、アイリーンは日本を思って毎夜、ベッドの中で声を上げて泣いていた。日本に帰りたかった。親や家族ではない。日本が、日本の生活が恋しくてならなかった。

絶対に日本語を忘れるまいと思った。忘れることは恐怖だった。自己流で努力した。寝る前の時間をそれにあてた。頭の中で浮かんだことを、日本語に置き換えていく。ムーンは月、スターは星。窓の向こうに広がるトウモロコシ畑に向かって大声で『荒城の月』を唄うこともあった。

〈東洋人を見たのは初めて、という人も多かった。私自身は人種差別をされたという意識はないけれど、白人だけで構成された社会で、私ひとりが皆と違う。ここでも私は異分子なんだと思った。皆に異分子だと思われて居場所を失いたくなかった。日本にいた時は、「ガイジン」

「あいの子」と言われる、アメリカに来てからは「日本人」「東洋人」として見られる。当時のアメリカではアジア人というのは恥しい存在だと見られていた。

何か物が壊れたりすると、悪気はないんだけれど私の目の前で、同級生が「メイド・イン・ジャパン」と言ったりする。それは私を貶《おとし》めようとして言うわけじゃなくて、流行《はや》り言葉だった。当時はまだ、日本製品は安くて壊れやすいものだとアメリカでは思われていたから。クリスチャン・サイエンスの信者が通うプリンシピア小学校に転入した。祖父母の知り合いは皆、信者だった。神の愛を絶対的に信じていて、人の暗部や問題点をあまり見ようとしない。病気も神の愛で治せると信じていた。皆、独特の微笑をいつも湛えている。何か悩みや身体の不調を訴えても、「神は愛」と祖母には言われてしまう。神を信じれば愛の力で解決される、と。それで私は膀胱炎をこじらしてしまったこともあった〉

日本や日本人をバカにされるのは嫌だった。同時に学校でトイレに入って鏡を見ると、ドキリとした。同級生と違う顔が、そこに映っていたからだ。

自分の顔がすごく黄色く見える。眼が吊り上がって見える。それがとても嫌だった。皆と違うことが嫌だった。

小学校を卒業したアイリーンは中学から、引き続きクリスチャン・サイエンティストの学校、プリンシピアスクールに進学した。父の母校でもあった。アイリーンは信者にはならず、ひたすら勉強した。自分の成績が悪いと、やっぱり日本人の血が入っているからだと思われてしまう。それが嫌だった。勉強だけでなく、優等生になろうとした。後ろ指を指されないように、異分子だと思われないように。日本人だから、と言われないように。下級生の勉強を見ることも、舎監の先生の代役も積極的に引き受けた。

高校に入ってから、あまりに日本が恋しくなり、辛くて、悩みを学校の先生に打ち明けた。先生が祖父母に話してくれて、一年間、日本に帰れることになった。嬉しかった。父のもとに戻り、東京のアメリカンスクールに通った。その後、また、セントルイスに戻ると、プリンシピアの高校を卒業した。

アイリーンはすべての学科で優秀な成績を修め、総代として卒業式でスピーチすることになった。名門スタンフォード大学への入学も果たした。娘の晴れの姿を見るために、カリフォルニアから美智子がかけつけた。美智子が振り返る。

〈夫のマリーが絶対に行くべきだと言った。血はつながっていないけれど、彼は優秀なアイリーンを心から誇りに思い、自慢にしていた。卒業式では学科ごとに成績優秀者の名前が発表されるけれど、アイリーンの名前ばっかり。生徒を代表して答辞を読んだアイリーンは、真っ白なドレスを着て輝くようだった。アイリーンは私のことを気にして、「ママ、大丈夫?」って、すぐに飛んでくる。周りのマザーたちが「どうしたらアイリーンみたいな子が育つのかしら」と言っていた。私は鼻が高かった〉

父ウォーレンは式には来なかった。だが、翌年にはアジアへの出張にアイリーンを伴ってくれた。行き先はフィリピン、ベトナム、シンガポール。アメリカの生活に慣れ切っていたアイリーンは東南アジアの貧しさを目にして、ショックを受けた。

〈父と私が外車に乗っていると裸足の子どもたちが駆け寄ってきて窓を叩く。お金をくれ、と叫ぶ。私は、いたたまれなかった。私が彼らの立場にあってもおかしくないのに、同じ東洋人なのに私は外車の内側にいる。白人の父親の横にいる。私と彼らを隔てているものは何なんだろうって考えた。セントルイスの学校では食堂はブッフェ方式で何種類もの料理が並ぶ。生徒たちは好きなだけ取って、どっさりと残していた。それなのに世界には、こんなにも飢えた子どもたちがいる。高校も生徒は白人で、掃除をしたり食堂の裏でお皿を洗っているのは、黒人の人たちだった。不公平だと思った。この格差をどうにかしたい。西洋と東洋と両方に自分のルーツがある。国と国の間をつなぐような、文化の違いからくる誤解を解消するような、そういったことをしたいと漠然と思いながら大学に入った〉

一八九一年に創立された世界屈指の名門大学スタンフォードにアイリーンが入学したのは一九六八年九月。カリフォルニア州サンフランシスコから南東に下ったところに、緑の芝生が広がる広大な、そのキャンパスはあった。一年を通じて温暖で樹々は青々とし、海風が吹きぬけていく。西海岸の開放的な空気が流れていた。芝生の上では学生たちが、車座になり議論をしていた。国家や社会を批判する。ベトナム戦争に反対する学生たちが、キャンパスのあちこちで抗議集会を開いていた。アイリーンの通っていた禁欲的な中西部の宗教学校とは、何もかもが違った。

アイリーンが入学した六八年はアメリカの政治が国内外で大きく揺れた年でもあった。

ジョン・F・ケネディの暗殺によって大統領となったリンドン・ジョンソンはベトナム戦争へ介入し、深みにはまっていた。戦争は長期化し、ジョンソンへの批判は強くなり、三月、ロバート・ケネディが次期大統領選出馬を表明。五月にはパリでベトナム和平会談が始まるが、国内では暗殺事件が相次いだ。四月には黒人公民権運動の指導者であるマーティン・ルーサー・キング牧師が暗殺され、六月には遊説中のロバート・ケネディも殺される。

夏の民主党大会では反戦派の学生と警官が激突。十月のメキシコ・オリンピックでは、表彰台に上がった黒人選手が拳を突き上げ、アメリカの人種差別政策に抗議の意を表明した。

そして、同じ頃、日本でも政治が揺れ、学生運動が激化していた。

一月にはアメリカの原子力空母エンタープライズの佐世保入港阻止を訴える学生たちが警官隊とぶつかり合い、百人を超える検挙者を出した。佐藤栄作首相は同月、国会答弁で非核三原則を発表。二月には成田空港の建設に反対する学生、地元農民が警官隊と激突した。暴力団員二名を殺害した金嬉老が寸又峡《すまたきょう》温泉の旅館に立て籠ったのも、この時期のことである。

そして、アイリーンが大学に入学した九月、日本では政府がある重大発表をするのだった。

「水俣病は公害と認定。原因はチッソ水俣工場から流された廃液中の有機水銀」――。

アイリーンがユージンに出会うのは、この二年後。水俣に向かうのは三年後の、一九七一年九月のことである。

第二章　写真家ユージン・スミス

溝口家の前に停めたスバルのサンバーに乗るユージン
撮影：Zdeněk Thoma

〈彼は多くの人を自分の人生に巻き込んでいった。私もそのひとりだった。二十歳で彼に出会い、翌年には結婚して水俣で暮らしていた。彼は写真にすべてを捧げていて、自分のなし得る最上の作品を仕上げようと、もがき続けていた。一切、妥協しなかった。彼との生活は容易なものではなかった〉（アイリーン）

父の自殺

ユージン・スミスは二十世紀を代表する写真家のひとりとして知られている。

彼は「自分の仕事は写真や言葉によって、単なる記録以上のことをすることだ」と語り、それを実践しようとした。あまりにも真摯に、あまりにも激しく。あまりにも狂おしく。そのため周りにいた人々、とりわけ女性たちは彼によって人生を翻弄され、その渦の中に巻き込まれた。

どんなにいい写真を撮っても彼は満足できず、自分を責め続けた。取材すべきものを追いかけ魂の模索を続け、命をすり減らした。まるで、自分を痛めつけなければ、いい写真は撮れないとでも思い込んでいるかのように。「十字架を背負う写真家」と評されたのは、そのせいだった。

太平洋戦争中は戦争を否定するという明確な態度で写真を撮り、戦後は代表作「楽園への歩み」（一九四六年）を皮切りに、伝説の雑誌「ＬＩＦＥ」（以下ライフ）を中心にして数々のフォト・エッセイを発表し、名声を得た。

田舎医師の日常を追いかけた「カントリー・ドクター」（一九四八年）、フランコ政権下で貧しくとも伝統的な生活を守り暮らす村人を撮った「スペインの村」（一九五〇年）、黒人女性たちの生命を守るために奮闘する助産婦を追いかけた「助産婦　モード・カレン」（一九五一年）といった作品がある。

一九五八年、「ポピュラー・フォトグラファー」誌で行われた国際投票「世界で最も偉大な十人の写真家」にも選ばれている。

ユージンは無名の人々を被写体とし、彼ら彼女らの喜びや悲しみ、苦しみや祈りを伝えようとした。被写体の心の内をレンズを通して探り、撮った。自分を共振させて。だからこそ、彼の写真は時に見る人の心を動かし、時に社会をも動かすことがあった。


本章に書いたユージン・スミスについてのエピソードは、主にジム・ヒューズが書いたユージン・スミスの評伝『W. Eugene Smith　Shadow and Substance』（未訳。以下『評伝』）、そして、一部はベン・マドウの著書『LET TRUTH BE THE PREJUDICE』に依拠している。


ユージン・スミスは一九一八年にアメリカの中央部、カンザス州に生まれた。

海から遠く離れ、太陽が容赦なく降り注ぐ赤土の地に。州最大の都市とされるウィチタは穀倉地帯で、交通の要所としても知られた。この地に穀物は集積され、アメリカ全土に運ばれていく。

ユージンの父、ウィリアム（以下、ビル。ビルはウィリアムの一般的な愛称）・スミスは、ウィチタでは小麦を扱う裕福な穀物商人として知られていた。母の名はネティ。二世紀前にドイツから移住してきた一族の出身で、農地を広く持つ資産家の出であったが、彼女にはネイティブ・アメリカンの血が、四分の一ほど流れていたと言われる。

太陽の照りつけるカンザスの暑さはよく知られているが、冬の寒さもまた厳しかった。ユージンが生まれた一九一八年十二月三十日は、雪が吹き荒れていたという。

ネティはプロテスタント家庭に育ったが、夫はカトリック教徒であったため、彼女は結婚するにあたって改宗した。

夫婦の間には長男ポール、続いてユージンが生まれた。

長男ポールがある日、高熱にうかされた。母ネティは懸命に看病し、カトリック教会に通って、ひらすら神に祈った。幸い生命は取り留めた。だが、ポールは脊髄性小児麻痺という重い障害を負った。すると、気性の激しいこの母は、すぐさま関心と期待を次男だけに寄せるようになった。以後、ユージンは母の強い束縛の下に生きることになる。

この時代の少年として、ユージンも飛行機に心を奪われた。一九二七年にアメリカの飛行家チャールズ・リンドバーグが大西洋無着陸横断飛行に成功し、少年たちが皆、リンドバーグに憧れた時代だった。

ウィチタは穀倉地帯であり、一方ではまた航空産業の盛んな土地でもあった。飛行機の製造工場にユージンは毎日通った。飛行機の写真集がたまらなく欲しくなった。母に思い切ってねだるとお金ではなく、あるものを渡された。カメラだった。母は言った。「自分で撮りなさい」。

ネティは美術学校で学び、写真を趣味にしていた。当時、裕福な女性たちの間で写真機を持つことが流行っていたのだ。自分が撮った写真をコンテストに応募することもあった。家には暗室さえ持っていた。ユージンはそんな母にカメラの使い方を教わり、家でフィルムを現像し、プリント（紙焼き）するようになった。十一歳前後のことだ。写真とユージンの間には、初めから母が介在したのである。この事実が後々も、ユージンの人生に大きな影を落とすことになる。

一九二九年十月、ニューヨークで株が大暴落すると、父ビルは次第に資金繰りに苦しむようになった。

川のほとりの丘に建つ大きな家には自家用車が二台あり、黒人の使用人もいた。二人の息子はカトリック系の私立学校に通っていた。だが、この中産階級の豊かな生活を守ることが父にとって難しくなっていく。

ユージンはそんなことには気づかず、相変わらず飛行機の撮影に夢中になっていた。地元新聞社「ウィチタ・イーグル」の専属カメラマン、フランク・ノエルと親しくなったのも飛行場だった。ノエルは自分が別の新聞社に引き抜かれて移籍することになると、高校生のユージンを「ウィチタ・イーグル」紙の編集部に引き合わせてくれた。

ユージンは以後、いい写真が撮れると、この新聞社に売り込みにいった。飛行機だけでなく、ウィチタの自然や人々の生活を撮るようにもなった。砂嵐が近づいてきたことを知らせるサイレンが鳴ると、授業中でもカメラを持って飛び出した。砂嵐を撮った一枚は、地元紙に掲載された後、「ニューヨーク・タイムズ」紙のグラビア欄にも転載された。

この頃になると、子どもの目にも家の危機が明らかになる。夫婦仲は冷え切り、ネティはことあるごとに温厚な夫にあたっていた。

家を売り借金を清算して、新しい仕事に就きたいとビルは思ったが、妻ネティが許してくれなかった。ビルは悩み抜いた。一九三六年四月三十日、大聖堂でのミサに出席すると言って家を出た彼は、セント・フランシス病院の駐車場に車を停めた。そして、車中で散弾銃の引き金を引き、自殺を図った。銃声に驚いた医者たちが駆けつけ、血だらけのビルは病院に運ばれた。

ユージンが病院に向かうと、そこにはすでにイーグル社の新聞記者たちが詰めかけていた。「お前はビル・スミスの息子だったのか」と彼らは驚いていた。

ユージンの血がすぐに父親に輸血された。ところが、そのかいもなく、父親は絶命してしまった。「ウィチタ・イーグル」はビルの自殺を大きく報じた。自分が出入りしていた新聞社であったがために、ユージンはよりショックを受けた。アイリーンは言う。

〈少年だったユージンは新聞社の一番親しい記者に「自分はジャーナリストに憧れていたけれど、もうやめる。こんなに汚い仕事だとは思わなかった」と言ったそうです。そうしたら相手に「ジャーナリズムという仕事自体が汚いわけじゃない。どういうジャーナリズムにするかは、たずさわる本人次第だ。質の高いものになるか、インチキなものになるか。それは、ジャーナリスト個人の問題で、ジャーナリズムそのものではない」。その一言を聞いて、やっぱり自分は写真を続けようと思い直した、そう言っていました〉

母ネティは夫が苦境にあっても助けようとせず、かえって追い詰めていた。父の死は母に責任があるとユージンは心の中で思ったが、口には出せなかった。

ネティは夫の死にも動揺せず、悲しみも見せなかった。そして、これまで以上にユージンを束縛し、自分の意のままにしようとした。

経済的に厳しくなる中で、彼女はユージンを大学に進学させるために、ある策略を練った。彼女はどうしてもインディアナ州にあるカトリック系の名門・ノートルダム大学報道学科にユージンを進学させたいと考えていた。それも奨学生として。彼女は大学側に、巧みに話を持ちかけた。「自分の息子は写真の技術を確立させている。大学の行事を撮る専属カメラマンとなることで学費を免除して欲しい」

さらに、「ウィチタ・イーグル」の編集幹部には、ユージンの推薦状を大学宛に書き送るよう頼み込んだ。すべて母の思惑どおりにことは進んだ。成績はあまり良くなかったが、ユージンは大学に奨学生として迎えられる。

ニューヨークで母と闘う

大学寄宿舎の門限は十時。十一時には消灯という中で、ユージンには他の学生にない自由が与えられた。暗室でひとりきりで過ごす、という自由だ。そこで彼は、自分の義務として撮影した写真を夜遅くまで現像した。

彼は大学には、馴染めなかった。ストレスから偏頭痛の発作を起こしては、転げ回った。手紙で母に大学生活の不満や、時には面とは向かって言えない恨みの言葉を、伝えようとした。母が父に辛くあたっていたことを思い出す。父の死の原因は母にあるという思いがこみ上げてくることもあった。

大学に友人はできなかった。大学の勉強も、学校行事を撮影させられることも苦痛でしかなかった。だが、その結果、逆に自分が何をしたいのか、突き詰めて考えるようになる。

ある日、大学図書館の展示室で、彼は一六四〇年から一八三〇年にかけてのフランス、イギリス、オランダ・フランドル地方の巨匠たちが残した絵画や、十九世紀後半から現代までのフランス、アメリカの印象派代表作を見て、心が震えた。ユージンの写真は後年、「レンブラント的な明暗」と言われるようになるが、この経験が原点となっているのだろう。

彼は何度も何度も、絵画が展示されている部屋に足を運んだ。そして、巨匠たちの作品に見入った。大胆にも、自分の写真もこのようなものでありたいという願望を抱いた。一九三六年十二月に母へ宛てた手紙において、こう告白している。


〈僕が写真を撮るのは、もはや撮ることの純粋な楽しさのためではなくなっている。僕は自分の写真が、十八世紀の名作絵画のように、何かを象徴する作品であってほしいのさ。僕の役目というのは、人生の動きを捉えることにある。世間の中で生きることに伴うユーモアや悲劇を。言い換えれば、ありのままの人生だ。ポーズをとらない、現実のままの、真実の写真だ。世界はすでにウソとニセモノが溢れているくらいなのだから、何も僕たちの身近な生活にまで偽りを持ち込むまでもないというわけさ……〉


この気持ち、僕の写真にかける思いは、うまく言葉にできない。

こんな靄《もや》がかかったような現実から始めるのだから、僕の野心を実現するのには、これから長い時間がかかるだろうし、おそらくその時間は苦難に満ちたものになるだろう……僕は誰にでもできるわけではないことを達成したいんだ。母さんは、この宇宙の中で僕たちがどれだけちっぽけな存在であるか、気がついたことはあるかな。僕には、そうした経験があるよ。ここでは、それしかないんだ。働いて考えて、そして自分の仕事について考えるんだ〉（『評伝』）

彼はこの手紙を書いた時、まだ十七歳だった。そして、この予言どおり、写真家として苦難の一生を送ることになる。

彼は大学を辞めてニューヨークへ行きたいと手紙に綴り続けた。そして、ついに母を説得すると一九三七年二月、ニューヨークに向かった。ニューヨークで写真学校に通いながら、仕事を探した。

彼は一九三六年十一月に創刊されたばかりの雑誌「ライフ」を見て感激し、憧れていた。「ライフ」は写真を中心にした臨場感あふれるグラフ誌で、とりわけロバート・キャパが撮ったスペイン内戦のドラマチックな写真は鮮烈だった。思い切って編集部に自分を売り込みに行ったが、相手にはしてもらえなかった。だが、落ち込む暇はない。親しくなった写真家が「将来性のある若者だから写真を見てやって欲しい」と「ニューズ・ウィーク」誌に口添えしてくれた。訪問すると試験代わりに撮影を振られ、ユージンは、そつなくこなした。こうして「ニューズ・ウィーク」に専属カメラマンとして採用される。

ニューヨークでプロの写真家になるという夢を、彼は十八歳で叶えたのだ。真っ先に報告する相手は決まっていた。母のネティ。彼は、フォト・ジャーナリズムの巨人たちに触れつつ、母親にこんな手紙を書いた。

〈あと五年もあれば、僕が彼らの誰よりも上、頂点に立てると思う。これは調子に乗って言っているんじゃないよ。たった今終わった、プロのフォト・ジャーナリストとしてデビューするための戦いよりも、さらに苦しい戦いになることは間違いないんだ。今後五年間、休む暇もなく、最高の仕事を続けなくてはならないんだ。だけど、僕はやってみせる〉（同前）

「だから母さんも、早くこっちにおいでよ」と、ユージンは何度も手紙に書いている。

やがて、母はユージンの誘いに応じ、ウィチタからやってきた。

ふたりはブロンクスにアパートを借りて同居した。力を合わせて暗室も作った。ユージンの給料は平均的なニューヨーカーに比べて、ずっと高給だった。

ニューズ・ウィーク社は、タイム社のライバルであった。そのタイム社が出した画期的な写真グラフ雑誌が「ライフ」。その「ライフ」ではカメラマンたちが機動的な小型カメラを使い、動きのある写真を撮り、急速に部数を伸ばしていた。

ユージンも「ライフ」に触発され、小型カメラを使いたいと思っていた。ところが「ニューズ・ウィーク」は小型カメラの使用を認めてくれなかった。上司と喧嘩になり、ユージンは一歩も引かず、ついには解雇されてしまう。

しかし、この出来事も彼にとっては好機となった。逆に憧れの「ライフ」がフリーランスとなった彼と取り引きしてくれるようになったからだ。

ユージンの仕事を母ネティは、献身的に手伝った。機材を運ぶ際には運転手をし、営業の下手なユージンに代わって、編集部に押しかけては息子の宣伝をして回った。ギャラの交渉も母がした。お金の管理、スケジュール、フィルムの処理、コンタクトシート（ベタ焼）に印をつけることまで。周囲の人々は、ユージンのマザコンぶりと、ネティのステージママぶりに驚き、様々に噂した。

妻カルメンとの出会い

この頃のユージンはシャイで思索家ではあるが、気持ちの優しい、ユーモアのある楽しい人物として同僚たちに記憶されている。だが、こと写真に対してだけは一切、妥協をしないエゴイストだと映っていた。

悶え苦しみながら、完璧なものを求めて暗室に籠り続ける。自分の頭の中にあるイメージが表せていないと、彼は絶望して拳で暗室の壁を叩き続けた。この頃から、撮影以上にプリントにこだわっていた。そこまでプリントにこだわる写真家は、彼の他にいなかった。印象派の絵画に負けないものをという思いが、彼を暗室に籠らせたのであろうか。

臨場感を出すにはどうしたらいいのか。時に彼は綿棒の先を使って、光を集めるように白く点を打った。絵画の技法である。選択的に明るさを出すことで、写真を見る人の眼をそこへと誘導する。こうした方法を邪道だと見る人もいたが、ユージンは自分の思いを伝えるためには必要な、写真家としての務めだと思っていた。

また、ニューヨークに出てきてから絵画以上に大きな影響を、音楽から受けるようになる。使える金はすべてレコードに注ぎ込んだ。暗室にいる時、常に彼は音楽をかけ、音が伝える美的な感動をも写真の中に焼き込もうとした。音やリズムを。作曲の技法を真似て、後には写真のレイアウトや写真集の構成を決めるようにもなっていく。好きな作曲家は、ベートーベン、ワーグナー、プッチーニ、マーラー。戦後はジャズやロックにも魅かれていった。

ユージンがニューヨークに向かった一九三七年は、世界が大戦へと向かう時期でもあった。ドイツではヒトラー率いるナチス党が政権を取り、イタリアでもファシスト党のムッソリーニが強権を振るって、エチオピアに侵攻していた。

また、日本は一九三一年に満洲地方を侵略。一九三七年には盧溝橋事件から日中戦争へと突入していた。戦火は中国全土に広がり泥沼化していく。その上、日本はドイツ、イタリアと三国同盟を結び、イギリス、フランス、アメリカの連合国側と対立した。

一九三九年九月、ドイツ軍がポーランドに侵攻し、イギリス、フランスがドイツに宣戦布告。ついに、第二次世界大戦へと至る。

大戦が始まると、名のある写真家たちは次々と欧州大陸に向かった。そのため国内の話題を撮る写真家が手薄になり、ユージンは「ライフ」の専属カメラマンになるという幸運を摑む。

テレビのなかった当時、「ライフ」は爆発的に売れていたが、さらにこの戦争が後押しをした。戦線の状況を伝える写真を見ようと人々が争うように購入し、「ライフ」は週刊で四百万部という世界最大のニュース雑誌になる。

　写真家にとって「ライフ」の専属カメラマンになることは、ひとつの夢であり、憧れだった。「ライフ」は写真家に破格のギャラを払い、「プリマドンナのように」扱った。彼らをスターに奉《たてまつ》ることで「ライフ」の価値もまた高められる。カメラマンは学歴不問。写真の腕だけが求められた。一方、彼らを使う「ライフ」編集者たちは、揃って一流大学を卒業したエリートだった。『ライフ』のプリマドンナ」には、まず一九二〇年代から報道写真家として活躍してきた女性写真家の草分け、マーガレット・バーク＝ホワイトがいた。スペイン戦線で名を成したロバート・キャパも。こうしたスターたちは元より、その下にいる人たちも、こぞって欧州戦線へと向かってしまった。戦争は写真家にとって、是非とも撮りたいテーマである。名を成すチャンスでもあった。だが、彼らが抜けた穴を埋めるために雇われたユージンは、国内でファッションショーやスポーツ競技大会を撮るよりない。

「ライフ」の仕事でユージンはメキシコから公演にやってきた舞踊団を撮影した。その後、メキシコからユージンに国際郵便が届いた。それは舞踊団の女性からのものだった。スペイン語で書かれていたので翻訳者に頼んだところ、ユージンへの愛が告白されていた。その後も手紙が送られてきたため、ユージンは知人イルゼ・シュタットラーに頼み、無料で訳してくれる人を探した。それを引き受けてくれたのが、カルメン・マルティネスだった。ユージンはカルメンにお礼の手紙を書いている。

　手紙のやり取りを数通かわした後、ユージンはカルメンに直接、会った。黒髪の、想像以上に美しい女性だった。カルメンはスペイン系で、カトリック信者。ユージンと同じく、親が破産し小児麻痺を患うきょうだいがいた。看護婦として働く自立した二十一歳の女性カルメン。ふたりは情熱的な恋に落ちた。

だが、彼らの前に、母ネティが立ちふさがる。彼女は息子に恋人ができることを望まず、カルメンを牽制し、スペイン系であることを含めて、差別的な言葉で攻撃した。ユージンは母にはない優しさを持つカルメンに強く魅かれるが、母ネティから離れることもできない。

「ライフ」の編集者たちは、その関係を危ぶんで見ていた。ユージンの小切手を母は編集部まで取りにくる。ユージンには、ほんの少ししか渡さない。ユージンは母に逆えない。写真は相変わらず母との共同作業だった。ネティは自分がいなくてはやっていけないと、ユージンを洗脳した。周囲にも、そう思わせようとした。ユージンの写真に必ず欠点を見つけ、どんなに良い作品でも、必ず否定的なコメントをした。ユージンはだからこそ、母から離れられなくなる。母に認められようとし続ける。常に自分の写真に満足できず、絶えず不安定な精神状態に置かれた。ユージンの常軌を逸したプリントへのこだわりも、ネティから植えつけられた自己否定の感情と無関係ではなかったろう。

ユージンはあまりにも仕上がりにこだわり、編集者たちを困惑させた。ほとんどの「ライフ」の写真家はフィルムを会社のラボに預けて現像を他人に任せるが、ユージンはそれを強く拒否した。ネガを勝手に焼かれることを恐れていた。

戦場へ

ネティとの間で板挟みになっていたユージンだが、やはりカルメンへの愛は抑えがたく、ついに彼は母には知らせず一九四〇年十二月九日に結婚すると、三八丁目にアパートを借りた。母は突然いなくなったユージンを探し続けたが、友人たちは誰も居場所を言わなかった。しばらくして、結婚の事後報告をしようと、二人はネティのいるブロンクスのアパートに行った。すぐに引き返すつもりで。

ところが、訪れてみるとネティは泣きながらユージンのフィルムを浴槽で洗っているところだった。それを見た瞬間にユージンの決意は崩れ、ネティと同居することを承諾してしまう。その後、三人で旅行に出かけたが、旅先でも母は夫婦と一緒の部屋に泊まると言ってきかなかった。カルメンは晩年、ユージンの評伝をまとめるジム・ヒューズの取材を受けた際、義母ネティをこう評している。

〈お義母《かあ》さんは、強い欲求不満を抱えていました。何かをしたいんだけれども、いつも何もできずじまいだった。育ちのせいかどうかは、わかりませんけれど。何かが壊れていれば、お義母さんは自分の手で修理したがりました。彼女は裁縫もできたし、大工仕事もできました。でも、それが仕事になるわけではなくて、器用だということで終わってしまう。ユージンと一緒にいれば、お義母さんは息子の業績の栄光を一緒に浴びられると感じていたんだと思います〉

一九四一年九月二十六日、カルメンは女の子を出産。「マリッサ」と名付けた。

その頃、マーガレット・バーク＝ホワイトの欧州戦線を撮った写真が「ライフ」に大々的に掲載され、大変な評判になっていた。すると母のネティはユージンの心を見透かすように、結婚して、「ライフ」から依頼される撮影を淡々とこなす息子に皮肉を言った。

ユージンはネガの所有権や編集方針をめぐって「ライフ」と決裂し、自分から辞めてしまう。戦場に行きたいという気持ちが募っていた。


一九四一年十二月七日（日本時間では八日未明）。日本軍が宣戦布告なしに、ハワイの真珠湾基地を空襲すると、ついにアメリカの参戦が決まった。この時、ユージンは「ライフ」を辞めたことを「早まった」と後悔する。戦争報道において「ライフ」の立場は特権的で、経費も惜しまないからだ。

ユージンは自分で自分を追いつめて仕事をする。その上、子ども時代から、ひどい偏頭痛にも悩まされてきた。彼は鬱状態に陥り、「死にたい」と頻繁に口にするようになった。カルメンは心配し、薬やカミソリを隠した。

ユージンは戦場に行けないことに強い不満を抱いた。視力が極端に悪かったため健康診断ではねられ、一年以上、戦争特派員の資格は取れなかった。だが、海軍にいた写真家、エドワード・スタイケンの推薦で、ようやくユージンは「フライング」誌の特派員として、太平洋の戦場に赴く権利を得られた。

二度目の出産を終えたばかりの妻を残し、ユージンは戦場へと向かった。

一九四三年八月十九日、ニューヨークからカメラ機材と二百枚のレコードを携え、ハワイ経由で日本軍のいる南方へ。兵士や特派員たちはユージンの部屋を「移動レコード店」と言い、音楽を聴きに集まってきた。

本格的な戦場ラバウルに、ユージンがたどり着くのは一九四三年十一月十一日。空母バンカーヒルから次々と戦闘機が飛び立っていった。陽気だった兵士たちの顔つきがにわかに変わった。ユージンは兵士とともに戦闘機に乗り、夢中でシャッターを切った。戻って来ると夜を徹してフィルムを現像した。

オーストラリアの東、サンゴ礁に囲まれたギルバート諸島のひとつ、タラワ島（現・キリバス共和国）は激戦となった。米軍はここを守る日本軍に一九四三年十一月二十一日から二十三日まで総攻撃をかけた。海兵隊員たちとともに、ユージンはカメラを持って島に上陸した。島には強烈な死の匂いが立ち込めていた。小さな島で日本兵五千人弱が、折り重なるように戦死していた。死体はすでに腐り始めていた。ユージンは、あらゆるものにシャッターを切った。

十二月三十日、ユージンは戦地で誕生日を迎えて二十五歳になった。

急降下をして爆弾を落とす飛行機の中で、露光をしぼり確実に窓の外の景色を撮るには、相当な技術が必要だった。ユージンはそれに挑戦していた。

いい写真を撮るために、ただそれだけのために。兵士よりも搭乗数が多くなった。飛行機乗りたちは義務でもないのに、そんなことをするユージンを変人だと評した。

ユージンはそのうちに、飛行機にいくら乗っても満足できなくなった。戦場を撮っているという実感が湧かない。船艦で現地へと向かう。艦内は食料も豊かで、まるでクルージングだとユージンは思った。戦闘地域に行っても、空中から爆撃するだけで敵の姿を間近に見ることもない。これでは戦争を撮ったことにならないと思った。

親しくなった兵士や報道カメラマンの乗った飛行機が、オレンジ色の炎に包まれ、海に落ちるのを見た。それでもユージンは飛行機に乗り続け、パイロットが嫌がるような無理な注文を出した。命を失うことよりも、いい写真が撮れないことを怖れていた。多い日は一日に三回も爆撃機に乗った。そして、夜は決まって悪夢を見る。

彼はピュリッツァー賞を受賞したいと、切望していた。だが、空母での撮影では思うような戦争写真は撮れない。

一九四四年三月、ユージンは、休暇でアメリカに戻ると、目的を達成するために動いた。どうしても地上戦が撮りたかったのだ。

ニューヨークで知人に間に入ってもらい、ケンカ別れをした「ライフ」を訪れた。そして、再契約を結んだ。「ライフ」もユージンの戦地での写真を見て、評価を高くしていたのだ。

小康状態を保っていたネティとカルメンの関係は、ユージンが帰ってきた途端に崩壊した。ふたりの小さな子どもはユージンを見ても誰だかわからなかった。ユージンは再び戦地へ向った。

サイパンで知った戦争の真実

「ライフ」特派員となったユージンは海兵隊に配属される。ついに地上戦が撮影できる。希望がかなったのだ。ユージンは撮影にのめり込んだ。「最高のものが撮れた」と感じることもあった。だが、それらの多くが検閲に引っかかり、発表されなかった。

六月二十七日にはサイパン、七月にはグアム。島に上陸して戦闘を撮った。そこには確かに戦場があり、戦争があった。ユージンは初めて、敵とされる日本人を目撃した。その中には民間人の姿もあった。女性や子どももいた。

追い詰められた日本兵たちは、玉砕作戦を繰り返した。武器もない状態で、よくわからない言葉を叫びながらアメリカ軍に向かって走って来る。機関銃で掃射されても、押し寄せてきた。アメリカ人には理解のできない行動で、それだけに恐ろしく、また哀れだった。これを嗤《わら》うアメリカ兵もいた。ユージンも従軍した直後は「ＪＡＰ」と日本兵のことを書き、からかうような文面の手紙を、家族に宛てて書いていた。だが、彼の心情は変わっていった。日本人を敵として憎むことができなくなったのだ。被写体として、彼らを撮るうちに、自分の心が彼らと同化していったからだ。ユージンには被写体の心を感じ取って、写し込もうとする本能があった。

サイパンでは日本の民間人が戦闘に巻き込まれ、想像を絶する光景が繰り広げられた。ある村では、女性や子どもたちが折り重なるようにして集団自決を遂げていた。逃げ惑う日本人の子どもの姿をジャングルの中で見た。崖から海に向かって身を投げる日本人女性もいた。

サイパンには洞窟がたくさんあり、日本軍兵士と民間人が逃げ込んでいるとわかり、日系人通訳を連れて探索にいくのに、ユージンも同行した。ジャングルの中には、いたるところに日本人の死体が転がっていた。途中、泥の中でハエにたかられて置き去りにされている赤ん坊を兵士は拾いあげた。その瞬間をユージンはカメラで捉えた。

洞窟に行きつくと、通訳が「殺さないから出て来なさい、捕虜にするだけだから」と十分間、日本語で叫んだ。洞窟の中にロープを放り込むと、中から弱り果てた日本人たちが出てきた。通訳は、「これが最後の通告だ。爆弾を投げ込む。出て来なければ、あなたたちはあの世で先祖に会うことになる」と叫んだ。すると、洞窟の奥で爆発音が響いた。投降に応じなかった日本人たちが手榴弾で集団自決したのだ。ユージンはその時の思いを手紙に綴った。

「戦争なんてクソくらえだっ！」

アイリーンは洞窟での出来事を、ユージンから直接聞いたことがあるという。

〈ユージンは洞窟から出て来た日本人の表情を撮るために、カメラを構えていたそうです。日本人の男性が出てきた時、アメリカ兵たちは「そいつは撃ってしまえ」と銃を構えた。ユージンは撮影をやめて、「彼は手を上げているじゃないか。撃つな」と説得したと言っていました〉

サイパン島には当時、二万人以上の日本人が移住していた。そこへ約三万人の日本軍が立て籠り、米軍の総攻撃を受けたのだ。

欧州戦線でアメリカ人はドイツ人と戦った。しかし、太平洋戦争がより凄惨なものとなったのは、敵が日本人という黄色人種であったことも無関係ではないのだろうか。アイリーンはユージンから、こんな話も聞いていた。

〈戦場でユージンは道端に倒れている日本人の少女を見つけたそうです。ひどいケガで、血がどくどくと流れていた。早くしないと死んでしまう。そう思ってユージンはその子を両腕に抱きかかえると病院を目指した。途中で、アメリカ軍のトラックが通りかかったので、助かったと思い「病院まで乗せてくれ」と頼んだ。でも、米兵たちに、「日本人は乗せない。お前ひとりなら乗せてやる。抱えている子どもは、その辺に捨ててしまえ」と言われたそうです。ユージンは怒ってトラックに乗らずに、女の子を両腕に抱えて歩き続けた。少女の身体からは血が流れ続けて、ユージンのシャツを濡らしていった。それが忘れられないと言っていました〉

ユージンはこのサイパンでの出来事を一九四四年九月三日に家族に宛てた手紙にも書いている。

〈(サイパンで撮った日本人が)これら写真の中の人々が、私の家族でありえたから……。そして、私の娘が、妻が、母が、息子が……苦しめられてゆがむ異なる人種の人々の顔に映し出されるのを見た。生まれの偶然、故郷の偶然……戦争へと至る人間の腐敗のいまいましさよ！血まみれとなって死にゆく子供を我が腕に抱くその一刻一刻、その子の生命は漏れ出し、私のシャツを通って、燃え上がる憎悪で私の心を焼き尽くした……あの子は私の子供だったのだ……。〉(『京都国立近代美術館・所蔵作品目録Ⅵ　アイリーン・スミス・コレクション　W・ユージン・スミスの写真』)

こうした文章が戦後ではなく、戦場で書かれていることに注目したい。

当時、日本人はアメリカに戦いを挑んだ憎い敵だとされていた。日本人は野蛮な黄色人種で、アメリカは正義のために大きな犠牲を払って、その日本人と戦っているのだという価値観が一般的だった。そんな中で、ユージンは敵である日本人を自分の家族だと思っていたのだ。

レイテ島、そして硫黄島

ユージンは自分の写真が戦意を高揚させるためのものとして「ライフ」で使われることに耐えられなかった。彼が写真を通じて伝えたかったことは、反戦の思想であった。地上戦を撮るようになり敵を間近に見るようになってから、彼の中で起こった変化だった。

だが、そうした感情を持った従軍記者は、不幸である。戦場において怒りと悲しみしか得られず、自分の心が傷ついていくからだ。

彼は写真で人間を描こうとした。相手への想像力、共感力を得られるような写真を撮りたかった。相手も自分と同じ人間なのだと伝わるような写真を。写真を見るアメリカ人の心に日本人への共感が湧き起こるような反戦の写真となることを願いながら、一枚一枚に戦争への苦々しい非難の気持ちを込めて、シャッターを切った。

ユージンは自分の家族に宛てて、〈世の中には、人に、嫌悪感を植え付けるように、計算されて撒かれた文書や写真があって、それで戦争が引き起こされる。理想を抱き、公正さと誠実さを持つ人間の器量に委ねられている〉と手紙に書いた。

だからこそユージンは戦争を追いかけた。戦争を引き起こす、人の欲や愚かさや、こらえ性のなさを反撃し、警鐘を鳴らすために。戦争を終わらせるまで、戦争が終わるまで、この戦場から撤退しないと決めた。兵士たちは敵を憎まなければ、とても戦場で生き抜けない。それも事実だった。相手の人間性を否定しなければ、殺すことなどできないのだから。日本兵への、日本人への共感などを持っていたら、自分が骸《むくろ》となってしまうのだから。兵士とユージンの心が戦場において次第に乖離《かいり》していくのは、仕方のないことだった。

戦場ではカメラマンもライフルや手榴弾を持ったが、ユージンは基本的には丸腰を貫いた。所属部隊はサイパンからレイテ島へと向かった。

兵士も、記者も次々と死んでいった。十月十九日、レイテ島に上陸する前夜、ユージンはカルメンに手紙を書いた。もし、自分が戻らなかったら、子どもたちが十四歳になった時にこの手紙を渡して欲しい、と添えて。

〈……明日には、僕は死ぬかもしれませんし、死なないかもしれません。でも、僕がどうなろうと、明日に死ぬ者たちの全員が、この世界の多数を占める者たちの腐敗と愚かさによって殺されるのだということは、いつも覚えておいてください。明日には、アメリカの若者が大勢、命を落とします。これまでに何千何万とそうしてきたように。これからも、何千何万と、そうするであろうように。そして、これらのアメリカ人の若者たちに加えて、さらに多くの「敵」が死ぬのです。彼らもまた誰かの父親であり、誰かの兄であり弟であり、そして誰かの恋人なのだということを覚えていてください。彼らも自分たちの家族を愛しているでしょう。そして僕のように、家族への別れの手紙を書いているかもしれません。彼らにも娘たちがいて、僕と同じようにその娘たちを愛しているんです。それでも彼らは死なねばならない。愛する者たちをすべて傷つけ、置き去りにしなくてはならない。それもすべて、人類の愚かさのためです。

戦争で命を落とすのが悪人だけだったら、ひょっとして戦争にも価値があるのかもしれません。だけど残念ながら、善人も死ぬのです。それどころか、女性や赤ちゃんでさえも！　考えただけで不快だし、戦場を目の当たりにすれば、もっと不快です。君たちが学校に行くようになれば、先生は歴史を教えてくれるでしょう。でも、それは「奴ら」にとって都合の良い歴史でしかありません。学校では戦争の外見上の原因について、何百ページも勉強させられることでしょう。でも、戦争の原因、この大殺戮の原因について真実の基礎を教えてくれる先生も本も、ごく僅《わず》かです。

……君たちは、父さんの人生に輝く星々です。そんな君たちには、どんな男性であれ、女性であれ、子どもであれ、その人に対して人種や肌の色、信条のせいで不寛容の感情を抱くことは、絶対にしないで欲しい。そして、彼らが君たちが享受しているのと同じ権利をすべて保持しているのだということを忘れないで欲しい。許される不寛容は、不寛容に対するものだけです。そして、そうした場合でさえも、その不寛容の理由を探求して、理解しなくてはならない。そして、教育と良き実例を示すことで、その不寛容を取り除かなくてはならない。同意できない誰をも理解するよう努力してください。そうすることで、もっと強くなれるから。

……我が子たちよ、さようなら。みんなをとても愛している〉

カメラマンたちは、争うように戦場に向かい、戦争写真を撮った。戦場から彼らが送る写真が新聞の一面や雑誌の表紙や巻頭を飾った。写真ジャーナリズムは高揚し、「ライフ」は史上空前の売り上げを記録していく。軍はメディアを大切にし、写真家は戦場で厚遇された。「ライフ」だけでなく、アメリカの雑誌メディアの論調は、はっきりしていた。この正義の戦いを称《たた》え、アメリカの正義を力強く主張する、それに尽きた。

写真家が一瞬を捉えた一枚の写真でスターとなれる。戦争が写真家をスターにする。ユージンもピュリッツァー賞を意識した一時期があった。しかし、そんな思いは過去のものとなっていった。

アメリカ兵の戦意を高揚させるものが好まれるという価値観の中でユージンの写真は検閲を通りにくくなっていく。

ユージンは感謝祭に合わせて一九四四年十一月に帰国した。ちょうどカルメンが三人目の子どもを出産したばかりだった。女の子だった。家族とクリスマスを過ごすと二十六日、彼は再び戦場へ戻った。

沖縄で砲弾を浴びる

ユージンはマーシャル諸島の基地でピュリッツァー賞受賞者のジャーナリスト、アーニー・パイルと出会い親しくなった。

旗艦インディアナポリス号の中で開かれた会議で、「東京を爆撃し、民間人の家を焼き払う」という作戦が発表された時、米軍のパイロットたちは皆、驚いていた。ユージンはさらに激しく憤慨した。東京に向かう戦闘機に同乗したが、あまり撮れなかった。後に人生最悪の経験だ、と語っている。

そして、ついに硫黄島へ。一九四五年二月十六日朝、約二十五万人のアメリカ兵たちが、岩だらけの要塞のようなこの島に上陸した。小さな島では約二万人の日本兵が本土を守る決死の覚悟で待ち構えていた。その中には、アイリーンの母・美智子の婚約者も含まれている。

戦史の上でも特筆されるほど、それは悲惨な戦闘だった。白い砂浜で激しい戦闘が繰り広げられた。この島を守り抜かなくては日本は負けるという思いが、日本側にはあった。

米軍は当初、砲撃で簡単に攻略できると考えていた。そのため、日本兵たちの死力を尽くした五週間に及ぶ徹底抗戦を目の当たりにして、アメリカ兵は戦慄を覚えた。

本土にいた銃後のアメリカ人たちは「ライフ」に載ったユージンの写真を見て、その激烈さを知り驚愕した。ユージンの写真は意に反して戦争の臨場感を伝え、愛国心を高める役割を果たしてしまったのだった。「ライフ」の巧みな編集力によって。

硫黄島は攻略され、米軍の旗がひらめいた。

次はついに沖縄である。この時、アーニー・パイルはユージンらに、「沖縄が怖い。行きたくないんだ。人生でこれほど怖いと感じたことはないよ」と打ち明けた。一方、ユージンは沖縄で最高傑作を撮りたいと考えていた。戦争を人々に深く再考させるような写真を。

一九四五年三月二十六日、沖縄上陸が開始された。日本軍は徹底抗戦で応じた。硫黄島と違って、そこには民間人がいた。

六月二十三日に日本軍の抵抗が尽きるまでの間、軍人、民間人合わせて約二十万人もの日本人が、この戦いで命を落とすことになる。

沖縄に上陸する前の晩、ユージンはワーグナーのプレリュードを艦内で聴き続けた。

沖縄戦でのユージンの撮影はますます狂気じみたものとなった。周りの兵士たちが薄気味悪く思うほどに。ユージンは駆け回ってシャッターを切った。まったく死ぬことを恐れていなかった。

彼はいい写真が撮れないことを恐れていた。戦場が狂気であればあるほど、彼も狂気に染まっていく。

一日の戦闘が終わり赤い夕陽が海の向こうに沈むと、ユージンはボートに乗り込み、フィルムを沖合に泊っている戦艦に運んだ。戦艦内で現像し、一晩中、メモを書き、キャプションを付け、翌日は沖縄の海からヒッチハイクのようにして飛行機を乗り継ぎ、グアムの米軍基地まで自分でそれらを届け、また飛行機ですぐに沖縄に戻った。ライフに最速で掲載させるために。そんな写真家は他にいなかった。

アーニーは沖縄の戦場で撃たれて死んだ。ユージンも、たまたまピストルを携行していて日本兵に撃たれ、反撃する中で相手を射殺するという体験を沖縄でする。

一九四五年五月七日、ドイツが無条件降伏し、日本だけが連合国を相手に戦い続けた。もはや日本の降伏は時間の問題と見られていた。だが、沖縄の戦場は凄まじさを増していった。

ユージンは「ライフ」編集部から、「兵士の一日」を追いかけて欲しいと依頼され、これを引き受ける。第七歩兵師団二百名の中から一等兵のテリー・ムーアという兵士を選び、五月二十一日から二十二日にかけてを密着日とした。

暗闇の中で、「一日」は始まった。テリーが塹壕《ざんごう》から出発する。照明弾が上がって不気味な光があたりを照らしては、また闇に包まれる。泥道の両側には日本兵の死体が散乱していた。ようやく前線に到着すると、日本軍の砲撃がもう始まっていた。撃たれぬように、テリーは横たわり銃を構えた。ユージンはテリーの表情を正面から撮りたくなって立ち上がり、前に回り込んでシャッターを切ろうとした。

その瞬間だった。日本軍が放った砲弾が目の前に着弾し、さく裂した。構えていたカメラが爆風で粉々になり、ユージンの顔を直撃した。砲弾の破片はユージンの口の中を抜けて背中や首に刺さって止まった。メガネの破片は眼に刺さり、口の中の上顎も吹き飛んだ。左手の人差し指はちぎれて、皮一枚でぶら下がった。

息を吸うたびに血が喉の奥でゴボゴボとあふれかえった。倒れたユージンを兵士テリーが助け起こし、衛生兵の助けを借りて野戦病院に運んだ。ユージンはすぐに手術を受けた。とても助かるとは思えなかった。だが、彼を救ったのは顔の前に構えていたカメラだった。砲弾の破片がカメラにあたっていなければ、即死していたはずだ。

横たわるユージンの頭上では、夜を徹して曳光弾《えいこうだん》が飛び交い、特攻機が飛んでいく爆撃音を聞いた。一番激しく損傷されたのは顔で、とりわけ口の中だった。切断されかかっていた指は縫合された。助かったことが不思議だった。彼は友人に頼んで「ライフ」に打電した。

〈その二十四時間を撮ったフィルムは、そちらに向かっている。ひどい悪天候で、写真の出来は悪い。ごめん。何か使えるものがあるといいと思っている。さっとしゃがんで難をよけることをしないでいたのが、とうとう祟ってしまった。カメラの中の最後の写真は、迫撃砲の攻撃を待つばかりの、地面に平らに伸びた三人の兵士の姿だ。僕は両目、両耳、両脚、両腕が揃っている。家族には僕が少し負傷しただけで無事だと伝えてくれ〉

彼はグアムの海軍病院からカリフォルニアの海軍病院に運ばれ、体中に食い込んだ破片を取り除く手術を何度も受けた。だが、すべてを取り除くことはできなかった。上顎には金属片を入れた。その後、リハビリが続いたが、彼は自分の身体が破壊され、もう元には戻らないことを悟っていた。このまま寝たきりになるのか。彼は家に帰ると言っては病院で暴れた。時には窓から飛び降りて自殺すると叫んだ。ものを食べることができなくなり、飲み物だけを摂ったが、それも大変な苦痛で、長い時間をかけて喉を通さなければならなかった。妻に宛てて、手紙を書いた。

〈最愛のみんな、僕は家に帰ることが怖い……子どもたちのことが少し心配なんだ。彼らの父親は顔が変わって別人のようになってしまった上に、話すことも出来ないし、笑顔も作れない。それに、心から楽しんで彼らと遊ぶことも出来なくなってしまった……。ずっと家を留守にしていた父親が、帰ってきたら何も与えることのできない、別人のような人物になっているのを見て、子どもたちはどう受けとめるだろうか？〉

楽園への歩み

沖縄は陥落し、ヒロシマとナガサキに原爆が落とされた。八月十五日、ついに日本は無条件降伏し、戦争はようやく終わる。

それに先立つ六月十七日にユージンは自宅に戻っていたが、寝ているより他なかった。人相はすっかり変わってしまい、身体も痩せて「骨と皮だけになっていた」とカルメンは語っている。口の中を負傷して入れ歯になり固形物は食べられず、発話もできなかった。妻は三人の子どもの面倒を見なくてはならず、母ネティがユージンを介抱する役を独占した。ネティはローストビーフを焼いて完璧な盛り付けをするとユージンに見せ、そのすべてをミキサーにかけてドロドロにし、ユージンにスプーンで食べさせた。幸い「ライフ」が彼の医療費をすべて支払い、給料も払い続けてくれた。

体中が激しく痛み、耐えられなかった。左手も損傷し、二度と写真は撮れないだろうとユージンは思った。ユージンは音楽に救いを求めた。二十四時間、レコードをかけ続けた。音楽なしに精神の均衡を保つことはできなかった。重いカメラを持てないのならば、シャッターを押せないのならば、転職しなくてはならない。文章を書くことで身を立てられないかと模索した。

ニューヨークの写真界はユージンを負傷したヒーローとして称賛した。ユージンは身体を労《いた》わりながら、ネティとカルメンに手伝ってもらい暗室に籠ると、太平洋で撮った写真の焼き直しをした。一九四六年四月三日には展覧会を開き、ギャラリートークをした。彼の声は口のケガによる後遺症で聞き取りにくかったが、それでも大きな拍手に包まれた。ユージンは訥々《とつとつ》と語った。

〈私がこの戦争で従軍カメラマンとなったのは、読者をワクワクさせるためなんかではなかった。私自身、ワクワクすることは一度もなかったと断言できる。（中略）私は人類に戦争を止めるだけの知性があるかについては、ほとんど絶望している。だが同時に、私は宗教を信じるような強烈さでもって、自分の肉体的・知的能力の洗いざらいでもって、次の戦争を止めるか、少なくともそれを遅らせるために、ささやかな貢献をしたいと思う〉

写真展の一角には母ネティ・スミスのコーナーも作られ、彼女が撮影した写真が飾られた。その多くがユージンを撮ったものだった。ユージンを有名写真家にすることが、ネティの野望だった。一方、カルメンはユージンの名声よりも、親子だけの穏やかな生活を求めていた。ユージンは戦後、暗室には籠ったが、一度もカメラには触れなかった。カルメンは評伝の作者ジム・ヒューズの取材に対して、こう答えている。

〈ユージンは、カメラマンの仕事に戻りたいのかどうか、決められずに苦しんでいた、というのが私の印象です。お義母さんはこれを見抜いていたと思います。だから彼女は、ユージンを追い立てたのだ、と。お義母さんは、ユージンに写真を撮るよう迫り続けました。「カメラを手にとって、少しは働きなさい。座り込んで、一人でメソメソ悲しんでいるんじゃないよ」と、繰り返し言うのです。「母さん、僕にはできない」とユージンはいつも言いました。それでもユージンはカメラを手に取ろうともがいていたことも、私にはわかりました。ところがお義母さんはユージンが戦争体験から立ち直るのも、戦争で負った傷から回復するのも、待とうとしなかった〉

ユージンは、文筆業や音楽評論家になる道を考えていたようだが、母に押されて写真に戻る決心を固めていった。彼は「その日」を自分で決めた。「その日」は五月二十二日でなければならなかった。彼が一年前に沖縄で負傷した日だ。

何を撮るか。それ自体を世間へのメッセージにしたいと願った。彼はずっと頭の中で「その日」に撮るべきものを考え続けていた。戦争の対岸にあるものを撮る。戦場と真逆のものを。戦争への反省を込めたものを。平和を。未来への希望を。繰り返さないという強い意志を想起させるものを。では、いったい何を撮れば、「それら」を表わすことができるのか。

ヒントは母ネティの写真から得た。彼女はユージンの長男と次女を近くの森で遊ばせ、その様子を写真に撮り、それをユージンに見せた。少し古めかしい、手縫いの木綿の服を着た小さな男の子と女の子が木立の中で遊んでいる。ユージンはそこからインスピレーションを得た。

「その日」、ユージンはカメラの手入れをした。母に頼んで長男と次女に同じ木綿の服を着させ、母が写真を撮った場所へと向かった。彼がイメージしたのはフレデリック・ディーリアが作曲したオペラ『村のロミオとジュリエット』の中の「楽園への道」と題された間奏曲だった。

それは暖かすぎる遅い春の日だった。一年ぶりに持つカメラはあまりにも重く、彼は痛みに悲鳴を上げそうになるのを必死でこらえた。

体中に激痛が走り、鼻からも口元からも、鼻水や涎《よだれ》が流れ出てくる。指先に力がこもらない。前のようにはシャッターを押せないとわかったため、それを逆算して、押す指に微妙な力をすこしずつ加え、その時に押し切れるようにした。自由に子どもたちに歩かせた。頭に描いていた構図に子どもたちが足を踏み入れた、その瞬間に彼は渾身の力を込めてシャッターを押し切った。

代表作「楽園への歩み」が生まれた瞬間だった。

この写真をユージンはまず「ライフ」編集部に持ち込んだ。だが、彼らは被写体が背中を向けている写真は、読者を拒んでいるように見えると言って、掲載を見送った。ユージンはしかたなく、他誌で発表したが、復帰第一作として大きく取り上げられることもなかった。だが、年月を経て、この写真は世界中で最も愛される一枚となっていく。著名人を撮ったものでもなく、センセーショナルな歴史的一瞬を捉えたものでもないのに。

まず、一九五二年に自動車会社のフォードの広告に使用されると多くの人がこの写真に魅了され、自宅に飾りたいと願った。写真界においては一九五五年にエドワード・スタイケン監修のもと、ニューヨーク近代美術館で開催された伝説的な写真展「人間の家族」展において、会場の最後を飾る一枚として選ばれ、決定的な評価を得た。ユージンのもとには世界中から、「写真に感動した」という手紙が届けられた。

母ネティは身近な人たちに、この写真は自分のお陰で撮れたのだと吹聴し、自慢した。

「ライフ」と母を失う

ユージンは再び写真を撮ることを決意し、「ライフ」も暖かく迎え入れた。

しかし、ユージンの身体は元に戻らず、アルコールと痛み止め、それに抗鬱剤を大量に飲むことが日常となり、今まで以上に扱いにくい写真家となっていった。また母と妻が対立し、子どもたちが三人いる家庭では気が休まらず、それもあって、精神は不安定になる。戦場で知り合った医療隊員が、「写真家になりたい」とユージンに手紙をよこしたのは、この頃のことだが彼への返信でユージンは、こう書いている。

〈君が写真を職業にしたがっていることを知って、悲喜こもごもというのが正直な感想だ。写真は生まれ持っての才能が必要で、誰もがその才能を持っているのではない上に、勉強を重ねることも、ものになりたいという強烈な決意も必要なのだ……だから始める前に、自分が本当にそれほど完全に写真と恋に落ちているのか、写真のためには毎日二十時間ほど、他のすべてを犠牲にする用意があるのかを真剣に考えて欲しい。もちろん、このアドバイスを記している自分は写真の世界の頂点を目指しているのであって、もっとも普通の職業写真家が何を必要としているのかは、実はよく知らないでいる〉

「ライフ」での大型の復帰作は「田舎で医者をする男性の一日を追う」という企画だった。

ユージンは撮影に入る前に徹底した調査をした。その土地はどのような土地なのか。資料を大量に集めて読み、聞き込みをして撮影に臨んだ。当然、時間がかかった。締め切りを過ぎても写真を撮り続けているユージンに、「ライフ」編集部はカンカンになって怒った。「帰ってこい」と何度も督促した。ユージンは、「まだ撮れていない」と撥《は》ねのけ、編集部のいうことを聞かなかった。

ユージンは写真と文章で十二ページにわたる特集「カントリー・ドクター」を仕上げ、それは一九四八年九月二十日号の「ライフ」に掲載された。命の危機を救おうと懊悩《おうのう》する医者の姿をありのままに伝える作品だった。

フランコ政権の圧政に苦しむスペインの人々を撮影してきてくれ、と「ライフ」編集部に頼まれた時も、彼は村人にアンケート調査を行うことから始めている。例によっていくら督促されても締め切りを守らず、「ライフ」編集部は怒ったが、出来上がった「スペインの村」は掲載されるや読者に熱狂的に支持された。多くの人がレンブラントの宗教画のようだと感じ、「ライフ」には称賛の手紙が千通以上も届いたという。

次に、ユージンは黒人の助産婦モード・カレンの日常を追いかけた。粗末な設備、厳しい環境の中で出産する黒人の母親たちを助けるために身を粉にしているモードを、ユージンは心から尊敬し、写真を発表する際に次の言葉を添えた。「ナース・モードは、彼女が本物の診療所を使うことができるようになることを深く願っている」。

この「助産婦　モード・カレン」が「ライフ」に掲載されると、続々と読者から寄付金が集まり、一年後には彼女の夢がかなった。ユージンのフォト・エッセイが人々の心を動かした結果だった。アイリーンは言う。

〈今見ると、何気ない写真に見えるかもしれない。でも、一九五〇年代のアメリカは黒人差別が根強くあって、無名の黒人女性を被写体にすることが、まず、考えられないことだった。モードの献身的な人間性の気高さ。出産という人類の営みは、人種による違いなんてない、という事実を突きつけた作品だった。「人間としてどこに違いがあるというのか、この尊い生命の誕生を見よ。ちっぽけな偏見なんか、ふっとばしてやる」というユージンの強い思いがあったと思う〉

ユージンの仕事はいずれも高く評価された。だが、彼自身はこの頃、精神を病み、自殺願望が悪化していた。

母と妻が常にもめており、子どもが駆け回る家に彼は安らげなかった。愛がなければ写真が撮れない。相手には自分だけを見ていて欲しいと思う。カルメンを愛していたが、彼には自分が良き家庭人になってしまうと、彼の目指す芸術世界から遠ざかってしまうという恐怖もあった。ユージンはニューヨーク郊外に住んでいた家族と離れて、マンハッタンにアパートを借りた。そして、妻以外の女性にのめり込んでいった。相手はブロードウェイの舞台に立つ女優の卵だった。だが相手にはユージンと深く付き合う気持ちはなく、離れていった。すると彼はまた鬱になった。

その頃、カルメンは四人目の子どもを産んだ。女の子だった。

ところが、彼はまた、若い女性写真家のマージェリー・ルイスに家庭の悩みを打ち明けているうちに、恋人関係となってしまった。写真展の準備を手伝って欲しいとマージェリーに頼み、離婚するつもりだとまで言った。マージェリーは妊娠したが、実は彼女は初めからユージンに何も期待してはいなかった。自分一人で育てると告げ、ニューヨークから離れ、フィラデルフィアに引っ越して子育てすると決めた。生まれた男の子の名は「ケビン」。マージェリーは写真家として自立しており、ユージンを責めることもなかった。だが、だからこそ、ユージンは妻にもマージェリーにも罪悪感を持ち、精神を益々、深く病んでいった。そうした中で彼はある日、「ライフ」と、彼がアフリカで撮影したシュバイツァー博士の写真の扱いをめぐって、決定的に決裂してしまう。

母ネティは少し前から、体調を崩し故郷のウィチタに帰って、ひとりで暮らしていた。そこへユージンから「ライフ」を辞めた旨が書かれた手紙が届く。彼女は周囲が止めるのも聞かず、教会へ向かった。一九五五年二月六日、寒い冬の日、彼女は祈りを捧げて教会から外へ出ると、その場に倒れて絶命した。六十五歳だった。

ユージンは「ライフ」と母を失い、この後、長い低迷期に入る。

キャロルとの出会い

ユージンは写真家協同組合「マグナム」に参加するが、ここでも引き受けた仕事の納期を守らず、大問題を起こした。ユージンは自宅の暗室ですすり泣いていた。罪悪感に押しつぶされそうになっていたのだ。ユージンは、逃げ場を求めていた。

一九五七年、ユージンは再び家族と離れてニューヨーク六番街の八二一番地（マンハッタン二八丁目と二九丁目の間）にある倉庫街のロフトに移り住む。ロフトの他の階には映画監督やジャズ・ミュージシャン、ビート世代の作家らが暮らしていた。そこはジャズマンたちの聖地で「ジャズ・ロフト」と言われていた。チャールズ・ミンガス、ズート・シムズ、セロニアス・モンクらが演奏にやってきた。ボブ・ディランも音楽を聴きに。画家のサルバドール・ダリの姿もあった。ユージンは彼らを撮るだけでなく、彼らのセッションを録音した。

向精神薬デキセドリンの多用による被害妄想も出るようになり、ユージンの周囲から人は離れ、彼はロフトに籠って、活動しなくなった。ただひとつ、自分の写真集『ビッグ・ブック』を完成して自殺したいと周囲には語った。だが、それには、手伝ってくれる人が必要だ、と。だが、トラブルを恐れて誰も彼に力を貸そうとはしなかった。

そんな中でユージンの運命に絡め取られてしまった少女がいる。

十七歳の美術学生、キャロル・トーマスは早熟な天才少女だった。裕福な中産階級の教養豊かな家庭に育ち、芸術に憧れていた。十二歳の時からアートスクールに通い、傑出したデッサン力も持っていた。友達に誘われてジャズ・ロフトに行き、彼女はユージンに出会う。

ユージンは自分の作品を彼女に見せて、解説した。さらに『ビッグ・ブック』の構想を語り、「手伝って欲しい」とキャロルに頼んだ。キャロルは戸惑い、「学業と両立できないから」と言って断ろうとした。だが、ユージンの熱心な説得に負け、少しだけならばと了承してしまう。自分の能力を高名な写真家に認められた喜びもあったのだろう。大人の世界に早く入りたいという思いもあったのかもしれない。仕事の手伝いをするうちに、ユージンとの関係が恋愛へと発展した。彼女はユージンのことを、たくさんの問題を抱えながらも、大きなことを成し遂げようとしている、真の芸術家だと考えていた。

キャロルはユージンの死後、評伝作家ジム・ヒューズの取材に対しこう語っている。

〈ユージンの才能の一つは、人が何者であるかを正確に見抜いて、その人を自分の目的のために使うことにあったと思います。ユージンは私のヒーローだったけれど、同時に人を利用するろくでなしでもあったわけです〉

キャロルはユージンが痛み止めの薬とアルコールを飲んで七十二時間ぶっ通しで働き、ようやく眠ってからも筋肉が痙攣しているのを見て、痛々しく思った。ユージンはキャロルに自分のレントゲン写真を見せて、沖縄で浴びた榴散弾がまだ体内に残っていることも教えた。だが、何よりもキャロルを惹きつけたのは、やはり芸術への共感だった。キャロルは自分の才能をユージンの写真集づくりのために使った。

〈創造性と芸術は私たちの間の欠かせない絆でした。これがなかったら、この関係はうまくいかなかったと思います。法的には結婚していませんでしたが、これ以上のコミットメントはなかった。これは結婚なんだから、一緒に頑張らなくてはいけない、と思っていました〉

ユージンはキャロルを得て、「生きる意欲を回復できた」と友人たちに告げ、テープレコーダーに、遺言を吹き込んだりもした。自分に何かあった時は、すべてのネガや現像した写真を継承するのはキャロルであり、死後に出版される写真集は彼女との共著でなければならない、と。

キャロルと知り合ってから間もなく、大きな仕事が舞い込んだ。

ある日本企業が、ユージンを招聘《しょうへい》したいと言ってきたのだ。

日本は敗戦から十五年を経て、驚異的な戦後復興を成し遂げつつあった。その牽引力となった製造業大手・日立製作所からの依頼だった。創立五十周年を迎えるにあたり、世界に通用する有力な宣伝広告を打ちたい、そこで著名なアメリカ人写真家に自社製品や工場内の写真を撮って欲しい、と考えついたのだ。

日立から、この企画を委ねられた制作会社の「コスモ・ピーアール」は、日系二世の岡本玉堂に相談し、ユージン・スミスの起用を決めた。金銭的に行き詰まり、また、キャロルとの二重生活に悩んでいたユージンは、この仕事に飛びついた。ユージンはキャロルを伴うと、日本へと向かった。

ちょうど、日本で生まれ育ったアイリーンが十一歳で、セントルイスの祖父母のところに送られた年である。アイリーンはアメリカへ。ユージンは日本へ。

滞在期間は三カ月、のはずだった。だが、例によって最初の二カ月間は「日本を広く知るための調査」に費やされ、結局、滞在は一年に及んだ。

この時、ユージンのアシスタントになったのが、写真家の西山雅都と森永純だった。撮影に入るとユージンは徹夜で作業する。そうかと思うと、突然、意識を失って倒れ、苦痛に顔をゆがめてうずくまる。森永らに、「日本製の鉄がいまだに身体の中で暴れ回っているからさ」と戦争の後遺症であることを冗談めかして伝えた。

姿を消したキャロル

ユージンの仕事ぶりは狂気じみて見えた。だが、実際にはニューヨークにいた頃よりも、精神が安定していた。飢える心配がなく、キャロルが傍にいたからだ。キャロルも日本に来てから、ユージンに教えられて写真を撮るようになっていた。日立は一九六二年の大阪国際見本市で配る資料や海外向けの小冊子で、ユージンの写真を使った。同年九月、横浜港から二人は船でアメリカに帰国した。周囲にいた日本人にとっては、嵐のような一年だった。

ユージンは帰国すると、日立の写真をおそるおそる、喧嘩別れしたままの「ライフ」に持ち込んだ。ちょうど編集長が交代していたこともあり、ユージンの企画は「東洋の巨人」というタイトルで掲載される。

編集後記には「お帰りなさい　ユージン・スミス」と見出しがつけられた。復活を祝おうという新編集長の配慮だった。写真界のレジェンドを、なんとか「ライフ」で蘇らせ、苦境を救いたいという思いがあったのだ。新編集長のジョージ・ハントはユージンがあまりにも体調を崩していることを心配し、病院にも通わせ、写真機材を新しく調えるようにと金も渡した。しかし、結果からすると、ユージンにお金が渡っただけだった。

キャロルはトラブルのしりぬぐいに追われた。ユージンの完成するとは思えない『ビッグ・ブック』の構想に、これ以上、自分の能力と時間を取られたくない、とも思うようになった。気づけばロフトに来てから八年近くが経過しており、十七歳だったキャロルも、二十代半ばを過ぎていた。キャロルはジム・ヒューズにこう語っている。

〈私は彼の助手になった時から、彼の聞き役であり、杖代わりでした。何年も一緒に働くうちに私はこの二つの役目を果たすことが上手になり、すると彼の依存の度合いが増して、私の負担は重くなってしまいました〉

ユージンは細々と、請負仕事をした。キャロルもまた、写真で収入を得ていた。彼女が得た小切手をユージンに渡すと、ユージンはすべて写真の機器や、レコードに替えてしまった。借金は少しも減らなかった。彼は変わろうとしないし、変えることができないのだとキャロルは悟った。ユージンとの暗室でのプリント作業にキャロルはつき合わされ続けた。

ユージンの仕事相手たちはユージンにではなく、責任感の強いキャロルに約束を求めるようになった。

一九六七年、スミソニアン博物館の学芸員がユージンの作品を展示したいと考えロフトにやってきた時も、彼らは当然のようにキャロルにも期日を守るよう約束を迫った。キャロルは「その責任を私が負うことはできない」と拒否した。

キャロルが自分から離れようとしていると悟ったユージンは、「君は疲れているんだ」と言って自分が飲んでいる向精神薬デキセドリンを飲むように勧めた。疲れが取れるから、と。キャロルは拒否した。キャロルは後年、ジム・ヒューズにこう語っている。

〈私は絶対にデキセドリンは飲まないし、この決意は揺るがないと告げた。私はあなたの母親ではないし、このままあなたの助手だけをして、生きていくつもりはないとも言った。私は最低限、自分の時間を作って過ごすようにした。友人や家族に会う機会を増やした。人生のバランスを改善したかった〉

キャロルの変化を知ったユージンは、彼女を「人類を見捨てた」「目的意識と純粋さを安売りしている」と罵り非難した。酷《ひど》い時は、キャロルを殴りつけた。殴られるのは君が悪いからだと言われた。そんなユージンを見るのは初めてで、キャロルはショックを受けた。殴られたことで愛情の糸が切れた。愛は恐怖に変わった。ある夜、キャロルはついにユージンの元から逃げ出し、実家に帰った。するとユージンから、「自殺する。今、睡眠薬を飲んだ」と告げられた。引き返すよりなかった。

ユージンは病んだ心を自分に向けて放射しているとキャロルは感じた。ヒューズにキャロルは、後にこう説明している。

〈ユージンは人の心を操ることの達人だった。彼が私を操ったのは、仕事のためだと思った。仕事に関して彼は真剣だったから。彼が自ら作り出す危機的状況は、実は彼にとっては仕事の邪魔にはならない。不安が想像の触媒となるから。それは不健全なことだと私は感じていた。でも、ユージンは自分自身をボロボロにすることで前進していた。私は「私が立ち去るわけにはいかない。もしも私が独立心を持って、自分の目標を持てば、そのことによってユージンを殺してしまう」と思っていた〉

ユージンは突然、弁護士を雇うと、カルメンと離婚すると言い出した。友人たちに、カルメンとは離婚し、キャロルと結婚することになったと告げて回った。一方、キャロルはユージンが自殺をするという可能性に、ずっと怯《おび》えていた。

キャロルは時には、この関係がまだうまくいくかもしれないと思うことがあった。あまりにも精神が麻痺していて、別れることができなかったのだ。しかし、キャロルはユージンとの結婚に喜びは感じられなかった。それが伝わると、ユージンは物を投げつけ、言葉で罵倒し、何度も自殺すると脅《おど》かした。キャロルは、その度に威圧されて、了承しようとしてしまう。でも、優しく内向的な彼女はユージンのあまりにも暗く破壊的な面を見すぎていた。

キャロルはついに強い意志を持って、ユージンの前から姿を消す、という道を選ぶ。ニューヨークにいたのでは、離れることができない。カリフォルニアまで逃げると決断し、実行した。

ユージンはキャロルが突然いなくなってしまい泣き叫んだ。号泣して自殺すると言っては、友人たちを困らせた。長男パットにも真夜中に電話をし、「今から自殺する」と告げた。パットは妻と子どもたちを乗せて、夜通し自動車を運転し、夜の三時に父親のロフトに駆け付けた。彼はユージンの手を握り、キスをして慰め続けた。だが、三日経つと父親は同じことを、また繰り返した。やがてパットはユージンに告げた。「自殺するならしてくれ。もう電話はしてくるな」。

キャロルに去られて、ユージンは重い鬱病になった。何も仕事はできなかった。

手紙をもらっただけの女子大生に、いきなり電話で自分との結婚を提案したりした。

レスリー・タイホルツは、写真を学ぶ、若く、魅力的な女性だった。レスリーは写真学校の教師にユージンを紹介された。ユージンはレスリーに、「あなたにはジャーナリズムのセンスがあるから、私の下で働いてみないか」と声をかけ、口説こうとした。レスリーはプロの写真家になることを夢見ていたので、仕事は引き受けたが、交際ははっきりと断った。その代わり、ふたりは終生の友となる。

他にもロフトにやってくる若い女性に、ユージンは次々と交際を申し込んだ。

有名な写真家ということで、人生の成功者のイメージを抱いてやってくる女性たちは、ユージンの外見と崩壊した生活状況を見て驚いた。五十歳前後のユージンが平然と親子ほど年齢の離れた若い女性に恋愛感情を持つということにも。

ユージンがキャロルの代わりを求めていることは、誰の目にも明らかだった。同時に母親を求めているようでもあった。思いどおりにならないと、すぐに自殺をするとほのめかした。

一九七〇年の春、ロバート・キャパの弟コーネル・キャパから電話がかかってきた。彼はユージンに「回顧展をやる気はないか」と尋ねた。ユージンは隣にいるレスリーを見ながら、「是非引き受けたい。このレスリーという人が一緒にやってくれるならね」と答えた。

一九七〇年四月、ユージンは展覧会の契約同意書に署名した。

過去に撮った写真の中から展示する作品を選び、プリントする必要があった。レスリーをはじめ、何人かの若者がこのプロジェクトを手伝うために、ロフトに集まってきた。ユージンは久しぶりに目標を持って生活を送るようになった。

ユージンは断られても懲りずに、レスリーに愛の告白を続けた。だが、レスリーはキャロルのような性格ではなく、また、はっきりと断わられた。

すると、ユージンはむくれて、「フィラデルフィアに行ってくる」と告げ、出かけていった。

一九七〇年八月三日のことだ。マージェリーとケビンに会いに行ったのだ。だが、帰ってくると様子がおかしく、ふさぎ込んでいた。

それから間もない八月半ば、ロフトの呼び鈴が鳴った。日本からＣＭ撮影隊がやってくる日だったのだ。ユージンは窓から下を覗いた。日本人の男性たちが五、六人固まっているのが見えた。

その中に黒髪の若い女性が、ひとり混っている。彼女は手をかざして眩しそうに、ちょうどこちらを見上げていた。ユージンは自分と眼が合い、ほほ笑まれたように感じた。

アイリーン・美緒子・スミスとの出会いだった。

第三章　ニューヨークでの出会い

ユージンとアイリーンの結婚式。
日本に戻り、親族とともに東京プリンスホテルにて

〈ユージンと出会った日のことを今でも、よく思い出す。正確にいえば出会う直前に自分が感じ取った感覚だ。その人はここにいる、確かにいる、間違いない、そう思った。あの感覚は何だったのか。今でも振り返って考えることがある〉（アイリーン）

灰色のロフト

一九七〇年八月、タクシーから降りると日本の大手広告会社、電通の社員・伊奈忍は二十歳のアイリーンに、日本語でこう尋ねた。

「ここじゃないんじゃないかな。アイリーン、もう一度、よく住所を確かめてみて」

住所はニューヨーク六番街八二一番地。あたりはひどく騒がしかった。マンハッタンの中央部分で三四丁目の近くだが下町の倉庫街だった。衣類を扱う工場や問屋が数多く集まっており、洋服をハンガーに吊るしたラックを手で引っ張りながら人々が道路を横切っていく。若い女性が道を歩くと道路わきや窓から身を乗り出した男たちが、ヒューヒューと口笛を吹いて振り向かせようとする。

アイリーンは灰色のレンガ造りのロフトを見上げた。眩しくて、よく見えなかったが五階建てのようだった。

一階には金槌などを売る、どうということのない雑貨店が入っていた。日本人の広告関係者には、とても「世界的に有名な写真家ユージン・スミス」の住まいだとは思えなかったのだろう。

スタンフォード大学に入学して二度目の夏休み、九月から新学期が始まり、三年生になるところだった。その直前に引き受けた割のいいアルバイトで、紹介してくれたのは、母の弟で叔父の多賀義昭。「アンクル・ヨシアキ」だった。本来は叔父ヨシアキの友人が引き受けていたのだが、急に都合がつかなくなりアイリーンに回ってきたのだ。


アイリーンが大学に入学したのは一九六八年で、キャンパス中がベトナム戦争に反対する西海岸の大学生たちの熱気に溢れていた。

アイリーンにとっては、何もかもが新鮮だった。反戦運動をしている学園のリーダーは、イラク人の留学生で、とても目立つ存在だった。その彼にアイリーンは告白され、付き合うことになった。リーダー的な男性のガールフレンドとなり、ちょっと得意な気持ちになった。だが、夏に日本に長期間、帰ったことで疎遠になり、自然消滅のように別れてしまった。

大学の勉強は、とてもレベルが高く、ついていくのは大変だった。

学生たちは議論をし、自分の考えを主張をしていた。そういったものが自分の中にないことを知った。だが、時間が経つにつれて、世の中がひっくり返っているのに大学にいて議論しているだけでいいのかと、疑問に思うようにもなった。平和や平等、反戦を訴えていても、皆、学費の高い大学に通う恵まれた家の子弟たちだ。自分が戦場に送られるとは思っていない。こんなに綺麗なキャンパスで学んでいる場合なのだろうかと、考えてしまうこともあった。

スタンフォードのエリート主義にも疑問を抱いた。偉そうに平等を唱えていても、キャンパスに黒人の学生はほとんどいない、女子学生もまだ一割程度。ほとんどが男の白人である。

二年生になってアイリーンはスタンフォードのフランス校に短期留学した。特別な目的があったわけではなかった。ただ、ヨーロッパにも行ってみたいと思っただけだった。

フランスで半年過ごして戻ってみると、大学の雰囲気はすっかり変わっていた。ベトナム反戦運動は下火になってしまっていた。世の中はまだ何も変わっていない。今も戦争は続いていて、飢えている子がたくさんいるのに何も変えることはできないのか、と思った。

アイリーンは大学では自分のやりたいこと、触れたいものに、たどり着けないという、もどかしさを感じていた。飢餓や貧困など解決したい問題があるのに、これでいいのだろうか、と。

だが、それでも、大学を辞めようと思ったことは、一度としてなかった。ただ、胸の中に漠然としたあせりが、うっすらとあっただけだった。三年生になって専門科目を学ぶことになれば、また変わるかもしれない。そう自分に言い聞かせてもいた。

そんな時に、叔父の「アンクル・ヨシアキ」から、このアルバイトを紹介されたのだ。経験や変化を求めていたこともあって、アイリーンは二つ返事で引き受けた。日本の大手広告会社・電通が、クライアントである富士フイルムのテレビ用CMを作るために撮影隊を連れてニューヨークにやってくる、その通訳とコーディネートだとしか聞いていなかった。

ニューヨークで彼らとアイリーンは合流した。全員が日本人男性で、総勢で四、五人。

CMの主旨は、フジカラーフィルムの発色がいかに美しいかを宣伝するものだという。著名なアメリカ人写真家が写真への思いや信条を語りながら、写真を撮り、最後に「フジカラー　イズビューティフル」の台詞を言ってもらうのだという。

初日はバート・スターンの撮影をした。

スターンはファッション誌で活躍する著名な写真家で、亡くなる六週間前のマリリン・モンローを撮ったことでも、よく知られていた。撮影はロングアイランド湖畔のスタジオで行われ、ファッションモデルを撮影するスターンの姿を日本人たちが撮り、例の台詞を言ってもらう。無事に終了した。日常会話を通訳するだけなので、アイリーンの負担は重くなかった。夕食の席に移った時、電通の伊奈から一冊の写真集を渡された。

「明日はまた、まったくタイプの違う写真家なんだ。社会派のユージン・スミス。これが彼の作品だから見ておいて」

ホテルの部屋に戻って広げてはみたが、アイリーンは数ページめくったところで眠ってしまった。バーン・スターンも、ユージン・スミスも知らなかったし、写真にもまったく興味はなかった。セントルイスという中西部で育ち、アートには縁が薄かったのだ。

そして、翌日、彼らに住所を書いたメモを渡され、一緒にタクシーに乗って、この灰色のロフト前に着いたのである。

運命の出会い

アイリーンはロフトの戸口に向かうと、そこにあったブザーを押した。

そう待たされることなく、扉は中から開かれた。立っていたのは白い髭を生やした、初老の男だった。二十歳の女子大学生だったアイリーンの眼には、七十歳過ぎの老人に見えた。五十歳ぐらいだと聞いていたのに、ずいぶん老けている、と彼女は思った。それが一年後に夫となる、ユージン・スミスとの出会いだった。

ユージンの案内でロフトに入り、一行は内階段を上っていったが、薄暗くて穴倉のようだった。そこら中に埃やゴミが堆積していて、手すりといい、壁といい、いたるところに落書きがある。

ユージンがこのロフトに移り住んだのは一九五七年。当時、ロフトのオーナーだったのは編曲者のホール・オーヴァートン。彼が一部をリハーサルスタジオにしていたので、次々と芸術家たちが住みつき、ニューヨークの文化拠点のひとつとなった。

ビート・ジェネレーションの作家や画家、偉大なジャズ・プレーヤーたちが暮らし、その友人たちが集まってくる。どのカフェより、どの画廊より、どのレストランより、刺激的な毎日がここにあった。自由奔放な生活が、このロフトの中で繰り広げられていたのだ。ユージンはその記録者だった。やってくるアーティストたちを撮り続けていた。

しかし、今は完全に輝かしい五〇年代の遺跡となっていた。残っているのは彼らの残した落書きとシミだけ。アーティストたちは次々と去り、ユージンだけが居残ったのだ。ロフトのオーナーでさえ、替わっていた。

アイリーンと日本人の一行は、ユージンの後ろについて階段で二階に上った。そこが彼の住いであり、仕事場でもあるようだった。ソファが置かれていたが、その上にも写真が氾濫している。

ソファの腕の部分まで、落書きされている。天井は高く紐が何本も張り巡らされ、洗濯ばさみで写真やネガが吊るされていた。部屋中にカメラ機材やコードが散乱し、レコードや本、それにがらくたで溢れていた。黒いカーテンの奥には暗室もあるようだった。

部屋に通されたところで、日本人のひとりが日本語で挨拶をした。

「本当に光栄なことです。世界的に著名な写真家、ユージン・スミスさんにお会いできまして」

アイリーンは真面目に英語に訳した。

するとユージンはアイリーンの顔を、じっと見つめながら英語で聞き返してきた。

「高名な写真家？　本当かな。じゃあ、君は僕の名前を知っていた？」

二十歳のアイリーンは戸惑った。通訳ではなく、自分に聞かれているのだ。正直に答えるよりなかった。

「いいえ。お名前を聞いたのは昨日です。この人たちに教えてもらいました」

そう答えると、彼は心から楽しそうにアイリーンを見つめ、目を大きく見開いて言った。

「そうだよなあ！」

その瞬間に、キラキラと彼の目はいたずらっ子のように光った。日本人たちはユージンが何を言ったのか聞きたがった。だが、アイリーンは失礼にあたるかもしれないと思い、訳さなかった。

〈英語のわからない日本人をバカにしているとか、そういうことじゃなくて、なんていうか、彼のユーモア。いつも駄ジャレを言ったり、笑わせようとしたりする。彼はとても子どもっぽ

かった。一方、私はまったくユーモアを解さない、生真面目な女子学生だった〉

この会話がユージンとアイリーンの距離を一挙に縮めた。ふたりの間に小さな秘密が生まれたような、そんな気持ちにもアイリーンはなった。

ロフトでまず、軽いインタビューをした。なぜ、写真を撮るのか、どうやって表現するのか。彼はハイチで精神病患者を撮影した時の話をした。

「痛みや喜びの中にいる人たちを見ていると、自分にもその人たちの感覚が波動となって伝わってくるんだ。それが僕の見方であり、感じ方だ」

アイリーンはユージンの言葉を日本語に訳そうとした。だが、難しくて、うまく訳せなかった。

「君がいなくなったら死ぬ」

CMの撮影場所は、ユージンの希望で、移民や貧しい人たちのために造られた高層の公営アパートが建ち並ぶ中の広場に決まった。

さっそく、タクシーで向かった。

ユージンは現地で、積極的にシャッターを切った。時には道路に膝をつき、あるいは寝転ぶようにして。日本人の撮影スタッフがアイリーンに、「何か彼に語ってもらってください」と注文を出した。ユージンに伝えると彼は自分の写真観を、ジャーナリズムへの思いを英語で溢れるように語り出した。英語がわかるのは、その場にアイリーンしかいなかった。パッションが伝わってきた。撮影用ということではなく、アイリーンに向って語っていたのだ。

撮影が進んでしばらく経った時だった。彼は突然、小声であることをアイリーンに頼んだ。

「トイレに行きたいんだ、行かないといけない理由があって。あの、少し時間がかかる」

自分は実はケガをしている、その治療をしたい、それはトイレでないとできないんだ、とユージンは言った。フィラデルフィアで数週間前に暴行を受けた際にケガをした、その治療だと言う。

〈黒人の少年たちに捕まってひどい拷問を受けた。それで睾丸をひどく傷つけられたとユージンは言った。自分でバンデージしているけれど、時間が経つと膿《うみ》が溜まってしまうので、カミソリで切って膿を出し、バンデージを取り替えないといけない、だからトイレに行きたいんだ、と〉

アイリーンはユージンに付き添ってトイレを探した。公衆トイレはなく、高層アパートに暮らす人に自宅のトイレを貸してくれるように頼んだ。運よく貸してくれる人がいた。ユージンがトイレに籠っている間、アイリーンはリビングで待った。だいぶ時間がかかった。日本人のスタッフに、ケガのことは伝えられなかった。とてもデリケートなことだし、人には知られたくないだろうと思ったからだ。だから、この時も、ふたりだけの秘密を持ったような気がしたという。

ユージンはアイリーンの優しさや献身的な性格を見抜いていたのだろう。中西部の保守的な家庭で育った日系アメリカ人で世慣れていないことも。

撮影は無事に終わり、日本人たちは帰国した。アイリーンは九月初旬までニューヨークを観光し、スタンフォード大学の新学期に合わせて寄宿舎に戻る予定でいた。

しかし、すでにアイリーンはユージンに絡め取られていた。

〈撮影中から彼は私を手放したくないと思っていたんだと思う。すごく、私に対してアピールしていた。「自分は今、展覧会の準備を進めているけれど、大幅に遅れていて、どうしたらいいかわからない。手伝ってくれないか」と言われた〉

CM撮影中にレスリー・タイホルツという、アイリーンより少し年上の女性を紹介された。このレスリーの他にも何人かの若者たちがロフトに集まり、ユージンを助けていると聞き、アイリーンも、手伝いの輪に加わった。皆、ニューヨーカーで、垢抜けていた。アイリーンはそれまで写真に触れたことなど、一度もなかったが、初日はプリントの仕分けをした。

ある日、アイリーンはユージンのロフトに泊まり、周囲は、ふたりの関係が変わったことを知った。アイリーンは「それでも大学には戻るつもりだった」と言う。

〈夏休みいっぱい手伝えばいいと思っていた。でも、ユージンから「君がいなくなったら死ぬ」と言われた。「あなたと会って、自分は生きていてもいいと思うようになった」「あなたが大学に戻るなら、飛行場についた途端に私が死んだことを知るだろう」って。展覧会の準備は明らかに遅れていて。間に合わなかったら、どうなってしまうんだろうと心配した。それに、何よりも彼がケガをしていることを知っていたから、かわいそうな傷ついた人だと思っていた。

ケガのことを聞いていなかったら、もっとドライでいられたのかもしれないけれど〉

素敵な中年の男性に口説かれたという気持ちはなかったが、「必死に求められたことは嬉しくもあった」と言う。

〈それまでの人生でこんなに自分を求められたことはなかったから。ずっと、自分を異分子のように思っていて、親との関係も薄かった。親に捨てられてしまったように感じていたこともある。父も母も私を愛していなかったわけじゃないと思う。でもユージンのような激しい愛情表現は受けたことがなかった。祖父母は私を大事にしてくれたけれど、それも切実な愛とは違う。心を剝き出しにして、ぶつかり合うようなコミュニケーションを私は子ども時代に体験していない。だから、ユージンのなりふり構わない愛の告白に圧倒された。自分にずっと自信がなかったから、求められて嬉しいというか、安心を得られたところもあった。ユージンは子どもっぽくて、なんだか茶目っ気があって。子どもがお母さんを求めてくるような必死さがあった。こんなに自分を求めてくれる人がいるのだということが、私を安心させた〉

それでもアイリーンは時に混乱し、ロフトの階段の踊り場で泣き叫んだこともあった。自分の人生が突然、大きく変わってしまった。ここから出られない、出たらこの人は自殺してしまうと思ったからだ。

〈自分が去ったなら、この人の命を奪うことになってしまう。命を与える役、彼の寿命を延ばす役を与えられてしまった。大変なことだと思った〉

昼間は展覧会の手伝いに若者たちが集まって来るが、夜はふたりきりになる。

オペラのレコードを大音量でかけ、愛を歌い上げるアリアが流れる暗室の中で、ユージンに口説かれ続けた。それは演出だったのかもしれないが、当時の自分には、そうは思えなかったとアイリーンは言う。

キャロルが去った後、何人もの女性がそうやって求められてきたことを知りようもなかった。レスリーに冷たくされてフィラデルフィアに行ったことも、常に自殺をほのめかして他人を自分の元に引き寄せようとすることも。

レスリーをはじめとするユージンの周囲にいた人々は、深夜の自殺予告の電話から解放されて、ホッとしていた。だが、皆、手放しで喜ぶこともできず、複雑な思いで様子を見ていた。

自殺すると言われ、アイリーンは大学に戻れなかった。

〈ユージンを振り切って、あの時、スタンフォードに帰っていたら、どんな人生だったのか。ユージンはどうなったのか。あの当時の私は、小さな動物が落とし穴に入ってしまって、どうにもならないような、そんな状態だった。ユージンは五十一歳、私は二十歳。でも、ユージンは私を騙そうとしたわけじゃないと思う。本当に私を手放したくなかったんだと思う〉

ロフトで暮らし始めて、アイリーンはクローゼットの中に丸められたシーツを次々と見つけた。全部で何十枚もあった。シーツが汚れる度に新しいシーツを買っていたのだと知った。部屋の中も荒れ果てていた。アイリーンは、後にキャロルとユージンがロフトで暮らしていた頃に、室内で撮った写真を見て驚く。整然と片付いていたからだ。

とにかく展覧会まではここにいて手伝おうと覚悟を決めた。それまでは大学を休学する、と。


〈ユージンや周りの人たちを見て、とてもこの人たちだけでは展覧会には間に合わないと思ったから。自分に能力があるとかいうことではなくて、責任感を持って期日を守る人間は私だけなんじゃないかって。他の人たちは皆、アートの世界の人たちだったから。展覧会の手伝いをしていたのは、レスリー、サンディ、スティーブ……。でも、夜になると皆、帰ってしまう。徹夜するのは私とユージンだけ。暗室での作業は大変だった。でも、充実感もあった。身体を動かす作業だったから、私の性に合っていた。大学生活では得られないものを感じた。作業をしながら、いろんな話をユージンから聞くことができて、とても感動したこともあった。

彼は出会った直後、暴行で負ったケガを気にしていて、「こんなことになったから、二度とセックスはできないと思う」と落ち込んでいた。こう言うと、なんだか若い女の子を騙したように聞こえるかもしれないけれど、あれはユージンの正直な気持ちだったと今も思っている。

彼は本当に自信を喪失していて、私はかわいそうに思った〉

ケガを負った原因を話す過程では、アイリーンにある事実も告白した。

「こんな話を聞かせたら、あなたの愛を失ってしまわないだろうか」と、戸惑いながら。

フィラデルフィアで黒人に暴行を受けた。でも、そもそも、なぜフィラデルフィアに行ったのか。それは息子ケビンと、その母マージェリーに会いに行ったからだった。「自分にはケビンという名の隠し子がいる」とユージンは恐る恐るアイリーンに切り出した。

アイリーンは別にその話にショックは受けなかった。自分が知り合うよりも、ずっと前の出来事だ。


するとユージンは続けて、なぜ、暴行を受けたのかをアイリーンに語り始めた。

フィラデルフィアはアメリカの中でも人種差別のとても激しい地域で、白人と黒人が完全に隔離されて暮らしている。ユージンは「そこで起こったことなんだ」とアイリーンに言った。自分を襲った黒人の少年たちは長年、白人から迫害されてきて仕返しがしたかったのだろう。その相手がたまたま目の前を通りがかった自分だったんだよ、と。

両手両足を広げられて磔《はりつけ》にかけられるような格好で塀にくくられ、睾丸にボールをぶつけられ続けた。黒人の大人が駆けつけて少年たちを叱り、自分を介抱してくれた。その彼にお礼を言いたいし、少年たちとはもう一度、会って話し合いがしたい。

「彼らと仲直りがしたいんだ」とユージンは言った。「自分は彼らを少しも恨んでいない。白人への恨みがあるから、したまでのことだとわかっている。人種差別のある、こんな世の中は嫌だと僕も君たちと同じように思っている。そうじゃない世の中を作っていきたい、写真家として自分もずっとそう思ってきた。この気持ちを伝えるために、フィラデルフィアに行って、彼らと会い話し合いたいんだ」とユージンはアイリーンに言った。アイリーンはその話にとても感動した。アメリカ社会の白人中心主義が作り出した偏見と、この人は闘っているんだ、それでケガを負ってしまったんだ、そういう彼を自分は助けなければならないと思った。アイリーンはアメリカの白人でも、こんなふうに考える人がいるのだと知って感激したのだ。

やがてユージンは暴行した黒人たちに会うためにフィラデルフィアに向かった。アイリーンもそれに合わせて、母とその夫であるマリー・ウィンクルマンが暮らすロスに行った。大学を休学し、ユージンの写真展の準備を手伝うことにしたと、直接、説明するために。

〈電話で母に話したけれど、とにかく一度、帰って来るように言われて。その頃はもうユージンと心が強くつながっていた。ユージンもそれがわかっていたから、私をロスに行かせたんだと思う。義父マリーのほうが怒っていて、ユージンのことを電話で怒鳴りつけた。「このろくでなしのエロおやじ、若いアイリーンになんてことをするんだ。今すぐ離れろっ」と。彼は母の再婚相手で、私と血はつながっていないけれど、私のことを小さな頃から知っていて、私がスタンフォードに入ったことを誰よりも喜んでくれていた。ふたりに会っても、私の決心は変わらなかった。大学は写真展の準備が終わるまで休学すると伝えて、ユージンの元に戻った〉

ユージンもフィラデルフィアからロフトに戻り、自分を助けてくれた黒人の男性に会ってお礼が言えたし、彼を写真展のオープニングに招待することにしたとアイリーンに報告した。アイリーンはユージンの話をすべて信じ、感激していた。ところが、レスリーに話すと、彼女の反応は冷ややかだった。

彼女はアイリーンに、「その話はもしかしたら作り話なんじゃない？」と言った。

レスリーは続けた。

「ひょっとしたら何か人に言えないようなことをしたんじゃないかな。サドマゾみたいな」

暗室の苦闘

十月になると展覧会の準備にいっそう追われた。作業は遅れており、一月に設定されていた展覧会は二月に延期された。アイリーンとユージンは朝も夜もなく、毎週二回は徹夜した。安いスコッチと、向精神薬。薬はデキセドリンとリタリン。これらをユージンは毎日、大量に飲んでいた。必要な量の薬を得るために、二人のドクターから処方箋をもらって。アイリーンが処方箋をもらいに行くと、ひとりのドクターは内緒話を打ち明けるように彼女に言った。「これは、大変な量なんですよ。他のドクターには、とてもこれだけの量は出せませんからね」。アイリーンは、それを聞いて驚いてしまった。なぜなら、もうひとりのドクターからは、その十倍の量を処方してもらっていたからだ。ユージンは眼が覚めると薬を飲み、効果が出るまで横たわっていた。時には何時間も。そして、徹夜を続ける。

〈今の私なら、彼が鬱病を患っていたのだとわかる。でも、当時の私には、まったくわからなかった。若かったし、その頃は、まだ薬の害がそんなに問題視されていなかった頃だし。だから、ユージンが大量に薬を飲んでいるのを見ても、止めようとしなかった。薬が効いてきて起き上がると、今度は大きなコップにウイスキーを入れて飲み始める。目覚めている間は、それをチビチビと飲み続けた。五百ミリリットルの瓶なら一日でカラになった。沖縄戦でケガをして、二十六歳で総入れ歯になっていたので、口の中の上顎は穴が開いてしまっていて、食べ物が鼻の穴から逆流してしまうこともあった。だから、ほとんど固形物は食べられなかった。

食べる量は私の四分の一ぐらいだし、固いものは食べないで、牛乳とオレンジジュースに卵を混ぜたものや栄養剤だけ。あとはウイスキー。起きている間はウイスキーの入ったコップを手放さない。でも、アルコール依存症だとは思わなかった。だって、私は彼が酔っ払っているのを一回しか見たことがないから。ちょっと、眼がトロンとなっていた。私がお酒や薬に、無知だったからかもしれないけれど。セントルイスではクリスチャン・サイエンスの信者に囲まれていた。アルコールと薬は飲んではいけない、という宗教だったから、周りにお酒を飲む人がいなくて、よくわからなかった〉

展覧会の開催日が迫ってきた。でも、作業は遅れている。「スペインの村」のネガが見つからず、それを探すだけで何日も潰れてしまった。レスリーがボーイフレンドをたくさん連れてきて手伝わせていた。

アイリーンはこの企画を中心になって支えていると感じていた。

展覧会の開催までは、ロフトの暗室に住んでいたようなものだった、とアイリーンは振り返る。

〈暗室の中にいると、六時間経ったのか十時間経ったのか、朝か夜かもわからなくなる。十数時間いるのは、当たり前だった。ユージンは足が痛くなると、太ももの付け根のあたりを、ぐっと両手で押さえていた。すごい集中力だったけれど、逆にいったん止まってしまうと、何時間も休んでしまう。写真を焼いている時は無言で身体をすごく動かしている。特に指先から腕全体を。頭の中の計算に従って。現像液に入れたら踊り出したり、話したりする。音楽が大事でいつもレコードがかかっていた。ジャズやオペラ。マイルス・デイヴィスなら、このレコーディングだとか、ヴェルディやワーグナーやプッチーニなら、この盤、という細かいこだわりがあった。レイアウトしている時はヴェルディやプッチーニが多かった。

写真を焼く時、もっと光をあてる、あてない、彼の頭の中には、全部計算があった。ここを明るく、ここを影に。目指すべきものがあって、そのとおりになるまで焼く。スプーンを使ったり、赤いセロファンをライトに被せるとか。それは大変な、気の遠くなるような作業だった。焼いているユージンがいて、私は隣で手伝う。そのうちに、前のは、ここがうまくいかなかった、と見ているだけでわかるようになった。一枚のネガを百枚焼いたとか言われているけど、この時はだいたい、ひとつのネガにつき四、五十枚。

明るいところも暗いところもディテールが出ないといけない。そこに徹底していた。別にマジックはない。あったのは、彼の根性。妥協しない根性。あそこまで暗室作業にこだわる写真家はいないと皆が言っていた。まさに命をすり減らす作業だった。

写真にめりはりがなく甘い感じがするとセレンに、ほんの少し漬けることもあった。ネガのディテールが引き出せない時は赤血塩も使っていた。目の光のところとか、ハイライトを出すために。ブラシを使うこともある。この作業はほとんどユージンがひとりでやる。私はユージンに現像やカメラを習ったんだろうけれど、習ったという意識はまったくない。隣にいるうちに、自然とできるようになっていった。手伝っているうちに。任されて、気づくとやっていたという感じだった〉

写真界では「ユージンの写真は暗室から生み出される」と言われていた。あの独特の絵画のような芸術的な陰影はどうやって作り出されるのか。皆が秘密を知りたがった。同時にそこには「暗室で手を加えすぎるのは、報道写真としては邪道だ」という批判も込められていた。だが、ユージンはジャーナリズムとアートの融合を自分の写真で果たそうとしていたのだった。

美術を学んでいたキャロルはアートの部分でユージンに惹かれ、仕事を手伝った。キャロル自身も大変な才能の持ち主でユージンはそれを利用した。アイリーンは写真やアートには元々、興味がなかった。だが、社会問題に関心があり、またバイタリティがあった。

〈私は写真も写真家という存在もよく知らなかったし、フォト・ジャーナリズムという言葉も知らなかった。でも、子どもの時から、異質な相手への理解を深めるということをしたいと思っていた。日本が祖国だという意識を持って白人社会で生きてきた。社会が不公平であることや、差別が許せなかった。その手段に写真やジャーナリズムというものがあるんだとユージンに出会って気づかされた。偏見を取っ払っていく、違和感を突き詰める、文化の橋渡しになる、それは私が求め続けてきたことだった〉

アメリカ国内では黒人への差別がひどい。世界中の富をアメリカの白人が独占していて、皆が、その煽りを受けて苦しんでいると思うこともあった。父と訪問したベトナムでも、キャバレーではアメリカ兵が我が物顔で楽しんでいて、店内では英語やフランス語が飛び交っている。

〈白人である自分に対する誇りと後ろめたさ。日本人であることの劣等感とプライド。それらが自分の中に入り交じって共存していた。優越感を持つ側、劣等感を持つ側、両方の感情があった。世の中の中心にアメリカがある。そのことを当たり前だと思う気持ちと思えない気持ち。不公平さが許せないし、それを正したい。フォト・ジャーナリズムという言葉も知らなかったけれど、それは私が求めている価値観として私の中にあったものだった。ユージンがそれを教えてくれたように思った。展覧会のタイトルをユージンは、「Let Truth Be the Prejudice」とつけた。「先入観が真実と等しくなりますように」。これを聞いた時、それこそ私が求めているコミュニケーションのエッセンスだと思った。偏見を抱えているのが人間だという認識を持ったうえで、さらなる理解、多面的に掘り下げていくことの大切さを言っている。ずっと感じていたことに気づかせてくれた。私の奥深くにあった思いに〉

展覧会に向けて不眠不休の毎日が続いた。アイリーンが先頭に立って、どうにか会場のユダヤ美術館に金曜日から作品を運び入れて、火曜日のオープンの間際まで展示作業をした。会場に泊まり込んだが、ほとんど寝ることもできなかった。

ユージンは疲労で歩けなくなり、車椅子で会場を回ってレイアウトを指示した。

記者会見も開かれ、招待客を招いてのレセプション・パーティーも行われて、久しぶりにユージンは注目された。長く停滞し、「終わった人」と言われてきた写真家の再登場だった。ただし、展示されたものは、すべて過去のもので新作は一枚もなかった。作品数は五百四十二枚。最大規模の写真展だった。だが、点数が多すぎて散漫だという声もあり批評は賛否両論となった。

それでも一九七一年二月から五カ月にわたって、ニューヨークのユダヤ美術館で行われた「Let Truth Be the Prejudice」は無事、盛況のうちに幕を閉じた。アイリーンが振り返る。

〈ユージンは前から、「展覧会が終わったら自殺する」と周囲の人たちに言っていた。私にも。でも、この時はもう、言わなくなっていた。なぜなら、私が横にいたから。そして私と一緒に日本に行くことが決まっていたから〉

元村和彦の来訪

日本から元村和彦がニューヨークにやってきたのは、この展覧会がオープンする四カ月ほど前の、一九七〇年十月末のことだった。

元村は、日立でユージンのアシスタントを務めた森永純の知人だった。東京で邑元《ゆうげん》社という小さな出版社を営んでおり、「ロバート・フランクの写真集を出版したいので、ロバートを紹介して欲しい」とユージンに頼みに来たのだ。ユージンは仲介を快諾し、代わりに「自分が今度、ニューヨークで開く展覧会を日本でもやれないか」と元村に相談した。アイリーンが通訳をした。

その雑談の中で、ユージンは元村に「自分は日立の仕事で一年間、日本に滞在して写真を撮ったけれどあまり成功したとは思っていない。できれば、もう一度、日本に行って、日本の漁村を撮りたいんだ」と話した。

ユージンが日本の漁村を撮りたがっている、ということを元村は森永から、すでに伝え聞いていた。元村の心には、すでにその構想があった。日本の漁村に興味があるユージン・スミスなら、この話に乗ってくるかもしれない。元村はおもむろに、ある話を切り出した。

「漁村といえば今、日本で大変なことが起こっているんですよ」

アイリーンが振り返る。

〈元村さんが、水俣病の話をし出して、私はその内容を聞き驚いた。工場排水で漁村の人たちが大変な被害を受けている、亡くなった人も多い、重い障害を負った人もいるという話だった。私は聞いた瞬間、私の愛する故郷・日本でそんなことが起こっているの？　行かなきゃ、そこに行かなきゃと、迷いなく思った。私はとても優柔不断な人間なのに、その時はまったく迷いがなかった〉

元村には、ニューヨークにやって来る前から、あのユージン・スミスに水俣病を撮ってもらえないかと期待する気持ちがあった。元村は水俣病患者を支援する「水俣病を告発する会」に参加していたのだ。

一方、ユージンは写真展「Let Truth Be the Prejudice」を日本でも開催したいと考え、日本の知人たちに片端から打診していたが、色よい返事はひとつもなく、元村に会う直前には朝日新聞から、断りの手紙が届いたところだった。写真展が開催できるなら日本に行き、写真を撮ることもできるのに、とユージンが言うと、元村は「それなら」と、ある提案をした。

「自分が日本で展覧会ができるよう頑張ってみる。もし、実現できたなら写真展に合わせて来日し、水俣で写真を撮ってはどうか」

ユージンはこの提案を快諾した。

元村は帰国すると展覧会の実現に向けて走り回った。大会社に所属しているわけではない、小さな出版社を営む元村にとって、それはあまりにもリスクの大きな仕事だったはずだ。だが、新聞社も怖気づいて手を出さなかった「ユージン・スミス写真展」を彼はついに実現させる。会場は東京の小田急百貨店に決まり、大阪での開催も取り付けた。旅費と三カ月分の家賃は元村が負担する、ということでユージンと話がまとまった。

帰国した元村は水俣病患者を撮影した桑原《くわばら》史成《しせい》の写真集をニューヨークに送った。これを見て、アイリーンとユージンは被害の重さに驚き、改めて早く水俣に行きたいと強く思った。水銀汚染問題を論じる会議がニューヨークや同州のロチェスターであり、ユージンとアイリーンは、そこにも足を運んだ。アイリーンは、もう大学は中退してもいいと思うようになった。それよりも水俣に行きたかった。

ユージンは水俣の話にアイリーンが深く心を摑まれているのを見て言った。「一緒に水俣に行き、結婚して、一緒に写真を撮ろう」と。

〈水俣の話が出てこなかったら、私とユージンは写真展のあとに別れていたと思う。実際、私は展覧会の後で、大学に復学するつもりだった。でも、水俣の話を聞いた瞬間に、すべてが変わった。

写真展は彼のために必死に手伝ったけれど、自分の仕事じゃなかった。でも、水俣の話はまったく迷いがなく、絶対にやりたいと思った。ユージンのアシスタントじゃなくて、私も一緒にやる仕事だと言われたことが大きかった。結婚は前から求められていたけれど、私は結婚には迷いがあった。でも、ユージンは愛によって写真が撮れる人だということも、なんとなくわかっていた。私をつなぎとめるために水俣に行くと言ったのか。彼ひとりでも水俣に行ったのか、それはわからない。ただ、彼だけだったら水俣に三年も暮らすことはできなかったと思う〉

親族の大歓待

元村の奮闘によって日本でも展覧会の開催が決まったため、ニューヨークの展示が終わると、写真パネルは梱包されて日本に送られた。その頃、ユージンはロフトの新しい大家から立ち退きを求められており、「早く出ていけ」と厳しく迫られていた。

十年以上、広々としたロフトで暮らしたので、荷物で溢れかえっていた。ある篤志家がスワン湖畔の朽ちかけたコテージを提供してくれたのでとにかく、そこに荷物をすべて運び込むことになり、その作業に二カ月以上かかってしまった。

ようやくロフトの荷物を運び終え、ふたりは八月半ばにニューヨークを出発した。翌日、ついに日本の羽田空港に到着する。ホテルで数日過ごし、元村がふたりのために用意してくれた原宿のセントラルアパートに移り住んだ。

到着したふたりを待っていたのは、まず、日本のメディアだった。写真展の宣伝をかねて取材に応じたが、アイリーンはユージンの人気がアメリカよりも、日本でずっと高いことに驚いた。アメリカでは完全に終わった人とされており、ずっと何もしないで忘れ去られていた人が久しぶりに出てきて大きな展覧会をした、といった扱いだった。ところが日本では、「ものすごく有名なアメリカの写真家が日本にやって来てくれた」という位置づけで、長いブランクはまったく報じられず、評価も褒め称えるものばかりだった。

アイリーンとユージンは夫婦として、いくつもの取材を受けた。カメラ雑誌や新聞だけでなく、一般の週刊誌や女性誌、テレビでは、三十一歳という年の差が強調され、老巨匠が見染めた二十一歳の日米ハーフの新妻だと取り上げられることが多かった。

〈水俣で写真を撮りたいと思っている、と言っても、そのことについて質問してくれる人はいなかった。「奥さん、料理は得意ですか」「お子さんは欲しいですか」といった質問ばかり。戸惑ったし、がっかりすることもあった。あんまり「年齢差を感じますか」と聞かれるので、

「はい、彼があまりにも子どもなんで」と答えるようになった。冗談ではなくて、それは本心だった。実際に私は自分がユージンと出会ってから、すごく老けたように感じていた。彼は逆に若返っていった。ユージンは子どもだった。無邪気で何も心配しない。困ると全部私に頼ってくる。私がなんでも考えないといけなくなる。お金を得る方法だとか、世間との付き合い方だとか。ニューヨークにいた時からそうだったけれど、日本に来たら言葉の問題があるので、なおさらだった。私は彼の母親のようになっていった〉

八月二十八日に東京でふたりはついに籍を入れた。アイリーンは自分の親族をユージンに紹介した。ユージンは皆に、すぐに受け入れられた。

〈ユージンはとても愛嬌があるし、ユーモアがある。暖かみもある。だから言葉が通じなくても相手を魅了する。威張らないし、優しいし、いつも穏やかだから。写真が絡まない限りは。だから、うちの親族は皆、ユージンが大好きだった〉

それはアイリーンにとっても、久しぶりに会う日本の親族たちだった。

三十一歳という年齢差、大学中退、二十一歳での結婚……。一般的には親が両手を挙げて喜ぶような結婚ではないだろう。それが問題にならなかったのは、見方を変えれば、アイリーンが家族や親族と切り離され、疎遠に育ったことの証《あかし》でもある。そんな中でただひとり、義父のマリーだけが最後まで、この結婚を祝福しなかった。

実父ウォーレンは、ユージンとアイリーンを、あの思い出深い麻布にあるアメリカンクラブのレストランに招待した。アイリーンが子どもの頃、よく来ていた在日アメリカ人たちの社交場である。レストランに入ろうとした時、ユージンは従業員に呼び止められた。

「ネクタイの着用が義務付けられております」

ユージンはネクタイを店に借りると、それを自分の首にかけ、

「はい、ネクタイはつけたよ。じゃあ、靴は脱いでもいいよね？」

と言い、その場で靴を脱ぎ出した。レストランの奥から、やり取りを見ていたウォーレンが笑いながら出てきて、ユージンと握手した。ユージンとアイリーンの父は、ほとんど年齢が変わらなかった。


〈ユージンに父も惹かれていた。父は真面目なビジネスマンだったけれど、若い時はセントルイスのジャズバーでサックスを吹くアルバイトをしていたと聞いたことがある。ふたりはジャズの話をした。ユージンが靴を脱いで茶化しているのを見て、父が声を出して笑うのを目にした時、私は父にもこんな一面があるんだと驚いた〉

アイリーンの祖母・桂子はユージンに会うなり、しなだれかかった。日本人の男性と違って、自分をレディとして扱ってくれることが嬉しかったのだろう。「ユージンちゃん」と彼を見上げて腕を絡ませた。いつも一番そばに座ろうとした。「千姫」の面目躍如だった。

〈桂子おばあちゃまは、もともと男の人が好きな上に、ユージンが優しいので、もう大好きになってしまった。レストランでタンゴがかかっていたら、ふたりで踊り出してしまったこともあった〉

母の美智子は十月半ばに行う結婚式の準備に夢中になっていた。自分が夫スプレイグと結婚した時は、敗戦から間もなくて、物がなかった。闇市で生地を買ってウエディングドレスを仕立てた。岡崎家の房子、桂子の血を引き、彼女もまた、身ぎれいに美しく装うことを好む。化粧もせず、スカートも滅多にはかない娘アイリーンに代わって、衣装選びに熱中した。しかし、アイリーンの頭を占めていたのは、結婚式ではなく水俣だった。他のことに時間を取られるのが惜しかった。

九月三日から十五日まで小田急百貨店では写真展が開催されていたが、彼らは期間中に一回目の水俣行きを敢行する。

東京の新橋駅を午後四時頃に出て、新大阪まで行き、夜行寝台車「なは」に乗り換える。熊本経由でようやく水俣駅に着いたのは、翌日の夕方だった。駅を降りると真正面にチッソの工場があった。

駅には元村の知人である写真家の塩田武史が車で迎えに来てくれた。塩田は水俣に住みつき、水俣病患者を撮り続けている若い写真家だった。水俣病の多発地帯は、駅から車で十分ほど南に下った海沿いの村々だった。塩田の案内で、一軒の家を訪ねた。出月《でつき》という集落に暮らす溝口家である。水俣病の認定患者第一号とされた故・溝口トヨ子の家だった。溝口家の母屋の隣にある、今は使われていない離れを塩田の交渉で、ユージンとアイリーンは貸してもらえることになった。その後、塩田の案内で村や患者がいる家々を見て回り、ふたりは短い滞在を切り上げて数日後には東京に戻った。

石川武志との出会い

東京の写真展は盛況だった。最終日だけで、八千人が入場したという。開催する会場にはユージンが必ず足を運び、全部、レイアウトをする。任せるということはしなかった。ライティングには強いこだわりがあり、日本側はそれを見て、唖然とし、時には軋轢《あつれき》が生じることもあった。ライトメーターで光の数値を測り、作品が水平になっているかまで、器具を使って自分で調べるのだ。開催中にはまた、思いがけぬ出会いもあったとアイリーンは振り返る。

〈ある日、中年の男性が控室に入ってきた。その瞬間に彼が誰であるか、私もユージンもすぐにわかった。あのサイパンで洞窟から両手を上げて、這い出てきた人だ。彼は「写真展に来たら、自分が写っていたのでびっくりした」と言った。ユージンと彼が抱き合うのを、私は感慨深く見ていた。「撃ち殺してしまえ」と米兵たちが言うのを聞いて、ユージンが割って入り、「彼は手を上げているじゃないか。撃つなっ」と止めたと聞いていたから。そうでなければ、

ここで二人が抱き合うこともない。彼はユージンに命が救われたとは知らないでいた。ユージンは何も言わなかった〉

写真展が終わると、ふたりはいよいよ水俣行きの本格的な準備に入った。

そんな中でまた、もう一つの、ある出会いがあった。


一九七一年春に東京写真専門学校（現・東京ビジュアルアーツ）を卒業した石川武志は、駆け出しのカメラマンとしてフリーランスで仕事をしていた。

九月下旬、彼は原宿・表参道を夕方、目的もなくフラフラと歩いていた。すると雑貨店の軒先に身体のがっしりとした白人がいるのが見えた。店先で桶のようなものを一生懸命に見ている。ユージン・スミスに、そっくりだと思った。写真展はこの前、終わったばかりだ。まだ日本にいるのだろうか。おそるおそる英語で「ユージン・スミスさんですか」と尋ねてみると、まさしく本人だった。自分も写真をやっていると言うと、「すぐそこが住まいなんだ。寄らないか」と誘われた。びっくりしながら、石川はユージンについていった。

原宿のセントラルアパート六七一号室――。ドアを開けると、そこには黒髪の、西洋人のような風貌の若い女性がいた。妻のアイリーンだと紹介されて面食らった。アイリーンと石川は同年生まれだった。

部屋の中は段ボールの山で、「水俣に荷物を送るところ」だと説明された。ふたりが水俣病の騒ぎが起こっている、あの水俣に取材に行くのだと初めて知った。

荷造りに手間取っている様子を見て、思わず「手伝いましょうか」と石川は言ってしまった。この一言が、彼の運命を変えることになるとも知らずに。

アイリーンはすぐに、「水俣で手に入れたチラシやビラがあるんですけれど、私に読んで聞かせてくれますか」と言った。ビラには「死海」「告発」といった文字が躍り、檄文《げきぶん》調で難解だった。石川はアイリーンにわかりやすく、平易な言葉に直して伝えた。それをアイリーンがさらに、ユージンに英語で説明する。

その後は、ひたすら荷造りを手伝った。衣服や日用品の他、現像液や写真用品を詰め、水俣の住所を石川が漢字で書き、それをタクシーに積んで渋谷駅の「貨物扱い」まで運ぶ。結局、翌日も、その翌日も手伝うことになった。

九月の上旬に水俣に行き、写真も撮ってきたというユージンは、あの雑貨店で買った桶を使って、現像作業を始めた。それも石川は手伝った。ユージンから「コンタクトシート（べた焼き）だけでも作りたいんだ。君の家には暗室はあるかな」と言われ、石川は現像したフィルムを預かると、自分の下宿でコンタクトシートを「ユージン・スミス」のために作った。信じられないことだった。

十日間ほど、こうした毎日が続き、ようやく夫妻は水俣へと旅立っていった。彼らにとっては二回目の水俣行きだった。だが、今回も十日ほどで東京に戻ってくるという。

ちょうど十日後、再びアイリーンから「戻ってきました」と連絡があり、石川はセントラルアパートに呼ばれた。今度はユージンから、「この部屋に暗室を作りたいんだ、手伝ってくれないかな」と言われた。ユニットバスとトイレが一緒になった小さなバスルームを暗室にするよりなかった。

トイレが使えるように、その部分だけは湾曲させて、分厚い板を糸鋸で削り、ユージンと石川は暗室を作った。石川の頭の中は混乱した。ユージン・スミスと暗室を作っているなんて。

十月半ば、夫妻の結婚式が行われ、石川も招待された。アイリーンは当日、文金高島田で打掛をまとい、ユージンは紋付き袴姿。アイリーンはすばらしく美しかったが、彼女の内面はあることで揺れていた。それは、弟たちのことだった。この結婚式には美智子がいる。そこに弟たちがきたら、母親が違うという秘密が彼らにわかってしまうのではないか。どうしたらいいのだろう、と。

ところがそれを父親に言うと、「皆、とっくの昔に知っているよ」と返された。アイリーンはそれを聞いて、これまでの自分の努力がむなしく思えた。どうして、自分だけ知らされないのか。自分がその事実を隠すために、どれだけ小さな頃から現在まで気に病んできたか、わかってくれていないと思った。

〈結婚式はすごく面倒だった。いろいろと、気苦労もあった。水俣での仕事に集中したかったけれど、とにかく母が力を入れていたから仕方がなかった。招待状を送ったことも覚えていない。多分、ぜんぶ、母がしたんだと思う。小学校の校長先生もいた。でも当日は、ユージンのお蔭で、とても和《なご》やかな式になった。「ヨーコさん」や弟たちも、「ユージンさん、ユージンさん」って。結婚相手がユージンじゃなかったら、まったく違った式になったかもしれない。私の家は複雑な事情を抱えていたから、ユージンのキャラクターのお蔭で、救われた部分があったと思う。ユージンはインテリ風でないし、相手をそのまま受け入れる。田舎のアメリカ人の素朴さみたいなものがあった。だから、私の家族に好かれただけじゃなくて、水俣に行ってからもずっと人気者だった〉

七一年の十月半ば、結婚式を終えると、ふたりは水俣での本格的な取材と長期滞在に向けて最後の準備をした。

石川はまた、手伝いに駆り出された。ユージンからは、「石川もアシスタントとして一緒に水俣に行かないか」と何度も誘われた。石川は戸惑った。これまでは無償で手伝ってきたが、ずっと無償では食べていけない。それに報道やジャーナリズムではなく、CMを撮るような写真家になりたいと石川は思っていたのだ。石川が「東京の部屋代も支払わないといけないし」と遠回しに断ろうとすると、「東京のアパート代ぐらいなら、自分が払うから」とユージンは言う。石川が「でも、ご飯も食べないといけないし」と重ねて言うと、「ご飯は僕らと同じものを食べればいいじゃないか」と返された。石川が当時を回想する。

〈機会があったらふたりがいる水俣に遊びに行って、数日、手伝うぐらいのことはしてみてもいいけれど、水俣に住んでアシスタントをするつもりはなかった。だから、断ったつもりだったんだ〉

だが、ユージンは写真の技術が未熟なアイリーンと自分だけでは無理だと感じていたのだろう。ふたりが水俣へ旅立つ日、石川は手ぶらで駅まで見送りに行った。寝台列車に荷物を運び入れるのを手伝い、出発を告げるアナウンスが流れる中で、それぞれと別れの握手をした。

背を向けて電車を降りようとした、その瞬間だった。

突然、石川は後ろからユージンに羽交い絞めにされた。「一緒に行こう」。最初は冗談だと思った。だが、ユージンは離してくれない。厚い胸板とがっしりとした両腕で抱きしめられ、石川は身動きが取れなかった。寝台列車はついに出発してしまった。ユージンは嬉しそうに笑っていた。ユージンには自分に必要な人が誰であるか、どうしたら、その人物を自分の元に引き寄せられるのか、そのためには何をしたらいいのか、すべてわかっていたのだろう。彼には写真を学んでいる石川がどうしても必要だったのだ。

彼ら三人は翌日の夕方、水俣駅に降り立った。

駅前でタクシーを拾い、南に国道を走った。「ずいぶん寂しいところに来てしまった」と石川は思った。荷物を降ろして、ドライブインのようなところで食事をして戻ると、夜はとっぷりと暮れていて、あたりには明かり一つなかった。

石川は都会育ちではなく、愛媛県の農村部の出身だった。だが、それでも水俣にふたりが借りた家には驚かされた。家は木と泥と藁《わら》と瓦で出来ており、土間の片隅には薪で焚く五右衛門風呂が置いてある。便所は当然、汲み取り式だった。しかも部屋らしい部屋は六畳間ひとつ。その隣には三畳の部屋があったが隅に便所があり、臭気がひどく、しかも屋根の一部には穴が開いていた。その夜、ユージンを間に挟み、一組の布団で三人は川の字になって寝た。

水俣での滞在期間は当初は三カ月の予定だった。ところがそれは、三年に延びる。

第四章　不知火の海

石牟礼道子が考案した怨旗
撮影：W. ユージン・スミス　©アイリーン・美緒子・スミス

塩田の広大な跡地

水俣は遠い。遥かに遠い。熊本までも遠い。西は不知火海に面しているが、残る三方は山々に囲まれ、陸の孤島と長く言われてきた。熊本の最南端で鹿児島と接した国境の村でもあり、代官の下に大地主がいるという統治機能を残して明治の世を迎えることになった。

明治維新以降、移り住んできた者たちは、「なぐれ」と呼ばれた。流れてきた者、という意味で。とりわけ天草から、海を越えてやってくる者たちが多かった。彼らは「天草なぐれ」と言われた。一方、この地に長く暮らして来た者たちは「じごろ」と胸を張った。

水俣における唯一の産業は、製塩で、その歴史は古く、明治以降も大地主たちが、それぞれ塩田を持ち、小作人に農作業の傍ら手伝わせてきた。

ところが、日露戦争による財政の赤字を補塡するため、一九〇五年に政府は塩の専売制を施行。これによって二百四十年続いた水俣の製塩事業にも終止符が打たれることになった。結果として三十四町二反歩（約十万三千坪）を超える塩田跡地が残されることになった。塩分の沁み込んだ土地は耕地には転換できない。これもまたチッソを招く因果の一つとなっていく。

製塩と並ぶ、もう一つの主要な産業は運搬業だった。水俣の港に陸揚げされる石炭を荷馬車に積み、山を越えて鹿児島県下の金山に運んでいくのだ。荷馬車は最盛期には、日に四百台以上も出ていたという。ところが、この運搬業も成り立たなくなる。というのも、金山の近くに曾木発電所という水力発電所が作られ、石炭を求めなくても、そちらから安い電力が得られるようになったからだ。水俣の運搬労働者は、この発電所のせいで一挙に仕事を失ってしまった。

この曾木発電所を設立した人物こそが、野口遵《したがう》。後のチッソ創業者である。野口はせっかくの電力を使い切らずに捨てるのはもったいないと考え、電力を使う工場を作りたいと考えるようになる。そこで周囲に工場用の土地を探した。

その噂を伝え聞いた水俣の有力者が、「是非、水俣に」と野口に頼み込み、工場が村にやってきたのである。

会社名は「日本カーバイド商会」。後のチッソである。

創業者の野口遵は一八七三（明治六）年、加賀藩士の家に生まれた。

アイリーンの曾祖父・岡崎久次郎と同世代。野口もまた西洋の新知識を以て立身出世したいと考えた、明治の青年だった。野口と岡崎は生まれた年も、亡くなった年も、ほぼ重なっている。

野口は東京帝国大学工科を一八九六年に卒業。なぜか大手企業には入らず、江之島電気鉄道（現・江ノ島電鉄）や、小さな水力発電所、ドイツのシーメンス社の東京支社などを転々として十年ほど過ごし、一九〇六年に突然、曾木電気を起こすのである。工場で最初に作ったカーバイドとは石炭を高温の電気炉で燃焼して作る炭化物で、ランプの芯などに使われるものだ。このカーバイドを水と反応させると、アセチレンガスになり、アセチレンガスからは、さらに様々な化学製品が作り出せた。

一方、水俣には戦国時代の前から続く土豪で、豊臣政権下から、江戸時代を通して代官として統治してきた深水家を筆頭に、「二大殿様に御三家」と言われる名家があった。（岡本達明・松崎次夫編『聞書水俣民衆史　第三巻「村の崩壊」』より）

深水家と徳富家が二大殿様、続く御三家は前田家、園田家、小柳家。

大地主たちは野口のことを「なぐれ」と見下した。「なぐれ」に先祖伝来の地を渡したくはなかった。だが、彼らはそれぞれ例外なく、明治の世になってから没落しつつあった。ゆえに、工場誘致の流れを阻止することは、彼らにはできなかった。

憧れになった「会社行き」

一九〇七年、野口が経営する工場「日本カーバイド商会」が水俣の古賀の地に設立され、翌年にはこの日本カーバイド商会と曾木電気が合併し、日本窒素肥料株式会社（後のチッソ）となる。この工場を足がかりに、わずか数十年で日本有数の新興財閥、日窒《にっちつ》コンツェルンが築き上げられていくとは、当の野口にも想像し得なかったことであろう。

カーバイドを原料にして、石灰窒素肥料の製造に成功。石灰窒素から硫安《りゅうあん》の製造にも成功する。この変成硫安は画期的な化学肥料で、一九一四年に第一次世界大戦が勃発すると戦争特需にあやかり、莫大な利益を上げた。

一挙に業績を伸ばした日窒（チッソ）は一九一八年、水俣に広大な新工場を作った。旧工場よりも南のそこは、かつて徳富蘇峰の一族が持っていた塩田の跡地だった。水俣の封建領主たちは、なぐれの野口に先祖伝来の土地を売り渡すまいとしたが、転売されて野口の手に渡ったのである。新町名として、「野口町」とつけられた。地主たちはさぞかし、口惜しかったことだろう。

出来上がった新工場は広大で、威風堂々として見えた。

旧工場は、みすぼらしくて、水俣の農民にも、「工場で働くのは、よほどの貧乏人か、なぐれ者だ」と見下げられていた。

事故も多く、おそろしい場所だとも思われていた。高圧の電気が流れる中での長時間労働。二千度を超える炉をまともに見ると目がやられ、騒音で耳がやられる。大やけどをしたり、機械に引き込まれて腕を失う者もいた。カーバイドの粉塵を吸い込むので肺もやられる。炉が爆発し、死ぬ者もいた。

それでも他所の土地から、工場での仕事を求めて人々は水俣にやってきた。とりわけ天草から。それほど島しょ部の暮らしは厳しかったのだ。

日窒には、電力と石炭、廉価で文句を言わない従順な労働者の三つが必要だった。さらには排水を流す海が。工員があまりの重労働に耐えかねて逃げ出しても、野口は「あそこに行けば、いくらでも、なり手はいる」と嘯《うそぶ》き、海の向こうに霞んで見える天草の島影を指したという。また、「労働者を人間と思うな、牛馬と思ってこき使え」というのが、野口の経営理念であったと語り伝えられている。

それでも新工場になってからは、工員として働きたいと思う者が一挙に増えた。

本格的に貨幣経済が浸透し、土地にしがみつく生き方よりも、工業化された世の中で現金収入を求めたいと考える傾向が、より強くなったからだろう。

また、工場そのものも大きくなり、輝かしい存在として人々の目に映るようになったからでもあった。農民たちに見下されていた工員たちは、「会社行き」と憧れの眼差しで見られるようになっていく。農家の親も子どもが大地主のもとで奉公するより、「会社行き」になることを望んだ。娘たちは土地持ちの農家より、会社行きと結婚したいと願うようになる。

とはいえ、地元の者が日窒に雇われる「会社行き」になったとしても、それは職工（工員）の身分だった。給料は日給で払われ、ケガをしても死んでも何の補償もなかった。社員は東京帝大を出たようなエリート技術者であり、そうした者たちの社宅は、かつては代官の深水家が所有してきた「陣内」と言われる一等地にあった。旧制一高の寮歌が風に乗って流れ、社員の妻たちは長い着物に足袋をはいている。

職工と社員では兵卒と将校ほどの違いがあり、絶対服従が当たり前。また、両者が職場で交わり合うような機会もない。

仕事を求めて「なぐれ」がいっそう増えたため、一九一二年には早くも町制が敷かれた。

翌年には水俣工場で大爆発が起こり、黒い煙が町を覆い、四人が即死、二十人が大ケガを負ったが、それでも変わらず仕事を求めて人がやってくる。「死んでもいいか」と聞かれて、「はい」と答えなければ工員にはなれなかった。

次第に工場にも比較的近く、海にも近い、南の海岸地域に住まいを持つ者が増えていった。また、工場が大きくなるにつれ、漁民たちも移住してきた。

一九二六年になると、長く「陸の孤島」といわれた水俣にも鹿児島本線が開通する。「水俣駅」

は当然のように工場の前にできた。料理屋、カフェ、喫茶店、遊郭、映画館、玉突き場……。町は華やぎを増し、人々が流入し続けた。

会社専用の港として梅戸港が作られ、会社直属の水俣工場日窒附属病院、社員向けの生活協同組合「水光社」もできた。企業城下町となり、「日窒あっての水俣」という意識が人々の中に定着していく。

冷酷な新しい支配者

新しい支配者となった日窒を止められる人は、もう水俣にはいなかった。工場からの排水はすべて無処理で百間口《ひやつけんぐち》といわれる排水口から海へ流された。排水にはカーバイドの残渣《ざんさ》が混じっていたので、白くドロドロと濁っていた。そのため工場周辺の海底には、ドべといわれる泥が何メートルも溜まっていった。

小さな子どもが海に飛び込み、頭がこのドべにはまって動けず亡くなってしまうという、痛ましい事故も起こった。それでも何も改善されず、誰も文句を言わなかった。

日窒の幹部は東京帝大の理系卒業者で占められていたが、大学を出たばかりの彼らが頭の中で考えついたことをテストプラントも経ずに、いきなり製品化しようとした。爆発や事故が起こるのは当然だった。野口は気が短く、「ぐずぐず手間取るな」と急《せ》かす。まず試しにやってみて、それから修正すればいい、と。工場内でも外でも、安全性は無視された。

ここまで町を意のままにできたのは、大正末期から水俣の政界も、日窒が完全に抑えたからだった。会社の係長を町議選挙に立たせ、会社の中に選挙本部を作った。

海への排水があまりにもひどく、浜辺がドベで埋められていく。工場近くの百間や丸島で地引網や一本釣りをしていた漁師たちが受けた被害は大きかった。一九二六年、彼らは水俣漁業組合の名で、工場に補償を要求した。しかし、字を書くこともできない海の世界に生きてきた彼らと最高学府を出た社員とでは、初めから勝負にならなかった。漁民は話し合いに応じてももらえなかった。組合は補償が無理なら、寄付でもいいからと譲歩した。すると日窒は漁業組合に、はした金の千五百円を「見舞金」として払い、「この問題に対して、永久に苦情を申し出ざることとして多年の物議解決したり」と書いた証書にサインするよう、漁業組合に迫った。水俣病が「発見」される三十年も前の戦前に、すでにこのような出来事があったのだ。

富国強兵を目指す日本政府もまた、日窒を後押しした。

日窒は朝鮮半島へ進出すると一九二七年には朝鮮窒素肥料を立ち上げる。

一九三一年には、天皇がわざわざ水俣に立ち寄り、日本窒素の工場を視察する。これによって、工場への町の人々の崇拝の念はいやがうえにも増し、ますます会社を町の誇りと思うようになるのだった。

一九三一年、日窒はさらに画期的な発明に成功する。プラスチックの原料となるアセトアルデヒド、さらにはそれを用いて酢酸の合成に成功したのだ。これによって、さらに巨額の利益を得た。この時、日窒は肥料会社から有機化学工業会社へと大きな変貌を遂げたのである。

酢酸工場は危険な薬品を使い、有毒ガスの中で働くため、非常に過酷な職場となった。

橋本彦七工場長は工員を雇う際、「配属先は酢酸工場だ。死んでもいいか」と尋ねた。工員志望者たちは、誰もが「はい」と答えた。実際に一年経たずに爆発で死んだ者もいた。だが、誰からも苦情は出なかった。マスクももらえず手ぬぐいを浸して口元を覆い作業にあたったが、そんなもので防げるはずもなくガスで喉や目や肺をやられた。

一九三六年に日窒は創立三十周年を祝った。水俣市はこの時、熊本県下で熊本市に続く、二番目の大きな街になった。工場があるからこそと皆が思った。

一九四一年からは塩化ビニールの生産も始まった。これらの化学製品は、いずれも軍需と結びついていた。

危険を度外視して製品化を急ぎ、工員に死者やケガ人が出ても、会社も働く側も、それを当然だと考える。大のための小さな犠牲、あるいは犠牲とすらも思わなかった。アセトアルデヒドの排水は百間口の排水口から水俣湾へと流された。後になってわかることだが、この排水に有機水銀が含まれていたのである。酢酸製造工場では、金属水銀がそこら中にこぼれ、光っていた。機械が止まってしまうと人間が手で棒を使って混ぜていた。パイプは水銀でやられ、硫酸を浴びることもあった。作業着も硫酸で、すぐにボロボロになる。髪の毛を触ると水銀の粒がパラパラと落ちてきた。汚いものはすべて排水溝に流し込んだ。

工場が大爆発を起こして死者や重傷者を出し、その振動で駅や水俣小学校の窓ガラスが割れても、警察はろくに調べなかった。ケガ人や死人は会社の附属病院に運び込まれた。社内で責任が問われることもなかった。工員は会社を恨むことなく、命があることに満足して仕事に復帰した。大やけどを負っても、それで一人前と見なす弊風《へいふう》があった。爆発が起こると命がけで仲間を助けにいく。戦地で死ぬのも、工場で死ぬのも同じだと思う時代でもあった。

工場の周囲にも害は及んだ。喉が痛くなるような煙が工場の煙突から吐き出される。カーバイドの粉塵が風に舞い、あたり一面を白くした。畑の作物は枯れてしまった。だが、誰も表立って文句を言わない。それが水俣だった。

日窒という「なぐれ」が土地の新しい支配者となり、政治も経済も、すべて牛耳られていくことに、最後まで敵愾心を燃やし続けたのは、大地主の平野屋当主・緒方惟規であった。

広大な屋敷は白壁の塀で囲まれ、正門には門番がおり、屋敷の中には武道場や、明治時代に建てられた洋館もあった平野屋。だが、明治以降は、坂道を転がるように没落していった。

それでも当主は丘の上にわざわざ土地を買って展望台を作り、人を雇って工場を遠眼鏡で監視させた。常に張り合い、日窒の社長が自動車を乗り回すと、自分は二頭立ての馬車を買って走らせた。だが、対抗して無理をしすぎ、結局はすべての土地を失い、蜜柑山の中にあった鶏小屋で暮らすことになった。

戦争中、工場が米軍に攻撃されて燃え上がるのを山の中から見て、少しは溜飲《りゅういん》が下がったろうか。敗戦から間もなく、彼は鶏小屋で羽毛まみれ、糞まみれになって息絶える。死因は餓死であったという。（岡本達明・松崎次夫編『聞書水俣民衆史　第三巻「村の崩壊」』より）

朝鮮半島への進出と敗戦

野口は水俣を足がかりに朝鮮半島にも乗り込んでいった。

彼は満洲国と朝鮮の国境を流れる鴨緑江《おうりょくこう》の流れを変えて、一千メートルの高落差をつけて一挙に落とせば巨大な電力が得られるはずだ、と考える。彼の狂気じみた青写真は、やがて現実のものとなった。

朝鮮総督府と満洲国の合意によって、鴨緑江沿いに巨大な水豊《スプン》ダムが作られる。このダムは貯水湖の面積が琵琶湖の約半分という巨大さで、東洋一であった。野口はいくつもの発電所を作り、生み出された電力を利用して、興南《フンナム》などに化学工場を次々と建設していった。水俣でやったことを、大規模化して朝鮮で再現したのである。日窒はこうして巨大な大財閥、コンツェルンへと成長していく。三井、三菱、安田、住友のような旧財閥と違って、一代で上り詰めたのだ。昭和電工を築いた森矗昶《のぶてる》、日産の鮎川義介《あいかわよしすけ》と並んで新興財閥の三羽烏と評された。野口はとりわけ昭和電工の森をライバル視していたと言われるが、後、この二つの会社がそれぞれ水俣と新潟で、水俣病を発生させるのである。

日窒の後ろには常に国家が控えている。日本を代表する化学メーカーとなっていた。明治の夢を生き、野口は日本の敗戦を知ることなく一九四四年に、この世を去った。

一方、戦況は日に日に厳しくなり、ついに一九四五年八月十日、米軍機に空襲されて水俣工場は全焼する。

同じ頃、満洲や北朝鮮ではソ連が不可侵条約を破って雪崩《なだ》れ込み、十五日の敗戦によって、朝鮮と満洲に築いた工場のすべてが失われた。会社資産の実に八割から九割である。日窒コンツェルンは、大日本帝国とともに消滅したのだった。

朝鮮半島にいた日窒の日本人社員は天から地へと落とされた。難民となって流浪し、仲間たちの遺体を毎日のように埋葬する生き地獄の中を生き抜き、ようやく帰国した社員たちの結束は固かった。会社の資産として残されたのは水俣工場と延岡工場のみ。大多数の引き揚げ社員は水俣工場に吸収された。なお、その後、延岡工場はGHQの指導で分社化され、旭化成となっていく。

彼らは東洋一の化学工場と言われた巨大な興南工場から水俣にやってきて、愕然とし肩を落とした。あまりにも、みすぼらしく、ちっぽけに見えたからだ。彼らは自分たちが失ったものを思いながら、戦後を生きた。プライドは高く、植民地意識が温存されたままに。それもまた、水俣病を生じさせた原因のひとつと言えようか。

元からいた社員たちは引き揚げてきた社員を「朝鮮進駐軍」と揶揄《やゆ》し敬遠した。酢酸を発明して莫大な利益を会社にもたらした橋本彦七工場長でさえ、引き揚げ者に押し出され、会社から追われた。

GHQによって地主制度が解体されると、水俣の封建領主は完全に息の根を止められた。その一方で工場だけが劇的な復活を遂げていく。

食糧難を解決するため、GHQの指導で化学肥料である硫安の生産が水俣工場では推し進められた。戦前は日本軍部を後ろ盾にしたが、戦後はすぐにGHQの指揮下に置かれたのだ。この時、日本の化学会社を復興指導する立場で来日したアメリカ人将校の中には、アイリーンの父・ウォーレンもいた。

一九四九年からは化学肥料に代わって、塩化ビニール、アセトアルデヒド、オクタノールが工場の主力製品となり、朝鮮戦争が始まると、再び日本トップクラスの化学工場となっていった。

日窒は一九六五年に社名を「チッソ」に変更する。だが、煩雑さを避けるため、ここでは原則として水俣病が発生してからの表記を「チッソ」とする。

水俣病の「発見」

工場が建った日から、それは始まっていた。海も、浜も汚されていったのだ。異変にいち早く気づくのは、いつでも海と生きる人々である。

戦時下の一九四三年、あまりにも排水口がある百間港付近の汚染がひどく、ドベが溜まっていくため、漁業組合は約二十年前と同じように、ふたたび会社に要望書を出した。

会社は話し合いに応じる姿勢を見せ、漁民たちは当初、喜んだ。「これからはドロドロとした水を流すことをやめる、堆積しているドベを取り除く処理をする」と言ってくれると思い込んだのだ。ところが、会社は漁民たちに、ある取引を持ち掛けた。

「水俣工場が平時戦時を問わず、国家の存立上もっとも緊要なる地位にあること、並びに、水俣町の繁栄のために重要性あることを認識し、その経営に支障を及ぼさざるよう、協力すべきものとする。ただし、水俣工場より産出するカーバイド残渣は、将来、旧水俣川流域方面に廃棄放流するものとする」（『水俣病事件資料集　上巻』）

戦時下であることを絡めた脅し文句で、チッソが廃液を流すこと、さらには漁業権を一部放棄して埋立を認めろと迫られたのだ。その代わりに十五万二千五百円を支払う、と。このような不平等な案を漁協組合は飲まされてしまう。

戦後になって工場が再稼働すると、海の汚染は戦前よりも、さらにひどくなった。一九四七年頃にはヘドロで網が引けなくなり、工場近くの浜辺はヘドロに埋もれてしまった。

一九五〇年、水俣漁業組合が対処を求めに行くと、チッソは一九四三年の契約が生きていると言って漁民たちの要望を聞こうとしなかった。その上で彼らの足元を見て、一九五一年には、漁協が持つ八幡《はちまん》の浜辺を埋立用に手に入れ、代わりに五十万円を無利子で漁業組合に貸しつけ、黙らせた。

こうして手にした浜辺の土地に石垣を積み、プールのようなものを作ると「八幡プール」と名づけ、そこにドロドロとしたセメント状の廃液を工場からパイプを引いて流し込んだ。同時に百間口からも、今までどおり大量の排水を流し続けた。

海には異変が起きていた。魚が海面近くをフラフラと、酔ったように泳いでいる。貝は浜辺で口を開けて死んだ。なんとも言えぬ悪臭を放って。

工場からは様々な色の刺激臭のある汚水が海に流され、プクプクと泡が立っていることさえあった。魚たちが白い腹を見せて、何十メートルにも亘って死んでいることもあった。

百間口付近が一番ひどい。工場から流される、あの水のせいだと、漁師たちは真っ先に思った。これまでの経験から工場に直接言っても無駄だと考え、彼らは熊本県に直訴に行った。県よりも工場が上位にいるとは知らずに。

熊本県水産課の職員は誠実だった。彼は工場に排水の内容物を尋ねたが、「すべては機械を冷やす冷却水で無害」と返答される。

水産課振興係長の三好礼治は現地で調査をし、「到底、冷却水とは思えない」とチッソに再度、問うた。さらに三好は、「工場排水を分析して成分を明確にしておくべき」と上司にも報告した。

しかし、この貴重な提言は上層部に受け入れられず、彼は水俣への出張を以後、禁じられる。

その頃、水俣工場では朝鮮特需の恩恵を受けて、塩化ビニールやアセトアルデヒド、合成酢酸を大量に生産していた。チッソが垂れ流す排水のせいでドベが海底に溜まり、港に船がつけられなくなっても、チッソの責任は問われず、県は県費で工事をした。

それが、アイリーンが東京に生まれ、ユージンがスペインで「スペインの村」を撮影していた頃の水俣だった。


異変は、やがて海から陸へと移る。

漁師村では、どこの家でもネズミ退治のために猫を飼うが、その猫たちが、突然、狂い出したのだ。天井近くまで飛び上がる。クルクルと旋回する。壁に激突して死んだり、海や竈の火の中に突進して死んだ。涎《よだれ》をダラダラと垂らし、目が見えなくなり、足腰も立たなくなって死ぬ猫もいた。さらに空からは鳥が羽を広げたまま落下してきた。

その頃、水俣の街で設備といい、医者の質といい、すべての面で抜きん出ていたのは、市が経営する市立病院ではなく、会社の附属病院だった。

当時の院長の名は細川一《はじめ》。一九〇一（明治三十四年）年生まれで東京帝大医学部を卒業し、日窒に医者として入社した。朝鮮窒素阿吾地《アオジ》工場附属病院にいたがビルマ戦線に従軍した後、水俣の附属病院院長として勤務していた。

小さな女の子を抱きかかえた母親がこの附属病院にやってきたのは、一九五六年四月二十一日のことだった。チッソ社員以外の患者が来ることは少ないが、町医者からの紹介があったのだ。田中しず子という名の五歳の女児は、歩行できぬほど足が曲がり、口ももつれて言葉が聞き取れなかった。時おり身体を痙攣させ、激しい痛みに苦しむ。ほんの少し前までは、会話もしていたし、いたって元気な子であったと聞き、細川は診断がつかなかった。

すると、その母親は「すぐ下の妹にも同じような症状がある」と言った。細川は驚き、「妹も連れてくるように」と告げた。数日後、妹も診察し、細川は姉と同じ病状であることに驚く。だが、さらに驚いたのは、姉妹の母親の、次の言葉だった。「近所には似たような病状の子どもが、他にもたくさんいます」。

細川と同僚の医師たちは、これを聞いて戦慄する。

最初に疑ったのは、当然ながら伝染病だった。恐ろしい疫病が蔓延しているのではないか。

五月一日、細川は水俣保健所長の伊藤蓮雄《はすお》に、正式に報告書を提出する。原因不明の神経疾患が多発している、と。このことから、一九五六年五月一日が「水俣病発生の公式確認の日」と、現在、されているのである。

だが、これは決して、この日時よりも前に、患者が発生していなかった、ということではない。現に細川も、この幼い姉妹を診察して、一昨年に運び込まれた成人男性患者のことを、すぐさま思い出していた。

その男性患者は水俣工場の倉庫係で当時、四十九歳。ある日、手足のしびれを感じるようになり、歩くと転んだ。口が回らなくなり、赤ちゃんのような甘えた話し方になった。間もなく目が見えなくなった。細川が慌てて入院させたが十日後には死亡した。その後も、同じような症状の女性患者が入院し、同じように亡くなっていった。それが思い出されたのである。

調べてみると市内の個人病院には、こうした患者たちが以前から、ずいぶんと訪れていたことが明らかになった。脳炎、脳障害、脳性麻痺、精神障害、栄養失調……、といった病名がつけられていた。回復した人はひとりもいなかった。

国民健康保険制度はまだない。容易には医者にかかれない時代だった。病院の門をくぐらず、発見されなかった人はさらに多くいたことだろう。

伊藤保健所長は細川から話を聞くと、五月四日には熊本県衛生部に報告書類を書いて送付した。八日、細川は熊本大学医学部小児科医の長野祐憲《すけのり》教授に来院を頼み、田中姉妹を診察してもらう。だが、長野にも病名は判断できなかった。

早くも西日本新聞がこの噂を聞きつけ、「死者や発狂者も　水俣に伝染性の奇病」という見出しで記事を書いた。

五月二十八日には水俣保健所、チッソ附属病院、水俣市立病院、市医師会、水俣市衛生課の代表者が集まり、「水俣市奇病対策委員会」が立ち上げられた。水俣病は、このように当初は「奇病」と命名されたのである。

細川らは水俣保健所長の伊藤とともに、田中家のある坪谷《つぼだん》と言われる海に面した集落へ足を運んだ。現地で目にしたのは、あまりにも悲惨な生活状況だった。病人たちは動くこともできず、枝のように痩せ、小屋の中に転がっていた。ござは擦り切れ、障子は破れ、屋根に穴が開いている家もあった。

田中家の近くに暮らす六歳の男の子は両手が曲がったまま動かず、個人病院で小児麻痺の診断を受けていた。田中家の隣に暮らす女の子は、田中姉妹とほぼ同じような症状だった。近所に暮らす漁師の男性は、口がきけなくなり、手足が不自由になって発狂状態となり、精神病院に入院したと聞いた。すでに亡くなった者が数名いることもわかった。この時、細川は八人を附属病院に入院させている。

しかし、附属病院に入院すれば、当然、費用がかかる。患者たちの住居を見てしまった細川は、なんとか無料で入院できる手立てを考えなければならないと思った。

また、細川は田中姉妹を診察して、おそらく伝染病ではないだろう、と見立てていた。だが、確証はまだなかった。伝染病の可能性も捨て切れない。すると病院内で他の入院患者や看護婦から、苦情が出始めた。皆、奇病と言われる患者たちの症状を見て、ショックを受けていた。もし、伝染病だったなら……。「本当に伝染病じゃなかとですかっ」と細川は看護婦に詰め寄られた。

細川と伊藤保健所長は悩み、患者たちをまずは水俣川の河口近くにある避《ひ》病院（公立の伝染病患者の隔離病舎）に移すことが、一番だろうと考えた。それなら入院費がかからない。その上で、なんとか熊本大学医学部に学用患者として入院させてもらえるように調整しよう、と。しかし、水俣の村人にとって避病院は生きては帰れない恐ろしい場所として認識されていた。また、入れば当然、伝染病患者の烙印を押されてしまう。しかし、これ以外にすべてを解決する策はなかった。細川は八名の患者を避病院に転院させ、熊本大学から了承を引き出すと学用患者として医学部附属病院（以下、熊大病院）へ転院させた。貧しい漁民たちへの配慮、奇病に怯える周囲との軋轢を考えてなしたことであった。だが、これにより、「奇病は伝染病」という認識が広がってしまった面があったと、細川は後、患者家族から非難される。

「針金で頭をえぐられる」

細川によって患者たちが発見される前から、悪霊に取りつかれたかのような、悲惨な死に方をする人々を村人たちはすでに目にしていた。出月という集落では祟り病だと噂されていた。後に水俣病の公式第一号患者として認定される少女、溝口トヨ子の家も、この出月にあった。

平田七平一家が工場の排水口がある百間から、出月の集落に越してきたのは終戦直後。その後、一九六〇年までに六人が死亡して、一家は全滅している。菓子製造業をしていたが、釣りが趣味でよく魚を食べていた。そのうちに、転ぶ、箸を落とす、言葉が出にくくなる、といった症状が現れ、町医者に行ったが原因はわからず、歩けなくなっていった。次男は「かあさん、目が見えん、手もかなわん」と言って死んでいったという。家の主人はワーワーと騒ぎながら、家の前の道を這うようになり、家族の一人は自殺した。昔、豊臣秀吉が軍を率いて、この地で薩摩軍と戦い、多くの武士が命を落とした。彼らを慰霊するために建てられた千人塚と言われる塚が近くにあった。村人たちは千人塚の祟りではないか、精神病の血統ではないかと様々に噂した。

出月の漁師の浜元家では、親子が次々と発病した。

一九五六年、主人の惣八は熊大病院に学用患者として入院。その後、妻も入院した。大学病院に入っても、惣八の病は重くなるだけだった。歯をむき出しにして、全身を激しく痙攣させる。あまりの苦しみに、爪を立てて病院の壁を掻きむしり、指の爪はすべてはがれ落ち、血だらけになった。手足は捻じ曲がって硬直化し、目だけがランランと輝いている。獣になったかのようだった。痙攣して手足を激しくばたつかせる。その苦しみを見て、家族は何度となく医者に、「殺してあげてください」と泣いて頼んだ。

また、家族は藁にもすがる思いで、熊本の祈禱師のもとにも通った。

学用患者になると入院費が免除されるが、患者に食事は出ない。世話をする付添人をつけなくてはならなかった。そのため、学用患者にすらなれない者も多くいた。

浜元家では紡績工場で働いていた三女のハスヨが会社を辞めて、病院で寝泊まりをした。検査の日は広い病院内を眼科、内科、耳鼻科、と回らなければならず、「奇病患者の検診だ」と、面白そうに見に来る人もいた。両親が涎を流し、足が捻じれ切って歩けずに転ぶ姿は、哀れでならなかった。夜になると遠くから汽笛が聞こえてくる。父より病状の軽かった母は次女のフミヨに、「線路まで連れていけ。死なせろ」と何度も言った。医者には「私の身体はやる。解剖していいから早く殺してくれ」「針の山で寝ているようだ」と泣いて訴えた。

息子の二徳《つぎのり》にも症状が出ていたが、彼は両親のために無理をしてチッソの下請けで働き、金を作らなければならなかったが、彼も入院した。フミヨは縁談を断った。惣八が死亡すると、医者たちは脳を取り出せると喜んだが、葬式を出す金さえ家族にはなかった。やっとの思いで葬式をしたが、誰も来てはくれなかったという。

田上義春《たのうえ》は足がもつれるようになり、栄養失調だと医者に言われて、魚をたくさん食べた。そのうちに狂騒状態となり、見境なく涎を流しながら包丁を振り回すようになった。「針金で頭をえぐられるようだ」と田上は頭の痛みを訴えた。熊本大の学用患者となったが、病院でも付添人の母や姉妹を殺そうとして追いかけまわし、恐れられた。水俣病は脳を破壊するため、様々な異常が起こる。凶暴性が出てしまうのも一つの症例だった。そのため精神病だと間違えられたり、村人の間では、「悪霊がとりついた」と噂されてしまうのだった。

田上は奇跡的に病状が回復して、退院した。一九六八年にはチッソの子会社であるチッソ開発に入社。その頃、チッソが水俣病患者を特別に採用すると約束し、それに応じたのだ。ところが入社してみると、「奇病で銭をもらった上に社員にまでなった」と他の社員から批判され待遇も約束とは大きく違っていた。後に彼は訴訟派として裁判を起こし、会社に戦いを挑むことになる。

想像を絶する苦しみ

患者がたくさん発見されたのは、百間口から南に国道三号線を鹿児島方面に下っていった先の、海に近い集落だった。月浦《つきのうら》、出月、坪谷、湯堂《ゆどう》、茂道《もどう》といった集落に患者が多発していた。工場から少し離れていたため、このあたりの海は百間口の周辺と違って、美しく澄んでいた。

坪谷の家々は小さな入江に面しており、目の前に海がある。

水俣病が発見されるきっかけになった田中姉妹の家も、ここにあった。田中家の三女がしず子、四女が実子である。

姉妹の父である田中義光は船大工だったが、出家して一時は僧侶もしていた。妻のアサヲは気丈な女性だが、娘ふたりが奇病になり、家中を保健所に消毒され近所の人から伝染病だと嫌われた時には、一家心中を考えたと語っている。アサヲ自身も手足がしびれ、水俣病の症状が出ていたが、重症の子どもを看病し続けていた。

熊大病院に姉妹が入院すると、アサヲが付き添わなくてはならず、家では他のきょうだいたちが村の中で孤立した。奇病がうつるとバカにされ、学校ではいじめられた。

田中家は追い詰められて、生活保護を受けるよりなくなった。すると、福祉事務所には、こんな投書が舞い込んだ。

「月浦の田中義光さんが、大工なのに毎日遊んでいます。身体も悪くない、田畑も持っています。収入はあるはずなのに、生活保護をもらっています。十日も熊本に遊びに行っています」。アサヲは福祉事務所に手紙を見せられて、一生懸命、反論しなければならなかった。しず子は苦しみながら、一九五九年一月に亡くなった。解剖すると脳には血管がまるでなかった。

江郷下《えごした》家は田中家の隣人で、大草の出身。船上で生活していたが戦後、ここに定着し、にわか漁師になった。子どもが十一人生まれ、生活は貧しかったが、食べ物は目の前の海からいくらでも調達できたので、飢えることはなかった。病人が出るまでは。最初に五女のカズ子がおかしくなった。五歳だった。続いて十一歳の五男、八歳の六男も次々と同じようになっていった。

田中家の仲介により、この江郷下家の子どもたちも患者として細川に発見された。

母マスによれば、カズ子は小さな時から親思いで、「とうちゃんの肴にする」と貝を拾いに行く、活発な子どもだった。それが突然、手が震えて、目が見えなくなり、立てなくなり、口もきけなくなったのだった。

一九五六年五月八日に附属病院に入院したが、あっけなく死んでしまった。するると医者や保健所長に、「解剖させてくれ」とせがまれた。断りたかったが断れなかった。縫い合わされたカズ子の遺体を背負い、すべての乗り物に拒否され、両親は涙を落としながら坪谷の家まで帰った。国道を歩くこともできず、人目をさけて鹿児島本線の線路を歩いて。

湯堂の坂本嘉吉家では猫が三匹続けて狂った後に、娘のキヨ子が発病した。一九五三年のことである。避病院に入るように言われたが断り、家族で看病した。キヨ子はソロバンの得意な利発で気立てのいい娘だった。それだけに、家族はうろたえた。

「しわがみ様」という神様を祈禱する神主のいる水俣の山奥にある久木野村に通った。他にもいくつも神様を拝みに行った。なんとか娘を治したい一心で指圧師を雇い、一カ月ほど自宅において治療を受けさせたこともあったが効果はなかった。するとある日、その指圧師から「あの奇病の子どもを誰にもわからぬように始末してやる」と耳打ちされた。（岡本達明『水俣病の民衆史　第二巻　奇病時代』より）

家族は心を込めて看病したが、キヨ子の体調はどんどん悪くなっていった。全身硬直して、上半身と下半身は反対にそり曲がる。足はX字に交差して固まってしまい、肉と肉が当たったところが腐っていく。包帯をはがそうとすると、病人は叫び、吠えるように泣く。すると病人を折檻《せっかん》していると近所で噂された。

痙攣発作が起きると、大人たちで押さえつけた。白目を剝いて歯をくいしばり、ガタガタと全身が震える。手足を激しく痙攣させる。舌をかまないようにと、割り箸に綿を巻いたものをかませたが、三十分も続くことがあった。

最後は骨と皮になって、「ガアアチャン」と叫んで死んだ。（同前）医者が飛んできて解剖をせがんだ。死んでまで苦しめたくないという思いが親にはあったが、水俣病の原因究明のためにと承諾した。

市立病院に運ばれ、やがて、アルコール漬けにした白い脳を持って医者は解剖室から出て来た。脳は三分が真っ白で、七部が黒く焦げていた。医者は言った。

「これだけ脳がやられていたんだから、頭がさぞ痛かったろうなあ」

キヨ子が「アタマーッ」と叫んで頭を掻きむしっていたことを家族は思い出し、泣いた。治療費を払うために船を売り、畑を売った。キヨ子の妹はチッソの建築現場で日雇い労働をして、金を家に入れて支えていた。

姉の病気のせいで妹弟は、いじめられた。カバンを踏んづけられ、うつるから学校に来るなと言われた。伝染病じゃないと言っても、信用してくれなかった。教室でお金がなくなると、「泥棒」だと決めつけられ、登校する途中で石を投げつけられた。

保健所がきて、家じゅう、噴霧器で消毒された。縄で囲って入れないようにされ、戸には新聞紙を貼られた。そんなことをされれば、やはり伝染病だったのか、となる。商店ではカネを手で受け取ってもらえなかった。家族は部落の常会にも出られなくなり、村の小道ですれちがうと、相手は息を止めて駆け抜けた。井戸も使わせてもらえない。

農村部の人たちは「奇病はうつる」「腐った魚を食べた人の病気」「貧乏人のなる病気」「祟り」「血統」だと陰口を叩いた。自分たちに同じような症状が現れるまでは。

「工場排水が原因の可能性」熊本大学の発表

とにかく奇病の正体をつきとめなくてはならない。細川や県と水保市の保健所が中心となって立ち上げた「水俣市奇病対策委員会」は、一九五六年八月に熊本大学医学部に原因究明の調査を依頼した。同医学部には水俣奇病研究班が設置され、教授たちが八月二十四日に水俣入りし、現地調査を開始する。研究班は内科、小児科、病理、微生物、公衆衛生など各教室からの代表者によって構成された。三十日には避病院に移されていた八名のうち四名が熊大病院に学用患者として移送される。

九月には患者四人のうち二人が悶死し、すぐさま解剖された。

ウイルスや細菌はまったく発見されず、奇病は伝染病ではない、ということはわかった。何かの中毒によって、著しく脳が損傷される脳神経障害である、と。だが、それが何によって引き起こされたのか、その原因物質まではわからなかった。

熊大研究班の教授たちは原因物質を特定するために日常業務の合間をぬって、水俣まで調査に通った。鹿児島本線で片道二時間半かかった。病人の発生した部落を回り患者宅の味噌や醬油、水俣湾の水や魚を採取し、持ち帰った。患者たちは漁村部に集中しており、大量に魚を食べているとわかったからだ。

一方、水俣市奇病対策委員会は伊藤保健所長と細川院長の主導により、地元開業医の手元にあるカルテで死亡者にまでさかのぼり、患者の確認に努めた。

水俣奇病に該当すると思われる人々を洗い出した。一九五三年十二月まで遡れるとし、一九五六年末には「水俣奇病」に該当すると思われる患者は五十四名、そのうちの十七名は、すでに死亡していると同委員会は報告した。

原因究明の調査を任されていた熊本大学研究班は一九五六年十一月三日に第一回の研究報告会を開き、「ある種の重金属中毒が原因。人体への侵入は魚介類による」と発表した。同大学の喜田村正次《しょうじ》教授（公衆衛生学）はマンガン中毒を疑い、入鹿山《いるかやま》且朗《かつろう》教授（衛生学）は、「汚染原因としてチッソ水俣工場の排水が考えられる」と発表した。

ところが、この研究に対して、「その毒が何であるかまでを明確に示すこともできずに、原因が排水だとして工場の責任を求めるのは、おかしい」とチッソは激しく反論した。それでいて、彼らは研究班がいくら頼んでも、工場排水を提供してはくれなかった。

厚生省も科学研究班を立ち上げて調査に乗り出した。技官たちが同年十一月には村に入り、聞き取り調査をした。厚生省の結論も熊本大学の医師たちと同じで、「最も疑われているものは、水俣湾で漁獲された魚介類の摂取による中毒」「チッソ水俣工場の十分な調査が必要」と一九五七年三月三十日には報告書を提出している。

熊本県の蟻田重雄衛生部長も水俣で、厚生省技官とともに調査にあたり、工場汚水によって病んだ魚を食べたことだと確信し、一九五六年十一月末には熊本県知事に報告していた。しかし、水上長吉副知事に水俣への出張をその後、禁じられてしまう。

チッソの背後には通産省が、つまりは国が控えている。県より立場が強いのだ。なぜなら、チッソは日本の高度経済成長を支える企業だったからである。

「もはや戦後ではない」と経済白書に書かれるのは、一九五六年七月。設備投資と技術革新によって、日本は工業立国を目指すというのが、国の打ち出した施策だった。

幼い田中姉妹が附属病院を訪れるのは、この経済白書が出される三カ月前の四月。

前年には保守合同がなされて自由民主党が生まれ、左右統一を果たした日本社会党との二大政党による五五年体制が成立したことで、こうした経済政策を支える政治的基盤も整っていた。

カーバイドから発生させたアセチレンからアセトアルデヒドを合成できる。チッソは国内のトップメーカーとして戦前から高い技術で、それを成してきた。プラスチックや塩化ビニールの加工には、可塑《かそ》剤として、このアセトアルデヒドが不可欠であり、それを一手に引き受けていたのが、チッソ水俣工場だったのである。日本の工業化を、高度経済成長を推し進めるには、水俣工場を稼働させ、アセトアルデヒドを大量生産しなくてはならなかったのだ。

一九五五年には日本のアセトアルデヒドの生産は一万トン、一九六〇年には四万五千トンに達した。日本国内では七社八工場がアセトアルデヒドを生産していたが、チッソはその国内シェアの四分の一から三分の一を占めていた。

さらにチッソは、一九五二年にはアセトアルデヒドから、それまでは輸入に頼るしかなかったオクタノールを作ることにも成功。一九五九年には、オクタノールの国内生産の八五パーセントを水俣工場が独占した。オクタノールの増産は国策であり、通産省の指導によるものだった。

石油化学工業化を推進する通産省の指導でチッソは丸善石油と組み、千葉県の五井《ごい》に石油コンビナートをつくることが決まっていた。つまり、水俣工場は使い捨てられる運命にあったのだが、石油コンビナート化のための資金を得るためにアセトアルデヒドを増産し、最後までフル稼働で動かされていたのである。

その結果、海は汚され、人が破壊されていったのだった。

工場排水放出の停止を拒否

一九五七年一月十七日、工場長が交代した。新工場長は西田栄一。この西田新工場長に水俣市漁業協同組合は、以下の要望書を突きつけた。

「水俣湾は豊かな漁場であったが、二、三年前から魚の回遊が明らかに減っている。さらには奇病が発生した。かねてから工場汚水のひどさは痛感していたが、先般、熊本大学医学部の中間報告では、奇病の原因として工場の排水が考えられるとも発表された。ただちに海への工場廃液の放出を止めて欲しい、もしくは排水を無害のものにして欲しい」

西田はこの要望を「水俣湾の海水はまったく変化がない。チッソの排水は冷却水で無害。かりに海水から毒物が検出されれば善処する」と言って、突っぱねた。

魚が獲れなくなり、売れなくなってもいた。収入が得られぬ上に漁民たちは魚を食べるか、あるいは飢えて死ぬかしかなかった。発病した者たちが次々と自殺していく中での要望書だった。

こうした中で一九五七年二月、熊本大学研究班は第二回目の研究報告を行い、「魚が関係していると思われるため水俣湾の漁獲を禁じる必要がある」と提言する。しかし、これを行なうとなると補償問題が起こる。県も国も、この提言を受け入れようとはしなかった。

「食品衛生法は原因がはっきりとしないかぎり適用できない」と。

排水が疑わしい。しかし、原因物質までは、今の時点では限定できない。ならば、まずはとにかく排水の放出を止めて欲しい、そう研究班も漁民も願ったが却下されたのである。

熊本大学研究班の喜田村教授は一九五六年十一月から猫に水俣湾の魚介類を与える実験を始めた。一カ月後には早くも発症したが、一匹だけでは確証が持てなかった。

そこで研究班は伊藤保健所長に依頼し、水俣現地で猫実験をしてもらった。伊藤は翌年三月から健康な猫を山間部で捕獲し、水俣湾で獲った魚だけを餌として与え続けた。すると早いものでは七日後に、発症した。

水俣湾の魚介類がこの奇病の原因であることは、もはや疑いようがなかった。食品衛生法を適用して、湾内で獲れた魚を食べないように通達して欲しいと県衛生部に報告した。

県は食品衛生法の適用を求めて一九五七年八月十六日、厚生省に可否を照会した。ところが九月十一日、厚生省公衆衛生局長からの回答は、「湾内特定地域の魚介類のすべてが有毒化しているという明らかな根拠が認められない限り、食品衛生法は適用できない」というものだった。

ＮＨＫの取材に対して、チッソの西田工場長も、「原因が会社にあると疑われるのは迷惑。同じような工場は日本中にある」と答えている。

後、西田は一九六九年に起こされた水俣病第一次訴訟において、証人台に立ち「自分もアセトアルデヒドを疑ったが、アセトアルデヒドは戦前から作っている。それならば、戦前から奇病が発生していてもおかしくないのではないかと思った」と語ることになる。

西田は東京帝大出身の技術者で、朝鮮引き揚げ組であった。元水俣工場総務部長だった本社の入江寛二肥料部長（後に専務）は西田工場長に再三、問い質したが、「現在工場では有害物質を原材料にも製品にも使っていないため、工場が原因であることは考えられない」と言われたと語っている。

アセトアルデヒドは西田が言うように、確かに戦前から作っていた。だが、戦後になって生産量が格段に増え、一九五一年に水銀触媒の活性維持のために使っていた助触媒を二酸化マンガンから硫化第二鉄に替えたためメチル水銀量が格段に増えたことなどが、水俣病発生を招いたと現在は考えられている。また、不知火海は内海で波もなく希釈されにくい。魚介類への吸収率が高かったのは小さな湾内で食物連鎖による高濃度汚染が起きたからで、また、それを多食する人々がいたことにより、被害が明るみに出たのだった。

戦前にも水俣病患者はいたのであろうが人数が少なく、また、病を隠したいという風潮の中で発見されなかったのではないかと、今日では考えられている。

排水口の移動で被害拡大

熊大研究班は必死に原因物質を突き止めようとしていた。彼らはチッソに工場排水の提供を断られ、海水を分析し、チッソ製品と照らし合わせながら、それを探し続けた。

だが、工場付近のヘドロや海水からは、あまりにも多くの有害物質が発見された。複合汚染されていたのである。そのため、ひとつずつ実験をして水俣病との関連を確かめなければならず、膨大な時間を取られた。だが、ついに武内忠男教授が病理学の立場から有機水銀を疑うようになる。

こうした動きの中で西田工場長は突然、ある決断をする。一九五八年九月、彼は排水路を変更したのである。これまでは百間口から排水を流していたが、北の「八幡プール」に溜めて、その上澄みを水俣川河口へ流すように変えたのだ。

西田工場長は「工場と水俣病は無関係」と言いながら、誰よりも工場の排水が原因だとわかっていたのではないか。よその化学工場も同じような工程で製品を作り、同じような排水を海へ流している、それなのに水俣病のような症例が報告されないのは、水の流れが速く、波のある外洋に排水を放出し、危険物質が海に広く希釈されているからではないか、と。それに比して水俣湾は内海で、魚たちも湾内に留まっている。しかも、海岸線には小さな入江が多く、この入江に面した村で被害が多発していた。

このまま百間口に流すと月浦、坪谷、出月、湯堂、茂道といった、湾内にある工場よりも南の小さな漁村に今後も被害が出続ける。水俣川の勢いに乗せて押し出せば、不知火海全体に広がって希釈され、被害者が出なくなると考えてのことではないか。

確かに、「毒」は不知火海に広く流れ出た。海流に乗って工場よりも北へと運ばれた。そして、翌年三月になると、工場より北の芦北《あしきた》地域や津奈木の沿岸に水俣病患者が続出したのであった。

芦北地域は海岸線が広く、近世以前からの長い漁業の歴史がある。水俣と違って、漁民の数も多い。大勢の網子を抱えた網元が何人もいた。そうした地方が受けた打撃は、より大きかった。

補償がなければ漁民は危険だとわかっていても、魚を獲って食べるよりない。父は寝たきり、母はおらず、海でアサリやカニを採ってきて家族に食べさせていたという少年が発病した。山の奥へ行商する人もあり、被害者が山間にも出るようになる。

排水口の変更で被害地域が変わったことは明らかだった。この時、西田ははっきりと排水が原因であるとわかったのではないだろうか。それなのに、なぜ、止められなかったのか。

排水口が密かに水俣川河口へ変更されたことは、漁民も市民も誰も知らなかった。六月ごろから、県の職員や市議の一部がそれに気づき、排水路変更と新規患者との因果関係を問うた。さらに熊大、喜田村教授もこの因果関係を論文で発表する。

通産省は排水口の変更を事前に知っていたのか。それは未だに定かではない。ただし、通産省はチッソに対して、一九五九年十月に水俣川河口の排水路を至急、百間口に戻すように、また、汚染除去装置（サイクレーター）を翌年一月までに設置するようにと通達している。十一月、排水口は、こうして元の百間口に戻された。

「猫四〇〇号」と御用学者たち

熊本大学医学部には悲惨な状態の患者たちが、次々と運ばれてきては亡くなっていた。それでも、有毒化の明らかな原因物質を突き止めない限り、国は食品衛生法を適用しようとしない。魚は獲られ、食べられ続けてしまう。原因物質を特定しようにも、工場周辺の海底には、あまりにも有害物質が多く堆積している。タリウム、セレン、マンガン……。だが、熊大研究班は、次第に核心へと近づいていく。海外の論文を読み、有機水銀中毒の症例に似ていると気づいたのだ。だが、水銀は高価な金属であり、また、水銀に冒された魚が、なお生きていて、人々の食卓に上るとは、医学、科学、化学の常識として考えられなかった。だが、水俣湾内のヘドロ、魚介類、解剖された猫の脳、被害者の脳、すべてから水銀が検出され、熊大はついに確信し、覚悟を持って重大な発表をすることを決意する。

一九五九年七月二十二日、熊本大学研究班は厚生省の水俣病中毒部会で公式見解を述べた。

「水俣病は現地の魚介類を摂取することによって惹起せられる神経系疾患であり、魚介類を汚染している毒物としては、水銀が極めて注目される。原因物質は有機水銀であろうと考えるに至った」

原因物質は有機水銀――。

すると、すさまじい熊大への反撃が始まった。

チッソは「排水に含まれるのは人体に無害な無機水銀であり、有機水銀ではない。生産過程でも有機水銀が発生するとは考えられない。農地で使っている有機水銀農薬のほうが問題である。有機水銀説は化学常識からみて疑問があり、推論に過ぎない。熊本大学の見解は信用できない」と、真っ向から批判してきたのだ。

一方、この熊大の有機水銀説を聞き、大きなショックを受けた人物がチッソ社内にいた。水俣病の公式発見者であり、チッソの社員でもあった医師の細川である。本当に原因は工場排水なのか、その中に有機水銀が含まれているのか、彼は自らの手で調べたいと思った。

細川は前年の一九五七年に院長を定年退職していたが、そのまま内科医として附属病院に勤務しながら、水俣病の原因究明にあたっていた。細川も技術部の協力を得て、一九五七年五月から猫実験をしていたが、彼は有機水銀説を聞き、一九五九年七月から、水銀を触媒としているアセトアルデヒドと塩化ビニールの製造工程で生じる排水を直接、猫の餌に混ぜる実験を開始した。

熊大の医師も伊藤保健所長に依頼して、猫実験をしていたが、彼らは水俣湾の魚介類や海水しか使えない。チッソが排水の提供を拒んだからだ。細川は採取した工場排水を直接エサにかける形での実験をする必要があり、それは自分にしかできないと考えたのだった。

細川は後にこう語ることになる。

「私は会社に長いこと世話になりました。今も会社は懐かしいと思う。しかし、私は会社の人間である前に医師なのです。そこが普通の会社の人間と違うところです」

一九五九年十月六日、「四〇〇号」と名づけていた猫が水俣病症状を見せた。細川は衝撃を受け、すぐに市川正技術部次長に報告した。結果報告を受けた会社幹部の動きは速かった。裁判での細川の証言によれば、細川に実験の中止を言い渡し、実験結果を隠蔽してしまったのだ。

一方、医学界の「権威ある」学者たちは次々とチッソ側に付き、熊大の有機水銀説を糾弾した。八月二十四日、東京工業大学の清浦雷作《らいさく》教授は、水俣に来て海水調査をし、二十九日には水俣市内で記者会見を開くと、「水俣湾の汚染はひどくない。水銀説は慎重にすべき」と発表した。続いて九月九日には、日本化学工業協会（日化協）の大島竹治《たけじ》理事が当時のチッソ社長である吉岡喜一の賛意を得て水俣湾での調査をし、九月二十八日に「水俣病の原因は敗戦時に旧日本海軍が湾内に捨てた爆薬」と発表した。

海軍が終戦時に海中に捨てた爆薬が溶け出したというのだ。すでに二年前に熊本大学研究班は、

「弾薬はすべて米軍が運び去り、海には一切、捨てていない」という事実を突き止め、発表している。にもかかわらず、十月七日にチッソの吉岡社長はこの爆薬説を支持すると表明した。

十一月には清浦教授が記者会見を開き、「水俣湾の海水中の水銀量はよそと比べて特別に高いとは言えない」と主張し、通産省がこれを支持した。

清浦東工大教授は水質汚濁問題の専門家として、問題が起こると常に企業側につくことで知られていた。彼は水俣問題を知ると自らチッソに乗り込んだと言われる。東京の「権威ある」学者たちが次々と熊大の有機水銀説を批判し、マスコミもこれに同調した。

日本化学工業協会に加盟するチッソ以外の化学企業も石油コンビナート化計画への影響を心配して、水銀説潰しに躍起となった。

一九五九年十一月十一日、通産省は清浦の報告書を厚生省食品衛生調査会水俣食中毒特別部会に提出し、翌日に発表が予定されていた熊大の水銀説を覆《くつがえ》そうと画策したが、これには熊大学長が強く抗議し、翌十二日、予定どおり特別部会として「魚介類を摂取することによっておこる神経系統の障害であり、主因は有機水銀化合物。しかし、いかにして有機化、有毒化するかの機序は未だ明らかでない」と発表した。するとこの発表の直後に、同特別部会は解散させられてしまう。

「産業が止まったら高度成長はない」

熊大有機水銀説が出たことを受けて、津奈木《つなぎ》漁業組合が中心となり、ついに不知火海一帯の漁民たちはチッソに補償を求めて立ち上がった。津奈木は水俣と違って漁師村であり、漁民の力が強かった。

漁民たちは「工場の排水を今すぐ止めろ」と訴え、一九五九年十月十七日には県漁連の漁民総決起大会を水俣市で開いた。不知火海沿岸から大漁旗を押し立てた漁船が海の向こうから、続々と百間港に集まった。上陸した漁民はおよそ千五百人。チッソに対して、操業停止と水俣湾と水俣川排水口の沈殿物除去、漁業被害補償、患者見舞金を要求した。しかし、チッソは交渉を拒否。漁民は投石し、警官隊が出動した。

漁連会長らは、続いて国会議員にも働きかけた。

結果、ついに国会調査団（団長は自民党の松田鉄蔵）が十一月二日、水俣にやってくることになった。合わせて寺本広作《こうさく》県知事も、はじめて水俣を視察するという。漁民たちはこの好機を逃してはならないと決死の覚悟で水俣に再結集した。デモをし、工場に談判しようと計画した。水俣病で死ぬか、餓死か、自殺か。座して死ぬよりはハチマキをして工場に突撃して工場を破壊して死のう、とまで思い詰めていた。

十一月二日、漁民たちは再び大船団で上陸。その数、二千余人。国会議員団に陳情した後、チッソ工場長に決議文を手渡し交渉する予定であった。

彼らは国会議員たちを歓迎して迎え、頭のハチマキを外すと頭を垂れて、涙を落とした。患者家族のひとりは「国会議員のお父さま、お母さま……。どうか皆様のお慈悲でお助け下さい」と訴えた。調査団は「かならず期待にそうよう努力する」と答えた。だが、これとは対照的に、チッソの西田工場長は面会を拒否。漁民たちは怒り、「突っ込めー」と叫ぶと、工場内に突入していったのだった。

　西田工場長を捕まえて顔を激しく殴り、「相手が工場長だとは知らなかった。知っていたら殺していただろう」と、先鋒隊を務めた田浦漁協の理事は後に語っている。この理事は、自分の網子六人が水俣病になっていた。警官隊の攻撃もすさまじく、耳をちぎられ頭を割られた漁民が多数出た。漁民をチッソは暴徒、その行動を漁民暴動と呼んだ。マスコミは、「漁民はまるで獣」「暴徒と化した漁民」と書き立てた。

　工場の労働組合員たちも、「我々は暴力から工場を守ろう」と論陣を張った。工場に依存して生きる水俣市民は、ますます漁民と水俣病患者を憎悪するようになった。


　四月には皇太子ご成婚に沸いた一九五九年の出来事である。岸信介内閣は完全なチッソ擁護だった。工業立国が合言葉であり、池田勇人通産大臣は、「水俣病の原因である有機水銀が新日本窒素肥料水俣工場から流れ出していると結論するのは早計である」と発言している。

　政府は厚生省の水俣食中毒特別部会を解散させると、経済企画庁のもとに水俣病総合調査研究連絡協議会を新たに発足させる。そこには有機水銀説を批判する学者が多数入り、熊大医学部は批判された。チッソ幹部も中央の有名教授たちも、有機水銀説を出した熊本大学を「田舎の駅弁大学」と侮蔑する態度を露骨に示した。

　この協議会に参加していた経済企画庁の汲田《くみた》卓蔵は、はじめから工場排水が原因だと思っていたが、それを通産省が隠そうとしていたと後にＮＨＫの取材で証言する。（以下、『ＮＨＫスペシャル　戦後50年　その時日本は』より）

「これだけの産業が止まったら日本の高度成長はあり得ないと通産省から言われた。高度成長という時代に負けて何もしなかったと言われてもしかたなく、あやまるしかない。排水が原因だとわかっていてやった」と。

チッソの社長であった吉岡喜一は後に検察の取り調べの中で、「通産省がもう少し強い行政指導をしてくれればよかったと思います」と述べている。

「日本は貿易立国でいくんだ。だから沿岸は汚してもしょうがないじゃないか。外国の沖へ行って魚を獲ったらいいじゃないか」と述べる通産官僚も当時はいた。

チッソの徳江毅技術部長は、後に水俣病刑事裁判に証人として立った際に、工場が原因ではないと思っていた理由をこう語っている。

「希釈すればどういう毒であっても無毒になると、こういうひとつの基本的な考えを持っておりました」

チッソの「隣人愛」で見舞金

熊大が有機水銀説を発表したのを聞き、水俣に隣接する芦北の漁民たちが立ち上がり、暴動を起こしてまでチッソの責任を問い、補償を要求するのを見て、水俣の患者家庭互助会も国会議員の視察に合わせて、補償金をチッソに求めようと決めた。

死者を含めた患者七十八人に一人あたり一律三百万円の補償を、と。

チッソ側は応じようとしなかったが、最終的に熊本県が間に入り、互助会とチッソ双方の言い分を聞くという形で調停委員会が立ち上げられた。

　チッソは相変わらず、「水俣病の原因は不明で当工場とは無関係」の主張を崩さなかった。だが、その上で、「自分たちとは無関係であるが、あまりにも患者たちが気の毒なので『隣人愛』として、医療機関に水俣病と認定された人に対して見舞金を出す」とした。補償ではなく、あくまでも、お見舞いの気持ちである、と。

　見舞金の額は、死者弔慰金三十万円と葬祭料二万円、成人患者年金十万円、未成人患者年金三万円（成人後は五万円）。死者には発病から死亡までの年数に生存者に準じた年金額を乗じたものが加わる。しかし、総じてあまりにも安く、また、未成年と成年の受け取る額には差がありすぎた。これらは通産省の「漁民補償、患者補償を高額にせず、行うこと」という指導に基づいていた。

　互助会は「隣人愛」を受け入れるべきかどうかで、もめに、もめた。成人と子どもで大きく差をつけたのは、被害者同士を対立させようと考えてのことだろう。

　追い詰められていた患者たちは最終的に、この「見舞金」を受け入れるという決断をした。年末だった。このままでは年が越せないという家庭ばかりだった。数年に亘る看病生活に疲れ、追い詰められていたのだ。すでに何人も自殺していた。患者たちは涙を流しながら調停案を飲み、十二月三十日、市役所で調印した。「幼稚な田舎の集団でした」と患者のひとりは後に振り返っている。

　この契約書には以下の主旨の条項があった。

「第五条　将来、水俣病が工場排水に起因すると決定した場合においても、新たな補償金の要求は一切行わないものとする」

猫四〇〇号実験で工場の排水が水俣病の原因とわかっていながら、この第五条を入れたのである。チッソのこの行為は十数年後、「恥ずべきもの」と世間に糾弾され、司法の場では裁判長から「公序良俗に違反する」とまで言われることになる。

患者たちは泣き泣き、この低額の見舞金を手にした。だが、それによって、さらなる差別を受けることになった。

村の中で嫉妬され墓石を崩される、といった嫌がらせを受けたのだ。「奇病分限者」「銭もらってよかね」といった陰口を叩かれ、それだけでなく、市役所には「見舞金をもらった〇〇さんは仮病です。病気のふりをしているだけです。調べてください」と書いた手紙が届き、実際に役所の人間が家に調査に来ることまであった。

患者だけでなく、不知火海の漁協組合員たちも交渉を第三者機関に任せることになったが、やはり漁協に示された補償金は極めて少額な上、「熊本県漁業協同組合連合会（県漁連）は汚水原因がチッソとわかっても追加補償をしない」という一項がつけられた。彼らも涙ながらに、これを受け入れるよりなかった。

すると調印した翌日、県警本部は工場乱入事件に関わった漁民の一斉家宅捜索を断行。五十五人が起訴された。このうち三分の二が後に水俣病を発症し、二名が首つり自殺、一名が農薬服毒自殺したという。（色川大吉編『新編　水俣の啓示』より）

チッソに盾突くものは、ここまでされるのだという恐怖を人々は感じ取った。

こうしたことから、以後、水俣病症状が現れても、村人たちは必死でそれを隠すようになった。そのため、有機水銀は今までと変らずに流され続けながら、被害者が名乗り出ないという状況が作り出されていく。

一九六〇年には、水俣の漁協組合が工場前で座り込みをし、チッソに交渉を求めた。チッソは調停委員会を立て、「水俣病とは無関係であるため補償金は一円も払わない」とした上で、生活の困窮した漁民百名程度を水俣工場や関連運輸会社に就労させるという対案を出した。「漁民採用」と呼ばれる。

その上、さらにチッソは漁民採用を盾にして、「水俣川河口十万坪を埋め立てる。水俣漁協には一千万円を払う」と調停委員会を通じて提案してきた。十万坪が一千万円とは、あまりにも安いと抗議すると、「それならば漁民採用も白紙に戻す」と脅され、水俣漁協はこれを飲むよりなかった。さらに裏切りは続いた。「漁民採用」されてみると、本採用ではなく臨時工の扱いで、賃金も不当に安かったのだ。漁民採用され、屈辱を味わった者の中に佐藤武春と川本輝夫がいた。後に、チッソを相手に自主交渉派の闘士となっていく二人である。

産官学とメディアの結託

この低額補償は、通産省がチッソに指導したことだった。他にも通産省はサイクレーター（汚染除去装置）を設置するように指導し、チッソは早速、一九五九年九月、着工する。

土木作業員が募集されたが、その中には夫が水俣病になって動けなくなり、働きに出た女性たちの姿もあった。十二月十九日に完成。作業員たちは、自分たちが何を設置していたのかさえ、知らなかったという。

十二月二十四日、竣工を祝う記念式典が盛大に行われた。

住民には工場の排水が水俣病の原因ではないが、念のためにサイクレーターをとりつけたのだと説明された。

当日、チッソの吉岡社長はサイクレーターを通過した「浄化された排水」をコップに汲み、来賓者の前でごくごくと飲み干して見せた。それは排水ではなく、ただの水道水だったのだが。

サイクレーターの「効果」は抜群だった。実際には有機水銀を含む廃液は流され続けるのだが、もう工場排水を疑う人はいなくなった。

こうした様々な工作や隠蔽によって一九五九年を以て、水俣病は原因の究明が尽されないままに地元では「解決したこと」になってしまったのだ。以後は病人が出ても、まず本人や周囲が隠そうとし、また水俣病は発生しようがないと地元では思わされていくようになるのである。


一九六〇年二月、東京では経済企画庁が主宰する水俣病総合調査研究連絡協議会が開かれた。熊大研究班も参加していたが、メンバーには東大農学部教授や、東京工業大の清浦、東京水産大の教授らが名を連ね、通産省の影響が色濃く表れていた。

その頃、苦悩をより深くしていたのが、附属病院の細川だった。彼は猫四〇〇号の発症を自分の眼で見ていた。工場排水が原因なのだ。それなのに、研究結果を発表しないようにと会社から強要された。このままにしていていいのか？　まだ、危険な物質は海に流され続けているのではないか？　細川は一九六〇年八月猫実験を密かに再開し、それを確かめようとした。協力者を得て廃液をなんとか新たに手に入れた。すると、恐れていたことが起こった。猫が再び発症したのだ。細川は猫の脳を解剖して欲しいと、母校である東京大学の斎藤守助教授に依頼した。ところが、その斎藤からしばらくして、「猫の脳を紛失した」という報告を受けた。

経企庁主管の水俣病総合調査研究連絡協議会の第二回会議が四月十二日に開かれると、席上、清浦教授が堂々と「有毒アミン説」を発表した。

「腐った魚を食べて起こした、アミン中毒である」というのだ。朝日新聞は、大々的にこれをスクープとして報じた。薬理学の権威として知られた東邦大の戸木田菊次教授も、このアミン説を支持した。熊本大学は記者会見を開き「アミン説は常識に反する」と強く反論した。漁民たちは、なぜ、海の民である自分たちが、わざわざ腐った魚を選んで食べなければならないのか、だいたい海中に腐った魚など泳いでいないと憤った。

さらに、もうひとつ、別の委員会も立ち上げられた。

チッソも加盟する日本化学工業協会が一九六〇年四月八日に田宮猛《たけお》雄日本医学会会長を委員長に据え、錚々《そうそう》たる学識研究者を集めて、「田宮委員会」を設立したのだ。

主なメンバーは顧問に小林芳人東京大学名誉教授、沖中重雄東京大学医学部教授、幹事に勝沼晴雄東京大学医学部教授。委員に山本正東京大学伝染病研究所教授、斎藤守東京大学医学部助教授、大八木義彦東京教育大学理学部教授。さらに「有毒アミン説」を支持する清浦教授と戸木田教授であった。熊本大学医学部にも参加の要請があったが、世良完介医学部長はこれを断っている。同委員会は徹底して有機水銀説を否定した。

田宮委員会の権威によって水俣病の有機水銀説は否定され、原因追及の流れは、せき止められつつあった。メディアは彼らの主張をそのまま報道し、これに加担した。

そうした中で熊本大学は激しく妨害されながらも、工場との関連性を見出そうと研究を続け、意地を見せていく。

一九六〇年十月、熊大の喜田村教授は住民の毛髪から水銀値が計れると考え、熊本県衛生研究所に要請して不知火海沿岸住民を対象にした毛髪水銀調査を実施した。毎年三年間、千人ずつ調査したところ、毎回、高い水銀値が発見された。ところが、熊本県は三年で、この集団検診を取りやめてしまった。

さらに厚生省は熊本大学医学部への研究費を減額した。世良教授に代わって医学部長になった忽那《くつな》将愛《まさちか》教授は、チッソとの対立関係を改め、世良教授が参加を断った田宮委員会に熊大も出席するとした。この忽那教授の姿勢は批判もされたが、田宮委員会から受け取った研究費は貴重だった。

そして、ついに一九六一年に内田槇男教授が水俣湾産のヒバリガイモドキから、有機水銀の抽出に成功。あと一歩のところに迫った。後はその有機水銀が、工場排水由来であると証明しなければならない。熊大は様々な妨害の中で、さらに研究を続けていった。

原因究明と、被害の実態調査のふたつを熊大は課せられていたのだが、附属病院の細川一や熊大の入鹿山教授、喜田村教授は、患者多発地帯の子どもに小児麻痺が異常に多いことに、早い段階で気づいていた。一九五五年頃から水俣では、流産や小児麻痺が増えている。医師たちは水俣病との関連を疑い、一九五九年三月には熊本大学の喜田村教授が九名の症例を報告した。さらに翌年、喜田村教授は五名の症例を加え、「生まれる子供の一割が脳性麻痺症状であるというのは、通常では考えられない」と指摘した。これが胎児性水俣病発見の土台となっていく。

胎児性水俣病の「発見」

当時、水俣病は汚染された魚介類の摂取によって引き起こされる、と考えられていた。それだと、この子たちは水俣病の定義から外れてしまう。なぜなら、母乳の時期から症状が見られ、一度も魚貝類を食べていないからだ。

その頃は医学の常識として、「胎盤は毒を通さない」と固く信じられていた。母体が毒を飲んでも胎盤によって胎児は守られる、と。また、それほどの強い毒なら、母体に先に症状が出ていなければおかしい、と。ところが、こうした子どもを持つ母たちには重い水俣病症状は見られない。医学の常識に医者たちは、悩まされる。

逆に母親たちは本能的に、「この子たちも水俣病に間違いない」と感じ取っていた。

熊大医学部を卒業して研究室にいた若き医師、原田正純は水俣病を知るため、村を歩く中で、この問題に突きあたる。

ある漁師の家を訪問したところ、二人の幼い兄弟が明らかに水俣病症状を見せていた。しかし、母親は、原田にこう言った。

「兄は水俣病です。でも弟は違います」

原田が驚き、「なぜ、弟は違うのか」と問うと、母親は皮肉交じりに、こう応えた。

「生まれてから一度も魚を食べてませんから」

母親は続けて言った。

「この部落には似たような子が他にもいます」

さらに、遠くの湯堂や茂道の部落を指さし言った。

「あそこの子はみんなです」

原田は衝撃を受ける。彼は母親たちの協力を得て、全員を一堂に集めると診察した。

十七人の幼児たちは、首が座らず、涎を流し続け、這うことも、立ち上がることもできなかった。白目を剝く。手足が捻じ曲がって硬直化している。言葉を発することができない。うっすらと笑みを浮かべているのは脅迫笑いといわれるもので極度の緊張に由来した。

九州大学の教授たちがやってきて、子どもたちをひと目見ると「小児麻痺」だと診断して帰っていったこともあった。「その先生方は、その後、チッソが迎えに来て、湯の児《こ》温泉に行ったとです」と母親のひとりは原田に向かって嘆くように語った。

チッソが見舞金契約を患者たちと調印する直前の一九五九年十二月二十五日、厚生省公衆衛生局は水俣病申請患者の判定をする組織として、「水俣病患者診査協議会」を設置。家族か本人が医師の診断書をつけて申請すると、この協議会で診査され、水俣病患者であるかどうかの判断が下される仕組みが出来た。だが、一九六〇年に七人が認定されて以降、この協議会で水俣病だと認定された者はいなかった。

「本当にこの子は水俣病ではないのか」、と迫る十七人の母親に、地元の医者が「この中の誰かが死んで解剖できれば」と本音を漏らしたこともあった。解剖して脳を見るより他ないというのだ。

一九六一年三月に、十七人のうちのひとりが亡くなった。二歳六カ月の女児だった。熊本大学が解剖したところ、脳から水銀が発見された。これにより少女は水俣病として認定される。熊本大学は、ほかの子どもたちも「同一原因による、同一疾患」であるとし、胎盤由来の水俣病ではないかと指摘したが認められなかった。

市役所の担当者から母親たちは、「もうひとり死ねば」と言われる。翌年、六歳四カ月の少女が亡くなった。解剖され、やはり脳内から水銀が発見された。熊本大学は医学会で、ふたりの症例を発表。そこから、一九六二年に十七人全員が、母親の胎内で水俣病になった胎児性水俣病患者であると認定された。毒が胎盤を経由するという症例は医学の常識を覆すものとして、世界に報告された。

母の胎内で水俣病となった胎児性患者はその後、水俣病の象徴的存在となっていく。

この頃、水俣の町や村は、あることで激しく揺れていた。胎児性十七名が認定され、チッソが見舞金の支払いに、あっさりと応じたのも、そのことと無関係ではなかった。一九六二年四月、組合の賃上げ要求に会社はゼロ回答。ここからストとなり、労働者と会社側の対立が激化し、水俣工場で初めての大規模な労働争議が起こっていたのだ。チッソ城下町といわれた水俣で、このようなことが起こるとは信じられぬことだった。争議によって人々が二分され暴力沙汰が多発し、一種の内戦状態となっていた。

会社側は第二組合を作り、第一組合と対立させた。第二組合には会社側が雇った右翼団体がつき、第一組合の応援には総評や、三池炭鉱労働組合が駆けつけ、争議は長期化する。

「会社の犬！」「アカ！」と彼らは怒鳴り合った。

家族や親族も巻き込まれ、商店街も二つに分かれた。

水俣の村々を回っていた医師の原田正純は、村道を歩いていると「敵側」に間違われて暴力を振るわれる危険性があったため、首から聴診器を下げていたという。

一九六三年一月、ようやく収束するが、互いへの憎悪の感情は強く残った。

この労働争議によって会社の経営状況は悪化し、吉岡社長の経営責任がチッソのメインバンク興銀から追及された。その結果、六二年には興銀から専務として江頭《えがしら》豊が送り込まれ、六四年には彼が社長となる。

この争議後、会社からの「差別」という問題に直面した第一組合は患者組織と結束した。

工員の中には水俣病患者を抱える家もあった。六〇年に漁民採用された坂本武義（坂本フジエの夫で、真由美、しのぶの父）。岩本栄作（マツエの夫）。松田富美《とみお》、上村《かみむら》好男（智子の父）は第一組合と共闘した。漁民採用された佐藤武春も川本輝夫も、第一組合の側に立って戦っている。

一九六一年十一月、熊本大学医学部研究班の内田教授らは、水俣湾で採れたヒバリガイモドキからメチル硫化メチル水銀を抽出したと生化学会で報告した。翌年には、ついに入鹿山教授がチッソ工場から、だいぶ前に入手し、棚の奥に置き忘れていた未処理の触媒滓が入った瓶を発見。

分析し直し、有機水銀の抽出に成功。

チッソはずっと「工場内にあるのは無機水銀だけで、有機水銀は絶対に工場から排出してはいない」と強く反論していたが、その主張を崩す証拠を得たのである。さらに入鹿山教授は水俣湾のアサリからも似た成分を抽出する。

これによって、工場内で有機水銀が発生していること、それが排水とともに水俣湾に流れて魚貝類を汚染していることを証明できたと同年八月、「日新医学」誌に論文を発表した。

熊大は国から研究費を打ち切られる苦しい状況の中、ついにここに至ったのだ。

そして一九六三年二月十六日、入鹿山教授らはアメリカ公衆衛生局（ＰＨＳ）の報告会で水俣工場アセトアルデヒド製造工程の排水から、有機水銀塩を検出したと発表。

この研究報告を大々的にスクープとして報じたのが、熊本日日新聞だった。二月十七日一面の右肩トップには次の文字が躍った。

「熊大研究班　水俣病の原因で発表　〝製造工程中に有機化　入鹿山教授　有害物質を検出〟」

これを受けて国会での追及が始まった。だが、それでも最終的に行政は動かず、検察は動かず、有機水銀の混じった排水は水俣の海に流され続ける。

訴訟に踏み切った新潟水俣病の患者たち

一九六五年一月、水俣から遠く離れたところで、それは起った。新潟大学附属病院に三十九歳の男性が入院する。その症状は水俣病に酷似していた。また同年四月、五月にも同じような患者が運び込まれる。

毛髪水銀量が極めて高いとわかり、附属病院を退職し、故郷の愛媛県で暮らしていた細川一医師らに協力が求められた。水俣病に深い関心を寄せていた東大工学部助手の宇井純とともに、細川は現地を訪問。細川は、ひと目で、水俣病だと診断した。

細川は新潟からの帰り路にチッソ本社に立ち寄り、新潟を訪問したと告げ、自分がかつて行った猫四〇〇号実験を、すべて明らかにすべきであると会社幹部に迫った。水俣では今も有機水銀が流され続けており、患者は発見されないだけで増え続けているはずだと考えたからだろう。だが、幹部は再び細川の提言を無視する。

新潟の患者は阿賀野川流域に暮らし、日常的に川の魚を食べていた。その上流には昭和電工の鹿瀬《かのせ》工場があり、やはりアセトアルデヒドを生産していた。

一九六五年九月、厚生省は新潟大学医学部を中心に、新潟水銀中毒事件特別研究班を発足させる。

一九六六年六月、新潟大学医学部と新潟県は「阿賀野川流域で水俣病が発生している。水銀汚染された魚によって引き起こされたと考えられるため魚介類の採捕を禁じる」と発表した。二十六人の患者が診断され、すでに五名が亡くなっていることもわかった。

これに対して昭和電工は工場排水説に反論。「三十年間、排水は流し続けてきたため、原因であるとは考えられない、一九六四年六月十六日に発生した新潟地震により、農地から川に流れ込んだ農薬が原因」と主張した。

するとここでも再び、「権威ある」学者たちが、企業の擁護を繰り返した。一九六六年十一月、安全工学の権威、北川徹三横浜国立大学教授は、「新潟地震の際に流出した農薬が原因」と発表、東京工業大学名誉教授の樋谷繁雄は新潟大学医学部を批判した。

新潟大学と熊本大学が被害実態の調査にあたっているのに対して、日本化学工業協会の大島竹治理事は「一流大学の教授がひとりもいない」と発言する。

被害者たちは国に原因究明と補償を求めたが、NHKの取材を受けた昭和電工総務部長が、「国がどのような結論を出しても従うつもりはない。原因は新潟地震で山野から川に流れ込んだ農薬」と主張するのを聞き、新潟水俣病被災者の会の人々は怒りを覚えて、翌一九六七年、昭和電工を相手に損害賠償請求訴訟を起こした。

岸信介内閣に続いて、一九六〇年に誕生した池田勇人内閣は「所得倍増計画」を打ち上げ、人々を夢に酔わせていた。通産大臣時代に水俣病を抑え込んだ池田は、総理になってからも、ひたすら高度経済成長へと舵を切り続けていた。石炭から石油へのエネルギー革命が起こり、重化学工業は国から優遇された。プラスチック製品に囲まれた「豊かさ」に人々は浸った。

一九六四年に日本はＯＥＣＤ（経済協力開発機構）の加盟国となり、貿易が自由化され国際通貨として円が認められるようになる。同年の十月一日には東海道新幹線が開通、同十日には東京オリンピックが開催された。十一月、池田勇人内閣にかわって佐藤栄作内閣が誕生。だが、この頃から、急激な近代化と高度成長による被害が、日本各地で公害という形で表面化し始めるのである。

石油コンビナートが作られた四日市では呼吸困難となる四日市ぜんそくが起こり、一九六七年に石油コンビナート六社が患者たちに訴えられた。翌年には、富山県で三井金属鉱業神岡鉱業所の排水に含まれたカドミウムが原因で起こるイタイイタイ病の被害者が訴訟を起こした。

農林省は農薬に水銀を使うことを全面的に禁止し、非水銀系に改めるように指導。六六年八月には食器からホルマリンが検出されたと主婦連が発表して大問題となる。同年七月には自動車排出ガス規制の基準が示された。

経済の合理性と利潤を追求した結果、海も山も川も汚れ、人間も動植物も苦しめられている。経済発展を追求するあまりに起こった重化学企業による環境汚染と、生態系の破壊を「公害」として、糾弾する動きが国民の間で高まった。この動きを、政府としてもついに無視できなくなる。

一九六七年には数々の訴訟提起がきっかけとなり、国は公害対策にようやく乗り出した。厚生省は公害対策基本法をまとめ、八月三日に施行される。大気汚染、水質汚濁、騒音、土壌汚染は国において環境基準を設置、法制整備されたのだ。だが、この過程においても通産省や経済企画庁、また日本経済団体連合会（経団連）は何度も横やりを入れた。

十二年後、ようやく国が認める

一九六八年、日本はドイツを追い抜いて、GNP（国民総生産）世界第二位の経済大国になった。一方でアメリカの原子力空母エンタープライズの佐世保寄港に反対する闘争で幕を開け、反戦、反体制、革命を訴える学生運動が激化した。ベトナム戦争反対を叫ぶ声は日本でも高まっていた。

アイリーンが高校を卒業し、スタンフォード大学に入学した年である。

一月、新潟水俣病の訴訟弁護団が情報交換と共闘のために、水俣市を訪問。水俣病の患者家庭互助会と交流する。これによって水俣の患者たちが逆に刺激を受けることになった。

チッソは同年五月に水俣病の原因である有機水銀が発生するアセトアルデヒドの生産を、ようやく停止する。逆にいえば、この時まで有機水銀は流され続けていた、ということである。

日本社会全体が公害に目覚め、国会は「公害国会」と言われて、揺れに揺れた。佐藤栄作内閣はその対応に追われながら、ある大きな決断へと向かっていく。

九月二十六日、ついにその政府見解は出された。

「水俣病は公害病であり、チッソの流した廃液が原因である」――。

園田直《すなお》厚生大臣は、「佐藤首相の応援があったからできたが自民党や産業界からの抵抗がすごかった」と後に述懐している。園田は熊本県天草出身の代議士だった。

熊本大学医学部がチッソの流す有機水銀が原因であると発表しながら、国は何もせず、チッソもそのまま排水を流し続けてきた。

一九五六年の公式確認から、十二年の時を経て、水俣病の原因がようやく国に認められたのである。

これまで水俣の患者たちは、チッソから「工場とは無関係であるが、隣人愛として見舞金を施す」と言われることに甘んじ、屈辱的に低額の見舞金を受け取ってきた。しかし、今、ようやくチッソが加害者であり、自分たちが被害者であると国によって認められたのだ。当然、慰謝料と補償をチッソに求めようと考えた。

だが、ここで思い出されたのが、あの見舞金契約の第五条である。

「今後、原因がチッソにあるとわかっても、新たに補償金は支払わない」

一体、どうしたらいいのか。患者たちだけでは、判断がつかなかった。だが、社会が動き、ようやく被害者である患者や家族を支援してくれる人々が現れていた。

一九六八年に、患者を支援する市民の団体として「水俣病対策市民会議」（以下、市民会議）が社会党市議の日吉フミコ、市役所職員の松本勉を中心に立ち上げられる。病院で偶然、水俣病患者を見かけた石牟礼道子は水俣に暮らす文学好きな一主婦だったが、この出会いから水俣病をテーマにした創作を始め、東京の大手出版社である講談社より、水俣病を告発する作品として『苦海浄土――わが水俣病』を一九六九年に出版。高く評価され大きな話題となった。その石牟礼も加わった。

さらにチッソ第一組合も、患者家族を支えると表明。するとチッソは、ビラ攻撃に出た。

「このようなことが続くと会社を水俣から引き上げざるを得ません」

チッソは水俣工場を閉鎖する、と揺さぶり、第一組合を牽制した。実際には、すでに千葉県に五井工場が完成し、水俣からの撤退は既定路線であったのだが。これに戸惑った街の人たちは、患者たちを攻撃し、チッソを擁護した。

江頭社長は九月二十六日、政府見解に従うとして「誠意を尽して補償する」と談話を発表。二日後の二十八日には詫び状と羊羹三本を持ち、黒塗りの車で患者宅を回った。

詫び状には「微力ではありますが、誠意をもってご遺族ならびに患者の方々に対し、お力になりたい」とあった。患者たちは、いざ、東京から「偉い人」がやってきて慇懃《いんぎん》な態度を取られると、ものが言えなくなってしまう。これだけ偉い人が謝るのだから、これまでのことを反省し償ってくれるのだろうと単純に信じてしまう。そんな中で両親を水俣病で失い、弟も症状を発し、結婚を犠牲にして看病に尽くしてきた浜元フミヨだけは、臆することなく面と向かって江頭にこう迫った。

「よう来たな。十五年間、まっとったぞ。会社を持っていく（引き上げる）とかなんとか。持っていくなら黙って持っていけ。人殺しをする会社なんか持っていけ」

本当の闘いが始まる

患者たちの多くは原因企業がチッソとわかった以上、今までの見舞金では満足できない、もっときちんとした補償を求めたい、と考えていた。だが、江頭がわざわざ患者宅を回ったのだから、言わずともチッソから申し出があるものだと信じていた。しかし、いつまで待っても会社は何も言ってこなかった。そこで患者家庭互助会から「チッソの考えを聞きたい」と補償金額の提示を求めた。

一方、チッソは、「公害」だという見解を出した厚生省に「補償金の目安を教えてくれ」と問うていた。さらに江頭社長は寺本熊本県知事に、間に入ってくれと依頼した。

患者家庭互助会は、自分たちに同情を見せてくれた園田厚生大臣を頼ろうと考え、東京まで相談に行った。しかし、園田は「公害認定したのだから、あなたたち患者が補償要求するのは当然だ。だが、額は厚生省としては言えない。県知事にもあっせんするように言っておいた」と述べ、

「表向きには言えないが」と断ったうえで「飛行機事故で五百万、自動車の損害賠償の保険金が三百万だ」と語った。これを聞いて患者たちは落ち込んだ。自分たちの家族の苦しみはそのような金額とは到底、釣り合わないと思ったからだ。だいたい、飛行機事故と単純に比べられるものではないだろう。互助会員は工場前で座り込みをして、「補償額を提示せよ」とチッソに迫ったが、チッソはのらりくらりとかわして応じず、意図的に「患者にふっかけられたなら、会社は潰れる」と噂を流した。

水俣の市民は「もともと、稼ぎもない漁民が」と患者たちに冷ややかだった。

危機感を抱いた患者家庭互助会会長の山本亦由《またよし》は、「チッソが具体的に金額を提示してくれないので政府として指標を出して欲しい、それも無理なら第三者機関を作ってくれ」と頼んだ。ここから厚生省が第三者機関を作る流れができ上がった。

すると、厚生省は、白紙委任状（確約書）を提出することが調停の条件だ、と患者たちを揺さぶった。その確約書とは、以下のようなものだった。

お願い
　私たちが厚生省に水俣病にかかる紛争の処理をお願いするにあたりましては、これをお引き受け下さる委員の人選についてはご一任し、解決に至るまでの過程で委員が現地水俣の実態を充分調査して当事者双方からよく事情を聞き、また双方の意見を調整しながら論議をつくした上で委員が出して下さる結論には従いますからよろしくお願いします。
昭和四十四年　月　日

この確約書を持って市の役人たちが患者家庭互助会にやってきた。

「だまって印鑑を捺《お》せば悪いようにならない。すぐに金が入るから」

互助会会長の山本は、これに同調した。

「第三者機関に委ねるのが一番いい、確約書を各々提出しよう」

だが、山本の意見に激しく反対する声も上がった。

「これでは見舞金契約の二の舞になる。新潟のように裁判を起こしてでも闘うべきだ」

「裁判になって負けたら一円ももらえん」

一九六九年四月五日の互助会総会は、さらに紛糾した。山本会長は確約書を配ったが、一部の人たちから納得できないと反発された。

「山本会長はチッソに取り込まれているっ」

山本も声を張り上げた。

「俺についてくるもんはついてこい。あとのもんは知らんっ」

ここから、山本会長ら第三者機関に判断を一任しようという「一任派」と、会社と直接交渉し、条件が折り合わなければ裁判に訴えようという「訴訟派」のふたつに患者家庭互助会は分裂した。

訴訟派家族のもとをチッソ社員が回って歩き、「この確約書に印鑑を捺せば、一週間以内に補償金が出るから」と切り崩しを図った。その結果、一任派が互助会の三分の二を占めることになり、訴訟派はわずか三十四世帯になった。一任派の患者家族には、チッソと市役所が応援についた。

皆、ぎりぎりの生活をしていた。水俣病患者だということで肩身の狭い思いをし、差別されてきた苦しい年月があった。ここでさらに会社に盾突き、裁判を起こせば、ますます孤立してしまう。この村で生きていけるのか。裁判で負けたなら、家や田畑を取られて首を吊るより他ない。そう考えて、確約書に判をつき、一任派となった人も多かった。

足元を見られた一任派

一任派は上京すると四月十日、五十四通の確約書を斎藤昇厚生大臣（園田は前年十一月に退任）に提出した。

これを受けて厚生省は公的職務経験者と学識経験者の三人から成る、補償処理委員会を設置。補償額をここで決めるとした。

一方、訴訟派もチッソに要求書を渡しに行った。そこには「四月二十二日までに、満足のいく回答をください。それがない場合は誠に遺憾ですが、裁判を以て正義を争います」と書いた。チッソはこれに対して、「ご要望に応えられない」と回答。彼らはすぐさま訴訟を起こす準備に入った。

訴訟派代表になったのは、妻を水俣病で亡くし、三人の孫が水俣病という高齢の渡辺栄蔵だった。同じく訴訟派に加わった胎児性水俣病患者である坂本しのぶの母・フジエは当時の思いを、「訴訟は恐ろしかったが、胎児性である娘の将来を考えた」と語っている。

村では「会社ば相手取って、裁判したっちゃ、勝つもんけ」と陰口を叩かれた。

だが、十数年前とは社会状況が大きく変わっていた。マスメディアも発達して「公害」という言葉が広がり、水俣病は日本中の注目を集めていたのである。

患者たちが訴訟に立ち上がったのを受けて、新たに強力な支援市民団体が四月、熊本市で結成される。「水俣病を告発する会」である。熊本市民が中心となり、患者の活動を「義によって助太刀」するとし、カンパを集め、訴訟を全面的に支援したのだ。「告発する会」の代表者は高校教員の本田啓吉だった。結成メンバーのひとりで後に歴史家・思想史家となる渡辺京二は当時、ビラにこう書いている。

「水俣病問題の核心とは何か。金もうけのために人を殺したものは、それ相応のつぐないをせねばならぬ。ただそれだけである」

「水俣病を告発する会」は熊本だけでなく、東京、大阪、名古屋と全国に次々と組織されていった。会報にあたる『告発』は最盛期には二万部近くを発行するようになる。石牟礼も参加し、『告発』で健筆をふるった。

一九六九年六月十四日、二十九世帯百十二名が原告となり、チッソを相手どり、熊本地裁に総額六億四千万円の慰謝料請求の訴状を提出した。

弁護団は共産党系の熊本在住弁護士を中心に、二百人が名を連ねた。結成会は市公会堂で開かれ、原告の訴訟派患者家族を代表して、七十一歳の老漁師・渡辺栄蔵が声を張り上げた。

「今日ただいまから私たちは、国家権力に対して、立ち向かうことになったのでございます」

チッソの向こうには国がいる。国と漁民たちの闘いだった。原告のひとりはこう訴えた。「死ぬまで、いや死んでもこの裁判はやりぬく」。人殺しの罪、人を廃人にした罪、人の一生を台無しにした罪を明らかにしたかった。

チッソは名のとおった一流弁護士を厳選してきた。弁護団には、司法試験を受ける者なら、誰でも彼の著作を読んで勉強するという民法学の権威もいた。


水俣では連日、新聞折り込みに、「補償問題で患者たちがあまりに騒げばチッソは水俣を撤退することもあり得る」と書かれたビラが挟まれ、市民たちは、とりわけ訴訟派を恨んだ。水俣の平和を乱すな、チッソがあるから市が良くなる、訴訟派は銭の亡者か、と。患者や、患者を支援する人々への嫌がらせや誹謗中傷、患者が「大金」を要求することへの嫌悪が町に、村に渦巻いた。


患者のひとりは言った。

「銭はいらん。そのかわり会社の偉《え》らか衆に上から順々に有機水銀ば呑んでもらおう」

一方、一任派の人々は「一週間で銭がもらえる」という言葉を信じて、厚生省の補償処理委員会に一任したものの、補償額が決定したのは一週間後ではなく、一年後の一九七〇年五月二十五日。しかも、死者で最高四百万円だという。

国を信頼した結果、足元を見られたのだ。一任派の人々は深く悔いた。同じ村落に暮らす患者仲間と激しい喧嘩をしてまで、お上による仲裁を信じて従った結果がこれなのか。

水俣に残っていた一任派の仲間は、報道記者たちから補償金額を聞き、「とても飲めぬから調印するな」と東京にいる一任派会長の山本亦由に電報を打った。だが、厚生省は省内から山本を一歩も出さず、有無を言わせずに承諾させようとした。支援者たちが厚生省を包囲して抗議した。テレビで「安すぎる」と報道されていたため、テレビまで山本に見せまいとした。この前後に見せた若い橋本龍太郎厚生政務次官の威丈高な態度は水俣の患者たちに悔し涙を流させた。

一任派とは喧嘩別れをした訴訟派たちも、この金額に怒りを覚えた。裁判にも影響してしまう。抗議の意を込めて五月二十七日、水俣工場正門前で座り込みをし、死亡した患者たちの慰霊祭を行った。訴訟派の一人である坂本フジエ（しのぶの母）が挨拶に立った。

「みなさん、斡旋案がまとまりましたが、あまりにもバカにした金額としかいいようがありません。一任されたことが間違いと思う。被害者はみずから闘うしかない」

フジエは続けた。

「チッソの江頭社長は昨年、一軒一軒の患者家族を回って、『申し訳ありませんでした。この償いはできるだけのことをします』と謝ったのに、今では『チッソに責任はない』と開き直っています」

他の訴訟派も立ち上がって訴えた。

「一任派の人たちはのんだかしらんが、わしらには足りん。それにわしらの苦しみは金には代えられん。銭はいらんから江頭社長が水銀を飲めっ」

訴訟派の中には「一任派は金だけを求めて、企業の責任を求めようとしなかった」と批判する声もあった。だが一任派には一任派の言うに言えぬ、苦しい事情があったのだ。村の人間関係は何代にもわたり、込み入っている。偉い人に任せたい、と人を信じる素朴さもあった。そして何よりも、そこには患者同士を分裂させて敵対させようとする、国や行政やチッソの思惑があったのだ。
三十日、補償処理委員会による、この斡旋案を一任派は了承した。

「チッソの社長と人間的な直接の対決をしたい」

一方、訴訟派の裁判も進んでいた。第一回口頭弁論が行われたのは、一九六九年十月十五日。チッソは全面的に争う姿勢を見せた。公判に先立って提出された答弁書では、「原因物質が有機水銀であることは認めるが、患者発生当時においては、知り得なかった」と過失責任を否認。また、「メチル水銀が魚介類に蓄積する条件、人や動物に水俣病を発生させる経緯については、原告の主張する事実にあっているかどうかはわからない」とし、見舞金契約も引き合いに出して患者の主張は受け入れられないとも主張した。原告側の最前列には父・上村好男に抱かれた智子の姿もあった。智子は天井を見上げて首をがっくりと垂れて、「アー、アー」と言葉にならぬ哀切な声を上げていた。裁判長によって注意され、親子は退廷を命じられた。それを見ていた石牟礼道子は傍聴記において、こう書いている。
「あるかもしれぬ法廷規則の、どの項によって彼女は退廷させられるのであろうか。唄だったかもしれぬ。水泡のごときものだったかもしれぬ。まぎれもなくそれは、この法廷にふさわしく、『生きとるまんま、死んだ人間』の声でもあったのに」（石牟礼道子「この現代の風刺劇―水俣病裁判傍聴記―」『告発』一九六九年十一月二十五日号）
全面対決となったのだ。そうした中でチッソに衝撃を与え、裁判の行方に大きな影響を与えたのは、七〇年七月四日に行われた元チッソ附属病院院長・細川一への尋問だった。細川はガンの末期で、東京癌研病院に入院しており、臨床尋問となった。自分の死期を悟っていた細川は、はっきりと工場の過失を証言した。

〈昭和三十二年から工場の技術部とともに、猫小屋を作って実験をした。初めは円滑だったが、水銀説が出てから、うまくいかなくなった。私は工場が黒か白かを早く知りたかった。直接水銀を使っている工場の排水をつかいたいと思った。私は毒がどこから来るか知りたかった。排水を投与したエサを猫は食べた。四〇〇号です。十月六日、回走運動。けいれん。目が見えない。かべに突撃した。猫を十月二十四日に殺し、九大の病理に解剖を頼みました。「小脳の脱落。前回見た水俣地方の猫に似ているように思う」との所見がかえってきた。四〇〇号のことは、すぐに技術部に伝えた。七月に熊大から有機水銀説が出ていて、十月に会社は反論していました。次に酢酸工場に廃液を取りにいったら、取らせてもらえなかった。十一月三十日、突然、研究中止を言われた。「この研究だけはやらせてくれ」と頼んだが、ダメだと言われた〉

（岡本達明『水俣病の民衆史　第四巻　闘争時代（下）』より大要）

彼は晩年、「二十六年もいた会社だし、ほかから出るのなら仕方ないが、自分から有害説を出す気持ちはなかった」、また東大助手の宇井純には、「医学部の教授は大変な力を持っており、人をひとり消すことぐらいは何でもない」とも語っている。

この尋問から三カ月後、細川は亡くなる。

だが、公判が進むにつれて、訴訟派もまた不満と失望を募らせていった。裁判である以上、弁護士に代理人となってもらうため、自分たちの苦しみ、悲しみ、怒りを直接、相手にぶつけることはできない。わかってはいても、それが無念でならなかったのだ。

また、社長が法廷に来ることもなく、相手の「思い」も伝わってこない。人間として向き合って欲しい。償いはその後の問題ではないのか。そんな思いが公判を重ねるにつれて募っていったのだ。チッソ幹部には自分たちが殺人を犯したという意識はあるのだろうか。公害という言葉にまやかされているようにも感じられる。

患者たちの「チッソの社長と人間的な直接の対決をしたい」という、この思いを汲み取ったのは、「東京・告発する会」のメンバーであった後藤孝典弁護士だった。彼は患者たちに、ある案を授けた。株主総会に出て株主として意見を言えばよい、と。総会には必ず社長が出て来る。株など持ったことのない被害者たちに、後藤は説明した。一株でも株主である。株主総会には、あの江頭豊社長が必ずいる。対話を拒まれ、社長に近寄ることのできない患者たちは、この案に乗った。

一方、熊本の訴訟派主任弁護団は、強く反対した。裁判長の心証を悪くし、公判に悪影響があるかもしれない、と。だが、患者たちは株を買った。

株主総会に向けて、準備が進められた。どうやって訴えるか。白装束の遍路の格好で行こうと決めた。お遍路ならば、仏の道を五・七・五・七・七の調べに乗せた「御詠歌」を口ずさまなくてはならない。かつて寺にいたこともある田中義光（田中しず子・実子姉妹の父）の指導を受け、特訓した。石牟礼道子もこれを支援した。

「怨」の一字を白く染め抜いた黒旗（怨旗《おんのはた》）を発案したのも、石牟礼道子だった。言葉の力、文学の力、アートの力を以て、水俣病闘争を患者の側に立って支えようとしたのである。

株主総会に向けて、訴訟派は公開質問状を送付した。宛名には、こう書かれていた。

「人殺しチッソ株式会社江頭豊様」――。


水俣駅から白装束に身を包んだ訴訟派患者十八名が出発。株主総会前日に大阪駅に着くと、「大阪・告発する会」の三百人の熱狂的な出迎えを受けた。患者たちは怨旗とともに進んだ。全国から続々と支援者が集まり、千人を超えた。一方、チッソは右翼団体の大日本菊水会を雇い、総会当日の警備にあたらせた。

一九七〇年十一月二十八日、大阪厚生年金会館に水俣巡礼団となった訴訟派は、菅笠、手甲、脚絆という、完璧な遍路姿で歩み進んでいった。

会場の最前列には、すでに社員株主と総会屋、右翼が座を占めていた。支援学生たちが二階に駆け上がり、次々と手すりから一階に向かって黒い怨旗を垂らしていった。香炉に線香が焚かれて煙が流れた。遍路となった患者たちが各々持つ、鈴の音が会場に響き渡った。先導である田中義光の指示で、一斉に患者たちの声による御詠歌が会場に響いた。

人のこの世はながくして
変はらぬ春とおもへども
はかなき夢となりにけり

あつき涙の真心を
みたまのまへにささげつつ
面影しのぶもかなしけれ

哀しげな声がこだまし、会場には異様な空気が流れた。

壇上の緞帳《どんちょう》が上がる。そこには幹部たち十四名が横一列に並んで腰かけていた。会場からは、「人殺しっ」と罵声が飛んだ。元工場長の西田栄一の姿もあった。中央にいた江頭豊社長が立ち上がり、会場のすすり泣きや怒号を無視して、甲高い声で一気にまくし立てた。株主に発言をさせずに総会を終わらせようとするかのようだった。会場からは「患者に発言させろっ」「鬼！」の声が上がった。さらに総務部長が立ち上がって、何かを読み上げ始めた。委任状であれば、このまま総会終了に持ち込まれてしまう。すると天井から突然、「決算議案は可決されました。続いて説明会に移ります」と書かれた大きな幕が落ちてきた。咄嗟《とっさ》に後藤弁護士が壇上に駆け上がり、その幕を引きずり降ろしながら叫んだ。

「修正動議！」

江頭社長は紙に目を落としながら、何かを読み上げ始めた。

「水俣病に関しまして、私どもは、患者の皆様方に対しまして、誠にお気の毒に存じております」

これが殺人を犯した者が、殺された者の遺族に向かって言う言葉なのか。会場内は騒然となった。

身内を殺された白装束の遺族が泣きながら声を張り上げ、次々と壇上に駆け上がった。遍路姿の患者や遺族に、江頭は取り囲まれた。他の幹部は舞台袖に逃げ去っていた。江頭は中央に連れ出されると患者のひとりから紙を渡され、「読め」と言われた。それはかつて、彼が羊羹三本と一緒に患者宅を回った際に配った、自身が書いた詫び状だった。

「こん詫び状を読めっ」

江頭の手は震えていた。平木トメと浜元フミヨが位牌を持って、江頭ににじり寄った。浜元フミヨは両親の位牌を江頭の胸元に押し付けると、大声で叫んだ。

「両親でございますぞっ」

「ええ、わかりますよ」

浜元はさらに声を張り上げた。

「なぜ、裁判の時、弁護士に嘘ばかり言わすっ。両親は殺されたっ、両親だよっ、両親ともだよっ、弟もビョーキ、私は嫁にも行けず四十になった！　親を返せー」

江頭が一瞬、笑ったように見えた。「なんで笑うとか！」「いいえ、笑っていません」。チッソが雇った右翼団体が患者たちを排斥しようとした、その瞬間に石牟礼道子が患者たちに優しく呼びかけた。「皆さん、もう席に帰りましょう。これ以上は、もう無意味です。あとは世間様の眼が裁いてくれるでしょう」。

アイリーンとユージンは、まだニューヨークにいた。写真展の準備に追われる中で元村の訪問を受けるのは、ちょうど、この頃のことである。

訴訟派は、裁判官に水俣の実態を見て欲しいと要望を出した。その要望は受け入れられ裁判官たちは、七一年一月八、九日に水俣を訪問する。現地で漁民たちの貧しい生活ぶりを目にした裁判官たちは一様にショックを受けたようだった。

さらに、原告弁護団はチッソ幹部の西田栄一元工場長、吉岡喜一元社長、徳江毅元技術部長（のち水俣支社長、本社専務）らを次々と証人申請した。西田は七一年二月から七二年一月まで二十一回、尋問を受けた。「細川医師から猫実験の結果を知らされた記憶はない」と述べた際には、すさまじいヤジが飛んだ。

七一年三月の口頭弁論では開廷直後に「今日は本当のことを言え、人殺しっ」と傍聴席から声が上がった。これに抗議し、席を立った西田と弁護士が裁判所前から乗用車に乗り込もうとすると、支援学生が車の前に座り込んで妨害した。そこへ裁判長が駆けつけて出廷を促す、という一幕もあった。

工場排水が原因だとわかって流し続けたのか。それとも、知らずに流し続けたのか。「故意過失の有無」が裁判の最大の争点であった。裁判では、チッソの安全管理や廃棄物処理の実態も明らかにされていった。住民から抗議があれば、涙金を渡して威圧する。いくら悪事をあからさまにされても、チッソ幹部は顔色を変えない。彼らは自分たちを殺人者だとは思っていない。いくら「人殺し！」と叫ばれても、自らを人殺しだとは思わないのは、彼らがチッソという「法人」の中に逃げ込んでしまえるからだった。

アイリーンとユージンが向かったのは、このような水俣だったのである。一九七一年九月、首からカメラをぶら下げて、ふたりは水俣駅に降り立った。この遠き地へと、運命によって呼び寄せられて。

第五章　水俣のユージンとアイリーン

借りていた出月の溝口家離れの縁側にて

土間の奥に見えているのが五右衛門風呂、
右は二人にこの家を紹介したカメラマンの塩田武史
撮影：アイリーン M. スミス　©アイリーン・美緒子・スミス

〈高校時代の一九六五年頃、久しぶりに私は日本に行った。なんだか違う国のように思えた。お弁当の中に入っている笹の葉っぱが、ビニールになっていた。土臭い素朴さがなくなり、高速道路が走っていて、故郷が失われていくように感じられた。水俣という地名を聞いたことはなかったし、九州にさえ行ったこともなかった。でも、そこに行けば私の中にある日本があるように思えた。行ってみたら、思ったとおりの場所だった。近代化される前の、戦後すぐの日本。とても懐かしく思えた〉（アイリーン）

遺影の小さな女の子

アイリーンとユージンが石川とともに水俣にやってきたのは、一九七一年十一月。

水俣駅から車で南に十分。国道三号線と旧道が交わる道路わきの、古い木造家屋を溝口家から借りて住んだ。家賃は三千円。溝口家の祖父母が使っていた隠居部屋で、隣には溝口夫妻と息子が暮らしていた。間取りは六畳間に三畳間。それに土間。便所はもちろん汲み取り式で、台所には薪をくべる竈《かまど》もあったが、さすがにそれはもう使わず、横にあったガスコンロで食事を作った。

土間の五右衛門風呂は、薪で焚いて入った。風呂は隣に暮らす溝口家と、共有だった。

土間にロープを張ってネガを吊るして乾かしたが、よく乾いていないと風呂を焚く時間になって灰が生乾きのネガについてしまうこともあった。

水道や、電気は通っていたものの、すべてが東京での生活とは、まるで違った。ユージンがどうしても馴染めなかったことは、ただ一つ。和式便所だった。汲み取り式であることは、彼にとって問題でなかった。小さな空間でしゃがみ込むことが難しかったのだ。ユージンはユーモアを交えて、日本で用便を済ますことは足首の腱の問題で、アメリカ人では野球のキャッチャーだけが向いていると語っている。

六畳間の奥の三畳間は屋根が壊れていて、雨や風が吹き込んでくる。便所の臭気もひどかった。だから、もっぱら使うのは六畳間だった。その六畳間の隅に仏壇があることに、ふたりはしばらくして気づいた。遺影の中には小さな女の子がいた。

ふたりが暮らした出月という地域は、月浦、坪谷と隣接し、湯堂や茂道にも近い。

仏壇の中にいる遺影の少女は、溝口トヨ子だった。

彼女は公式の記録では、水俣病患者第一号とされている。

田中しず子・実子姉妹が細川医師の元に入院した時、伊藤保健所長と細川医師が中心になって、近隣の医師たちの協力を得て、他に類例がいないか、カルテを遡り死者も含めて調べられた。その時、トヨ子はすでに亡くなっていたが、症状からして間違いなく水俣病であったと考えられ、患者として「確認」されたのである。一九五三年十二月に発病し、田中姉妹がチッソ（当時は新日本窒素肥料）附属病院に行く二カ月ほど前の、一九五六年三月に亡くなっていた。

トヨ子は生まれた時は三千四百グラムもあった。利発な上に、目がクリクリとして色白で、姉の恭子からみても「とびきり可愛かった」。活発で、おしゃま。だから祖父母はとりわけ、この孫を可愛がった。母屋から、トヨ子はよくこの隠居部屋へ遊びにやってきた。魚やエビの好きなトヨ子のために、祖父が小さな木舟を漕いで一本釣りをしては、晩酌の肴にするエビや刺身をトヨ子の口にも放り込んでやっていたのだ。

飼い猫が涎を垂らして、狂い死んだ後、五歳のトヨ子の様子もおかしくなった。倒れて、座れなくなり、粘つく涎を流し、痙攣するようになったのだ。町医者を三軒も転々としたが、市立病院で脳性小児麻痺と初めて病名がついた。小学校の入学通知が来たが、一度も通えなかった。父の忠明は大工で生活に余裕がなかった。近所の人たちからは、「馬鹿児《ばかんご》」と囃《はや》された。祟りだとも言われた。占い師や神社を回って、お札をもらった。トヨ子を抱えて親は何度も死のうとした。だが、回らぬ口でトヨ子に、「死ぬのは嫌だ」と言われて、思いとどまったという。

「頭が痛たかー」と髪を摑んで引き抜き叫んで泣く。

桜の花が大好きだったトヨ子。

父は天草の生まれである。チッソ工場に憧れ、水俣にいけば生活がよくなると信じて海を越えた。硫安係として働いた後、満洲に渡り、海軍に応召され、水俣にまた戻ってきた。

トヨ子はアイリーンと二歳しか違わなかった。アイリーンが東京に生まれた時、二歳のトヨ子は水俣のこの家で、祖父母のいたこの隠居部屋で可愛がられ、口に好物の刺身を放り込んでもらっていたのだ。

やがてトヨ子だけでなく、溝口家の祖父母たちも、涎を流し、歩けなくなり、身体を震わせて、苦しみながら死んでいった。父・忠明、母・マスエも手足がしびれるようになった。アイリーンとユージンが行った時、一家は訴訟派として、裁判を闘っていた。忠明はお酒を飲むと少し陽気になって、ユージンと、「ラバウル小唄」を歌った。

ユージンとアイリーンは当初、三カ月だけこの溝口家に滞在するつもりだった。だが、結局は三年の歳月を、この家で過ごすことになる。

自主交渉派、川本輝夫の登場

水俣では、一任派が低額の補償をのまされ、訴訟派が裁判を闘っていたが、さらに新たなグループの闘いも始まろうとしていた。

奇病とされた時代に水俣病だと認定され一九五九年に見舞金を手にした患者や遺族は、旧認定患者と言われるようになっていた。その彼らが一任派と訴訟派に割れた過程は前述したとおりである。

これに対して、新認定患者と言われる人たちが、新たに誕生していた。一九六八年に政府が「水俣病の原因はチッソ工場」と認め、一九七一年七月には環境庁（現・環境省）が発足。環境庁裁決後、水俣病患者に認定された人たちを言う。

チッソも行政も、旧認定患者と新認定患者とを分離しようとした。また、水俣病が奇病だとされた時代に、激しく差別された経験を持つ旧認定患者たちの中にも、最近になって異なる基準認定された人たちと一緒にはされたくないと考える人がいた。

原田正純医師は村を回る中で、水俣病としか思えない患者を発見し、申請を勧めたが、「自分は昔、水俣病の人を散々、奇病だと言って、いじめた。だから、とても自分が水俣病になったとは言えない」と涙ながらに告白されたことがあると綴っている。

旧認定患者と新認定患者の間には、このように微妙な空気が流れていた。

しかし、新認定患者たちも当然、チッソに補償を求めなくてはならない。彼らの中からも統率力のあるリーダーが誕生した。そのひとりが川本輝夫である。

川本は父親や自分が水俣病なのではないかと疑い、自身とともに父の申請もしていたが、却下されてきた。それが、一九七一年に川本本人が認定され、いわゆる新認定患者となったのである。

川本の父親は、やはり天草の出身である。名は嘉藤太《かとうた》、天草の暮らしは厳しく、仕事を求めて海を渡り水俣へとやってきた。嘉藤太は願いどおり、チッソ（当時は日本窒素肥料）工場に硫酸係として雇われる。重労働だったが、真面目に勤め、結婚して月浦の海岸近くに家も持った。勤めから戻ると嘉藤太は、毎日のように海に出た。ひじき、わかめ、タコ、アジ、イワシ、エビ、ウニ、カキ、ビナ（巻貝）。何でも苦労せずに採ることができた。小さな畑で母は野菜とみかんを作った。米だけは買った。貧しくとも飢えとは無縁だった。豊かな海が目の前にあったからだ。夫婦は男八人、女三人の子どもを持った。八番目の子どもが輝夫だった。

川本は学業優秀で陸軍幼年学校への入学を希望したが、経済的に叶わなかった。小学校の担任教師は中学への進学を勧めたが、それも厳しかった。どうにか水俣町立水俣実務学校（入学の翌年より水俣農工学校、後の県立水俣高校）へ進学したものの戦争中は学徒動員され、チッソの水俣工場で働いた。

戦争が終わると父・嘉藤太はチッソを定年退職し、漁師になった。家計が厳しくなり、川本は学校を辞めると、チッソの下請けである土木工事会社で、日雇いの労働者になった。

するると、その頃から住まいのある月浦で、おかしな病が流行り出した。人が突然、発狂したように なり死んでいくのだ。川本家の向かいに暮らしていた家族は父子が狂い、犬の遠吠えのような叫び声をあげ、恐ろしくて正視に堪えなかった。水俣病の発生が公式に確認されたとされる一九五六年よりも、ずっと前のことである。その後、川本の叔父も叔母も、近所の人も同じようになった。狂った叔父の荒れ狂いようは、「おさえてくれ」と叔母に頼まれても、どうにもできるものでなかった。喚《わめ》き、涎を流し、目をきょろきょろとさせている。この世のものとも思えぬありさまで精神病院に送られ死んだ。そして、その頃から、川本の身体にも異変が現われた。手足がしびれ、舌がこわばり出したのである。

一九五七年、妹の紹介で出会った球磨《くま》郡出身のミヤ子には、「自分も流行りの奇病に、伝染しているのかもしれない」と告白した上で結婚したという。

翌年には長男の愛一郎が生まれるが、輝夫の症状はますます悪くなった。妻のミヤ子は二回目の妊娠をするが、一九六〇年、流産した。沿岸の村々一帯ではこの頃、流産や死産が後を絶たず、また小児麻痺だと診断される乳児が数多くいた。

この頃から川本の父も、「足がしびれる」と言い出した。

漁業は振るわなくなり、日雇い仕事をしていた川本は、チッソ（当時は新日本窒素肥料）が漁民採用をすると聞き、採用してくれるならばと、門を叩いた。

一方、父・嘉藤太の具合はさらに悪くなり、寝たきりになった。だが、そんな父親が不自由な身体で梁《はり》にロープをかけ、自殺を図ろうとした。川本は父を諌めた。

チッソのカーバイド工場に臨時工として雇われはしたものの、一九六二年の労働争議で第一組合に与《くみ》したことから、川本は解雇された。

精神病院に職を得て勉強し、準看護士の資格を取った。その頃から父は、妄想がさらにひどくなった。何度も医者に水俣病ではないかと聞いたが、脳動脈硬化症だと言い張られた。最後は川本が働いていた精神病院に入院させた。病室で父は発狂しながら、一九六五年に亡くなった。解剖してくれと頼んだが拒絶された。死因は脳動脈硬化症のままだった。

一九六八年になって、政府が、ようやく水俣病はチッソが流した工場排水に含まれていた有機水銀が原因であると発表した。

川本は自分も死んだ父親も、祟りや伝染病や血統による病気などではなく、水俣病であったのだと考え、改めて認定申請をした。水俣市立病院の医師が川本の検診を請け負ったが、詐病だと言わんばかりの、ひどい扱いをうけた。

父親の遺髪、あるいは土葬した死体を掘り返すので水銀量を量ってみて欲しいと訴えたが、市役所の担当者からは、「補償金目当ての遺体掘り起こしは許可しない」と怒鳴られた。屈辱を感じた。

認定申請をしてから、しばらくして、川本のところにハガキが届いた。ただ「否定」と書かれているだけだった。では、自分のこの痛みは何なのか、答えて欲しい。政府が公害だと見解を出しても水俣病の実態を解明しようとする姿勢は行政にまったく感じられなかった。

川本は水俣病の被害の実態は、こんなものではないはずだ、と思うようになる。事実を解明すべきだ。自分のように申請を申し込んではねられた人たちが大勢いるのではないか。彼らと共闘しようと彼は考えた。それからというもの、仕事が終わると毎晩のように、彼は自転車に乗って家から出ていった。否定された人を探し出し、家を訪ねて、「もう一度、一緒に再申請しよう」と呼びかけて回ったのである。

「もういい、あきらめた」と言う人、ピシャリとドアを閉める人、共鳴してくれる人と、さまざまだった。

　こうして村を回っているうちに、川本はあることに気づく。どう見ても、水俣病としか思えない人たちがたくさんいるのだ。

　川本は「水俣病だろうから、申請してみんね」と声をかけた。中には気色ばんで怒る人もいた。「迷惑だ」と言う人もいた。だが、川本に言われて初めて気づく人が大半だった。申請する、という行為自体に多くの人は、怖気《おじけ》づいた。

「補償金欲しさだと思われると、この村で生きていけない」「馬鹿児を産んだ上に、水俣病にこじつけて補償金を取ろうとするのか、と誹謗中傷される」

　問題の根深さがそこにはあった。それでも、川本は時間をかけて彼らを説得して回った。字を書けない人も多いため、申請手続きを手伝った。本来は、こういったことこそ、行政や医者がやるべきではないのかと思いながら。

　村を回っていると時おり、驚くような重症患者に遭遇することがあり、胸を突かれた。

　津奈木の赤崎まで行き諫山《いさやま》孝子を発見したのも、川本だった。医者に小児麻痺だと診断されており、家族はそれを信じていた。世話をする祖母は、「ばあちゃんと一緒に早く、まんまんさん（仏様）になろうね」と孫娘に語りかけていた。川本は水俣病の申請をしたほうがいいと孝子の親を説得した。

一九六九年六月十四日に渡辺栄蔵が団長になって旧認定患者の訴訟派が、チッソに総額六億四千万円の損害賠償を求める訴訟提起をした日、川本たちも、ある会を立ち上げた。「認定促進の会（仮称）」である。川本の自宅で開かれた会合に出席したのは、わずか六名だった。だが、その後、彼らが水俣闘争の、もう一つの大きなうねりを起こしていくことになる。

三カ月後の九月、川本は二十八名の認定申請書を保健所に届けに行った。うち死亡者は四名、川本ら再申請者が七名、新申請者が十七名であった。

認定を申請するにはまず、医者の診断書がいる。だが、水俣では水俣病には関わるまいという空気が強くなり、診断書を書いてくれる医者がいなかった。潜在患者発掘に協力してくれる医者が必要だ。頼れるのは水俣に足を運び続け、地元で信頼の厚い熊本大学の医師数名だけだった。

こうした努力の末に、一九七一年十月六日に川本を含む十六名と、同八日に二名が熊本県公害被害者認定審査会において水俣病に認定され、新認定患者となったのだった。

新認定患者となった川本は潜在患者の発掘に、さらに力を入れていった。

チッソにとって、行政にとって、川本の行動力、指導力は恐怖であった。認定患者が、ひたすら増えていくのではないか。チッソは環境庁（現・環境省）発足後に認定を受けた人たちを「新認定患者」と呼び、旧認定患者とは同等には扱わないと表明した。これがまた、川本の闘志に火をつけた。

激しい症状を持つ人だけでなく、視野狭窄、ふらつき、味覚がない、マヒやしびれ、頭痛といった症状を持つ、慢性水俣病患者の存在も、この頃から次第に明らかになっていった。「疑わしきも認定すべき」と大石武一《ぶいち》環境庁長官が発言し、それが曲解されて、政府の統一見解発表後に水俣病だと言い出した新認定患者たちは、補償金欲しさの「ニセ患者」だという風説が広められ、すさまじい攻撃を受けた。時には旧認定患者からも。

川本の説得を受けて認定申請を決意した人たちの中からも、取りやめたいと言い出す声が上がった。「近所でこれ以上、陰口を叩かれたくない」「村で生きていけなくなる」と。

「この世の常識にしたがって、まず話し合う」

新たに認定された川本を含む十八家族の新認定患者たちは、補償をどうチッソに求めるか、話し合った。訴訟を起こすか、あるいは一任派のように第三者に斡旋を依頼するか。川本自身は旧患者たちの闘いを見てきて、裁判でもなく、第三者に一任するでもなく、やはり被害者自身が加害者であるチッソと直接交渉するべきだと考えた。川本は当時の心境を、こう語っている。

「被害者である水俣病患者と加害者チッソが、この世の常識にしたがって、まず話し合いを続け、どうしても話し合いが合意しない時に、初めて裁判を起こすなり、第三者機関に調停でも斡旋でも依頼するのが常道というものではないか」

川本らは自らが主体となって会社幹部と交渉し補償を求めるという自主交渉の道を選び、七一年十月十一日に水俣工場で交渉に臨んだ。ちょうど、アイリーンとユージンが東京で結婚式の準備と水俣行きの荷造りを、石川としていた頃のことである。

この日は、新認定患者側十八家族が出席。川本は社長の詫び状を求め、また、患者側の苦しい状況をよく聞いてから補償額を考えてくれと迫った。ところが、チッソ側は「第三者機関に基準を委ねたい」と繰り返し、自主交渉には応じない、という姿勢を示した。

そこで川本らは、自分たちから具体的に要求額を出して突きつけるしかないと考え、皆で集まり検討した。その際、あるパンフレットに彼らは注目した。

〈チッソが九州各県の高校、中学に、公害教育の副読本に使ってくれと配布し、物議をかもした『水俣病問題について　その経過と会社の考え方』なるパンフレットについて検討した。ところがチッソは、このパンフレットの中で、水俣病補償処理委員会案の生存者年金を、平均余命で計算すれば、三千数百万円支払うことになると主張していた。（中略）ここで患者として人間の証しの象徴的なものとして、一律三〇〇〇万円要求しよう、そしてチッソの対応を待つということになった〉（川本輝夫『水俣病誌』）

十一月一日、前回に続く自主交渉の席で、川本は久我正一常務にそれを告げた。すると、「そんなことを言うのなら十万円でも払えません」と久我は席を立った。自主交渉派は水俣工場前で抗議の座り込みを始めた。

再び患者や支援者を中傷するビラが大量にまかれた。

「患者だけが市民なのか。三千万も要求し、座り込んで」「会社を紛糾して、水俣に何が残るのか」「アル中か、神経痛か、わからない」「水俣の恥をさらして何が嬉しい」嫌がらせも相次ぎ、川本の家は特に狙い撃ちにされた。「公害貴族」「水俣を去れ」と批判され、一部のマスコミや訴訟派からも、「ゆすり」と批判された。

川本はチッソの企業城下町である水俣でいくら交渉しても、らちが明かない。上京して、東京本社で社長に訴え、座り込みも本社前でするしかないと次第に考えるようになる。

スバルのサンバーで取材を始める

アイリーンとユージンと石川による水俣での生活が始まった。

当時、アイリーンの日本語はまだ拙《つたな》かった。だが、だからこそ、水俣の人たちに好感をもって受け入れられた面もあった。

〈水俣は方言がきつかったので、初めのうちは、ほとんど聞き取れなかった。読み書きはもっと苦手で、漢字はほとんど読めなかったし、カタカナにも四苦八苦していた。でも、私はこの村に親しみを感じていた。ユージンも。彼はそこに馴染むということが自然にできる人だった。彼にとっては外国なのに、注意したくなるようなことは一度もなかった。

五右衛門風呂で薪を焚いている時の匂いが好きだった。海が夕焼けに染まる頃、それぞれの家から煙が上がる。夕食の匂いが漂ってくる。

患者さんたちの暮らす集落の中では、水俣病闘争が激しさを増していて支援者の若者も村に住みついていた。でも、私たちは彼らとは距離があって一緒になって活動する、ということはなかった。私たちは報道する人間で運動家ではないと考えていたから。だから、患者さんたちの戦略会議にも出席はしていなかった。

お金には苦労したけれど、私たちはまだ恵まれていたと思う。ユージンが有名だったから、インタビューを受ければ取材謝礼をもらえたし、ミノルタの広告にユージンが過去に撮った写真を使ってもらったり。日本の文化土壌で、フリーランスとして活動するのは難しい。オイルショックの後だったなら、無理だったと思う。物価が高くなったから。どうしても自動車が必要で、中古のスバルのサンバーを買った。七一年の時は八千円だった。七三年に同じようなものを買ったら、十万円を超えてしまった。

水俣にいる限り、食べ物にはほとんどお金がかからない。溝口さんの畑の野菜をもらうこともできたし、魚を近所の人にもらうこともあった。でも、ユージンは、ほとんど固形物を食べられない。口の中に歯も上顎もないから。毎日、牛乳を瓶で八本から十本。卵を混ぜて甘いミルクシェークにしたり。基本的に慢性的な栄養失調だった。彼にとって何よりも絶やせないのは、ウイスキー。これは「ガソリン」だった。毎日、五百ミリリットルを一本。五百円かかった。大瓶のサントリーレッド一リットルなら二日間もった。確か、九百円。フィルム、印画紙、サントリーレッド。この三つが、大きな出費。起きたらまずウイスキーを大きな湯飲みに入れて、チビチビと飲む。薬はニューヨークではデキセドリンを大量に服用していたけれど、日本では法律上、禁止されていたのでリタリンに替えた。ウイスキー、リタリン、牛乳、それがなかったら、ユージンは生きていけなかった。

海で獲った魚は普通に食べていた。まったく気にしてなかった。今はもう危険じゃないと言われていたから。魚はこの土地では大事なたんぱく源で、村の人たちは食べるし、くれるから、私も食べた。本当にイキがよくて、おいしかった。最初は一匹、魚をもらっても、どうしたらいいかわからなかった。魚料理なんて、そんなにしたことはなかったから。溝口さんのおばさんが教えてくれて、少しずつ煮魚だとか、作れるようになった。海は透き通るように綺麗で、魚もピチピチしていた。水銀汚染が酷い時は、魚が死んだり、弱ったりしていたというけれど、それは一部で、ほとんどの魚がピチピチしていたと聞いた。水銀に冒されていても。だから皆、毒だと思わず食べていた。新鮮でおいしそうな魚を見れば、誰だって、とりわけ魚好きな人は食べたくなる。とにかく私たちが住みついた一九七一年当時は大丈夫だと言われていたので、もらった魚を食べた。ところがその後、七三年に第三次水俣病の騒ぎが起こると、水俣湾の一部では魚は漁獲が禁止されて、食べられなくなった。

湯堂の漁師さんのボラ釣りを何度か手伝ったこともある。当時はどの船も木製だった。夫婦ふたりで乗る夫婦《めおと》船。その人の奥さんは水俣病になり、夫婦で漁ができなくなった。どの家も家族で漁をしている。だから、ひとりでも水俣病になったなら、自分たちが食べるものもなくなるし、生活そのものが成り立たなくなる〉

最初は家の中を調えるのに時間がかかった。取材に差しさわりが起こらないよう、ものを買う時も、どこで、誰から買うかに気を遣ったという。布団は水俣でユージンの身体に合わせて大きなものを作った。布団カバーは結婚して月浦に住んでいた、溝口家の次女・恭子に習いながら、アイリーンがミシンで縫った。

〈街に行く時は、ちょっと緊張していた。自動車から降りる時から。街中は水俣病の患者さんに、とても冷たかったから。外人は他にいない。ただでも目立つ。だから行動には気をつけた。私は比較的、そういうことには慣れていたと思う。小さな時から大人の顔色を見て育ったから。いろんな環境に置かれて、それに合わせて生きていかなければならなかったから。相手が何を考えているか、顔色を見る癖がある。日本では外人だし、アメリカでは東洋人。異分子だと思われて攻撃されないようにと、いつも願いながら生きてきたから。

人にどう見られるか過度に気にするこの性格が、問題だと思う時もあるけれど、でも水俣では活かされたのかもしれない。身振り、素振り、発言、眼差し、なんでも気をつけるようにした。相手に不快な思いをさせないように、意識して、一〇〇パーセント注意を払った。

でも、ユージンはもっとスケールが大きくて、自然とそういうことができる人だった。私と違う。相手の顔色を見るんじゃなくて、自然と溶け込んでしまえる。侵入者だと思われない。そういうのは、やっぱり彼の身に備わった「技術」だったんだと思う。

彼はよく「写真を撮る時、小さなネズミみたいになるんだ」って言っていた。誰にも気にされないように、目立たないようにって。自分の存在感を消す。これは生まれ持った気質でもあったし、カメラマンとして、とりわけ戦場で培った技術だったと思う。周りの人が戦っている中でシャッターを切る。戦場で迷惑にならない存在になろうとして、気配を消す。私は白人のアメリカ人が苦手だし、怖いし、反感も少しある。コンプレックスもある。でも、ユージンに対して、まったく何も感じなかった。それは、やっぱり彼にアメリカ先住民の血が入っていたことと関係していると思う。大きな身体で水俣の患者さんの家の畳の部屋に入っていく。でも、「入ってきました」という感じがない。ユージンは日本語を、ひとことも覚えなかった。日本の文化や習慣を特に気にするでもなかった。でも、彼にはアメリカ人独特のエゴがなかった。だから溶け込めたし、受け入れられたんだと思う〉

若返ったユージン

ふたりは、あるいはアシスタントの石川を入れた三人は、集落を回って患者の家庭を訪問した。まずは馴染んでもらうために。お茶を飲み、語らった。アイリーンが通訳をした。家に入るように勧められる。

「あがらんな」

トマトを切って、どっさりと砂糖をかけてくれる。砂糖は歓迎の気持ちだ。そして、どの家でも大根を干して作る自家製の寒漬《かんづ》けを出してくれる。

「くわんか」

アイリーンが水俣訛りで、こう答えられるようになるには、少し時間がかかった。

「オバサン、オバサン、もうよかとですよ」

家族が患者に説明する。

「写真を撮りにアメリカからきなさったんじゃ」

患者たちの生活に踏み込み、写真を撮らせてもらうためには距離を縮める必要がある。ゆっくりと。だが、最終的には相手に迫っていかなくてはならない。写真を撮るために。表現すべきものを表現するために。だから常に関係には緊張があった。拒絶されなかったのは、カメラを向けた相手が主に裁判闘争をしている訴訟派の患者や、自主交渉派の患者たちだったからであろう。水俣の中で孤立し、冷たくされながら、闘い抜こうとしていた人たちだった。広く世間の人々に訴え、味方になってもらいたい、何より被害の実態を知ってもらいたいという願いが彼らにはあった。そのためには自分たちの思いを語る、写真も撮らせる。水俣病になった子どもを横抱きにして、熊本、福岡、東京の道端に座り、カンパを募って闘っている人たちなのだ。訴訟派だけでなく、自主交渉派にも、一任派にも人物はいた。とにかく、ひとりひとりの個性が強く、皆が際立って見えたとアイリーンは言う。

〈とにかく、出会った人たちは皆、人間としてスケールが大きかった。そういう人たちと二十代の初めに出会えた。それは私にとって宝になっている。私の人生において最高の出来事だと今も思う。ユージンはニューヨークにいた時よりも、ずっと積極的だったし若返ったように思えた。彼がカメラを持ってテーマに挑み、撮影する姿を見るのは嬉しかった。ただ、栄養失調で足の皮膚に一部、穴が開いていたので、出かける前には足にバンデージしないといけないし、私はてきぱきしたいのに、時間に遅れがちで、イライラさせられた。それで私はよく癇癪《かんしゃく》を起こした。だってモソモソしているから。でも、写真を撮っている時は、すごい集中力だった。私はユージンに会うまで、写真をまったく知らなかった。撮ったことも、鑑賞したこともない。

なのに、ユージンに出会って、自然と現像も覚えたし、カメラを手に持つようになった。でも、ユージンに写真の技術を教えてもらったという感覚はない。それが逆にユージンのすごさだと思う。「今回、君は僕と一緒にやるかい」とか「僕と一緒ならできるよ」とかいうんじゃない。「やろう」と彼は言った。「一緒に水俣を撮ろう」。

だから教えてもらった、と私は思ったことがない。それでいて、きちんと私の中に入っている。写真はこう撮るべきだと上から言うようなことは一度もなかった。批評されたこともない。でも私が成長できる場をユージンが作り出してくれたんだと思う。水俣では、ユージンも私も写真をそれぞれ、自分の撮りたいように撮る、そういうコンセプトだった。私はユージンのアシスタントとして行ったわけじゃない。ただ、お互いの写真に写らないように配慮したり、お互いにカバーし合ってはいたけれど。ユージンがそっちから、それを撮ろうとしてるなら、私はこっちに、と。ふたりで自立しながら団結している感じだった〉

水俣に行って間もない一九七一年十二月に、ある患者の写真をユージンは撮った。市立病院に入院していた津奈木の漁師、船場岩蔵だ。息子はすでに狂い死にしていた。チッソが排水口を百間口から、水俣側に動かし、水俣湾北部の津奈木方面に水俣病が広まった。その被害を受けたひとりだった。

病状は重く彼は死にかけていた。彼の手はひどく捻じれて曲がり、固まっていた。彼の妻はユージンに言った。「よかですよ。写真でんなんでん撮って」。ユージンは干からび、変形しきった彼の手のアップを撮った。

自主交渉派の闘い

ユージンとアイリーンが「船場岩蔵さんの手」を水俣の病室で撮っていた頃、東京では自主交渉派の闘いが繰り広げられていた。

自主交渉派の川本輝夫と佐藤武春ら六名が上京したのは十二月六日。彼らは東京駅丸の内口から徒歩三分の、東京ビルヂング（現・東京ビルディング）に向かった。その四階にチッソの本社がある。

水俣から持参した怨の字を染め抜いた怨旗を掲げて社長に面会を申し込んだ。社長は江頭豊から、嶋田賢一に替わっていた。

訴訟派が「裁判に負けたら村にはもう住めない」と思うのと同じように、自主交渉を選んで上京した新認定患者たちも、「交渉できなければ、村には帰れない」という気持ちで東京まで出てきたのだった。

翌七日、嶋田社長と入江寛二専務を相手に、交渉が始まった。川本は次の要求書を手渡した。

「被害者と加害者が話し合いを続け、どうしても合意しないとき、はじめて裁判を起こすなり、第三者機関に依頼するのが常道ではないか」

これに対して、彼らはこう答えた。

「第三者として中央公害審査委員会から公平なものさしを示してもらいたいと考えている」

新認定患者と直接交渉を続ける意思はなく、第三者を立てて話し合いをしたいというのだ。だが、川本たちは引き下がらなかった。

「私たちは国や県の怠慢によって、今回ようやく水俣病患者として認定されたもので、新認定とされている。貴社の責任を明確にし、誠意ある対応を求めます」

川本らは本社前にテントを張り、二十四時間の座り込みを続けた。八日、チッソ幹部との交渉が再開された。自主交渉派の患者たちは自分たちの苦しみを訴えた。それを聞き流そうとする幹部に怒り、川本が叫んだ。

「水銀ば、飲めっ」

嶋田社長が答えた。

「飲みます。ただし（飲むのは）私ひとりにさせてください」

嶋田社長はこれまでの社長たちと違って、逃げずに対応した。誠意があり人間的な温かみを感じさせる人物だった。だからこそ患者たちも、この社長ならば、自分たちの気持ちをわかってもらえるのではないかと期待を抱く。患者たちは叫んだ。

「水俣で生活をともにして、患者の苦しみを知って欲しい」

どうしたら伝わるのか。次第に思いは昂じていく。一九七一年十二月八日　チッソ東京本社四階応接室でのやりとりは、多くの記録が残されている。ここに再現する。（川本輝夫『水俣病誌』、『告発』より）

川本輝夫　社長、今日はな、わしゃ血書を書こうと思うてカミソリばもって来た。
嶋田賢一社長　えっ。

川本輝夫　血書を書く、血書を。要求書の血書を。あんたがわしの小指を切んなっせ、ほら。

嶋田社長　それはご勘弁を。

川本輝夫　あんたの、社長の指をわしが切る、いっしょに。

嶋田社長　それはご勘弁を。

川本輝夫　はい、切って。はい、切らんな。もう今日は絶対帰らんとよ。わしどん、伊達《だて》や酔狂《すいきょう》で東京まで来たんじゃないんですよ。まだ、水俣の（工場前座り込み）テントにゃ、年寄りの花山（治太郎）さんとか小道（徳市）さんとかが、頑として頑張っとっとよ。年寄りの爺ちゃんが老いの身をながらえて、テントで。そういう苦しみがわかるですか、あんたには。わかりますか。はい切れ、社長。同じ苦しみを痛もうじゃなかな。

嶋田社長　あのね、川本さん、あのね。

川本輝夫　もう、そんな駄弁は許さん、いくら言うたって。

嶋田社長　そんなら、ご勘弁を。

川本輝夫　ご勘弁じゃない、早よう切らんな。

嶋田社長　それはご勘弁を。

川本輝夫　書く。はい、切って。はい、切らんな。もう今日は絶対、書かなん（書かねばならない）とよ、あんたがいくら言うたって、もう。われわれは肩に荷《かろ》うて来たっじゃけん、あとに控えとる人達の、一七人の人達の。

嶋田社長　いや、ご勘弁を。

川本輝夫　はい、よかたい、同じ人間なら痛もうじゃなかな。でくるでしょ、それくらい。水銀ば飲むていうた人間なら。

嶋田社長　それはご勘弁ください。

川本輝夫　ご勘弁下さいじゃない。今日はわしゃもう絶対退《ひ》かんとよ、後にはもう。あんたが何ちゅうたって、警察を呼んだって何したって、わしは動かん、今日はもう。今日でなくて、もうずっと動かんよ、ここから。あんたは心の中でせせら笑うとるかも知れんけど、わたしたちゃせせら笑うとるひまはないです、水俣帰らにゃいかんけん。まだ一六〇名も認定申請者がおって、全然審査もされてない状態ですよ。まだ何千人おるかわからんとですよ。……はい、社長、切って。はい、あんたが切らんならわしが切るって。その代り、あんたの指も切る、わしが。

嶋田社長　あなたもお切りになるのは、おやめになって。

川本輝夫　切る、切る。わしたちゃ、なけなしの金をはたいて東京まで来たっですよ。みんなの、全国の、ほんとうに涙ながらのカンパで東京まで来たっですよ。

交渉患者　あんたは、ほんとに患者の苦しみば知っとっとね。自分の子どもはね、もう針で刺しても何で突いても、はい、はいと返事ができる（できる）だけですよ。それがわかっとっとね。胎児性ですよ。

川本はすすり泣きながら、自分の指を切れ、切れと嶋田社長に言い続ける。嶋田が体調不良を訴えると、その場にいた専属の医者が嶋田をソファに横たわらせた。それを見て川本はさらにすすり泣く。

「第三者が見たら、いかにも私たちが鬼みたいに見えるでしょう。こんな病人（嶋田）をつかまえて俺たちが鬼かあ……」。その場に同席していた石牟礼道子が静かな声で、「ご勘弁を」と繰り返すチッソの重役たちに語りかけた。（『告発』より）

「患者さんはね、ご勘弁下さいというひまもなく水俣病にされてしまったんですよ。患者さんたちが水俣病になるのこそご勘弁願いたかったんですよ」

川本は泣きじゃくり、袖で涙を拭きながら、続けた。

「社長、わからんじゃろ、俺が泣くのが。わからんじゃろ。親父はな、（病院の保護室に）一人で居った。おりゃ一人で行って朝昼晩、メシ食わせとった。買うて食う米もなかった。背広でも何でも自分の持ってるもん質へ入れた。そんな暮らしがわかるか、お前たちに。あした食う米のないことは何べんもあった。寝る布団もなかったよ、俺は。敷布団もなくて寒さにこごえて毎晩こごえて寝とったぞ。そげな苦しみがわかるか。家も追い出されかけたぞ。そげな生活がわかるか、お前たちにゃ。三〇〇〇万円が高すぎるか」

川本は自分で自分の指を切ると鮮血で、「誠意ある回答を」と走り書きした。

嶋田社長は血を見て、ショックを受けた。医者がドクターストップをかけ、嶋田は担架で病院に運ばれた。その担架に追いすがるようにして、川本が涙声で叫んだ。

「社長、社長、よかがな。こんなに大事にされて。俺のオヤジは、精神病院でたった一人で狂い死んだとよ」

川本は後日、誠意から入院先に見舞いに行こうとしたが、チッソ社員たちに却下された。

嶋田に代わって交渉相手となった入江専務は嶋田と同様、「水俣にお引き取りください。水俣でしか話し合いに応じられません」と言い続けた。

水俣に戻れば、町中がチッソの援護者である。現に水俣では今も激しい水俣病患者への嫌がらせが続いていた。水俣ではメディアのメスも入らない。だからこそ、東京まで出てきたのだ。手ぶらでは絶対に帰れない。この時の心境を川本は、こう語っている。

「やはりチッソが、自らの人間的誠意をみせるまで、また公害の元凶である自覚に基づく謙虚な姿勢を確かめるまで、帰水（水俣に帰る）できるものではなかった」（『水俣病誌』）

九日も同じようなことが繰り返されてテントで一夜を過ごした。そして、十日、同じようにテントを出た川本が四階に上がっていくと、ドアがロックされていた。川本らはガラスを破って入り、社長室前に座り込んだ。すると、ついに機動隊が出動した。

マスコミにより全国に放送され、チッソは国民から反発を買った。水俣での過去の漁民暴動の時とは真逆の反応だった。

一方、水俣では、患者や留守家族への嫌がらせが、さらに激しくなった。それを聞いて家族が心配になり、本社前で座り込みをしていた人たちの一部が水俣に帰っていった。そのうちの数人がチッソ側に説得され、自主交渉派から抜けていった。

その後、新認定患者の中から、「中公審の調停に従う」という調停派が立ち上げられ、自主交渉派から移る人たちが相次いだ。旧患者が訴訟派と一任派に分裂させられたように、新患者も二つに分裂させられたのである。

新認定患者の調停派会長になったのは前田則義だった。彼は「本社に座り込み、水銀を飲めと言ったりする人と一緒にされるのは迷惑」と発言した。

自主交渉派は少数になった。東京本社の会議室前には労働者風のチッソ社員が待機するようになり、ついに二十四日夜、川本に襲い掛かると絞め上げ、東京ビルヂング正面玄関前の路上に投げ出した。彼らはチッソ本社の社員ではなく、主に千葉県のチッソ石油化学五井工場に勤める労働者と、水俣工場から転勤した第二組合員であるとわかった。

翌二十五日からの東京ビルヂング玄関前での座り込みには文化人たちが支援に動き、次々とテントにやってきた。

チッソの久我常務は分厚い白い封筒を「水俣までの旅費に」と川本の胸に押し付け、説得しようとした。だが、川本に突っぱねられる。東京本社前の座り込みは続いた。

その頃、水俣の川本家では母子が壮絶な攻撃を受けていた。連日の嫌がらせ電話、夜じゅう、雨戸を叩かれ続けることもあった。長男の愛一郎が、新聞配達のために早朝、家を出ようとしたところ、消火器が置かれていたこともあったという。家族は緊張して毎日を過ごした。ある日、家に戻ると風呂に火がつけられ、空焚きの状態になっていた。だが、それでも川本は水俣に帰らず東京の路上に座り込み続けた。彼は、当時の心境をこう綴っている。

「何故坐り込みをしながら自主交渉をしているのかと問われれば、私は今の日本で言われているお上《かみ》とか、最も公平とチッソが主張する第三者機関ほどあてにならないものはないと思っているからである」（『水俣病誌』）

東京チッソ本社で川本らが闘っていた十二月半ば過ぎ、水俣ではユージンとアイリーンが、のちに水俣病の象徴とされる記念碑的な写真の撮影を行っていた。胎児性水俣病の上村智子の撮影である。アイリーンが振り返る。

〈ユージンが「俺は大物のカメラマンだよ」という人だったなら、あの智子さんの写真は撮れなかったと思う。なぜ、あの写真が撮れたのか。それはユージンだったから。

ユージンはいきなり行って写真を撮るというカメラマンではなかった。相手と関係を築くまで何度も患者さんの家に足を運ぶ。話をしながら少しずつ撮る。私が通訳する。その家の日常生活がどのようなものかも摑んでいく。お風呂に入れているところを撮りたい、という発想はユージンから出た。私ひとりだったら初めから思いつかないし、とても言えない。ユージンが思いついて、私がお母さんにお願いした。お母さんはすぐ、「よか」と言ってくれたと私は記憶している〉

ユージン自身の記憶は少し異なっており、彼は母の良子さんから提案されたと思い込んでいたようだ。通訳を挟んだ会話をそのように誤解したのか、彼自身の記憶違いであるのかは不明である。

ユージンは上村家に通い、智子を見て、何を撮り、伝えるべきか、明確に自分の中にビジョンを持った。それを彼はアイリーンにも詳しくは話さなかった。彼の頭の中で構築されたことを。

彼が表現したかったことは、二つあったと考えられる。ひとつは受難者である智子の苦しみを伝えること。もうひとつは、智子をかけがえのない存在として愛する母の心を伝えること。

智子はいつも柔らかな布に全身を包まれ抱かれている。ちょうど赤子が布に覆われるように、顔だけを出している。

しかし、智子の有機水銀から受けた被害の爪痕は、この布の下にあった。それを伝えるには、どうしたらいいのかをユージンは考えたのだろう。

智子は一九五六年六月に生まれたが、誕生してから二、三日目には痙攣を起こした。驚いた母は病院に駆け込んだが、医者の見立ては風邪であった。しかし、一年経っても同じ状態が続いた。それに首も座らず、這うことも、座ることもできなかった。母は村で流行している奇病ではないかと不安になった。まだ伝染病だと思われていた頃だ。七軒も病院を回ったが、水俣病だとは一度も言われなかった。保健所を通じて九州大学の有名な教授の診察を受けると、小児麻痺だと言われた。智子が胎児性水俣病だと認定されるのは一九六二年である。

母の良子は智子を「宝子《たからご》」だと表現した。

良子は水俣の坪谷に生まれ、日常的に魚を多食してきた。智子の妊娠中も元気な子どもを産もうと思い、たくさん魚を食べた。良子と夫・好男の間には智子に続いて子どもが次々と生まれたが、皆、健康だった。母の良子にも後に水俣病の症状が出るが、軽かった。それは、この智子が母の胎内に溜まった水銀の毒をすべて吸い取ってくれたからだ。智子は母や下のきょうだいたちのために、ひとりで毒を引き受け、犠牲となって家族を守ってくれたのではないか。この子は家の宝、宝子だと。

智子を病院に入れず、両親ときょうだいは抱いて育てた。床に寝かせると床ずれができて、かわいそうだと思ったからだ。食事は一回につき、二時間かかる。ゆっくりと智子の口におかゆを入れて、誤嚥《ごえん》しないように食べさせた。父はチッソの下請けで働き、長距離のトラックを運転して帰ってくる。帰宅すると真っ先に智子を抱いた。きょうだいたちも学校から帰れば母に代わって智子の世話をし、家事を手伝った。「この子のお蔭で、皆が優しい子に育った」。それも良子が智子を宝子だと思う理由だった。

家族の愛、とりわけ母が「宝子」として娘を胸に抱く姿をユージンは撮りたいと考えたのだろう。聖母マリアとキリストのイメージが、カトリック家庭で育ってきた彼の頭の中には初めからあったのかもしれない。

智子はお風呂が好きと聞いて、ユージンはお風呂に入れる姿を撮らせてくれと頼んだのだった。撮影の当日、ユージンはいつもと同じように光の加減を非常に気にしていた。当日、石川は一緒に行かなかった。風呂場での撮影と聞いて、遠慮すべきだと思ったからだった。

午後三時過ぎで曇りガラス越しに陽が差し込んでいた。

十二月中旬、陽が落ちるのは早い。母、良子が脱衣所で服を脱ぐ時、ユージンとアイリーンは外にいた。良子が服を脱いで「よかですよ」と教えてくれ、入っていった。

五右衛門風呂の横がタタキになっていて、そこで智子を横抱きにして、まず身体を洗い湯船に入る。とても狭いスペースだった。

〈お母さんが「よかです」と教えてくれて、お風呂場に入っていく時、ユージンは頭を敷居の桟に強く打ちつけてしまった。お母さんが驚いて、「大丈夫か。やめましょうか」と言ったぐらい。でも、ユージンは「大丈夫です」と言って撮影を続けた。私は桟を跨いで、スレイブライトを天井に当ててた。緊張があった。お風呂場は背景に物がないので、二人の姿だけをシンボリックに撮ることができた。初めからユージンの頭の中に、あの構図があったわけではない。お母さんが湯船の中でも横抱きにしているのを見て、ユージンは構図が定まったんだと思う。ユージンが呟いて、私が訳した。「智子ちゃんの身体を全体に持ち上げて下さい」「ほんの少し、手を上げてください」とか、そういったことを。こう言うとよく、ありのままを撮っていない、と言われてしまう。でも、ありのままはそこにある、あるけれど、カメラで捉えるには、微妙な調整がいる。それを言っているだけで、ないものを作っているわけではない。お風呂は毎日、入っていて、それを撮らせてもらったわけだから〉

ユージンは集中していた。対象に、対象の心に。相手の心に自分の心を合わせていく。相手の心の揺れを、その場の空気を感じ取ろうとする。アイリーンが回想する。

〈ユージンの撮り方。鼻で呼吸をして、吸い込んで止める。それでシャッターを切る。息遣いがわかって、私もそれに呼吸を合わせる。すごい集中力だった。相手の波動に合わせて、彼も身体全体が揺れ続けている。シャッターを切りながら、どんどん、撮るべき瞬間に近づいていく。まだ、まだ、もう少し、もう少し。あと少し。山を登っていくように。撮れた、今の一枚が頂上の一枚だ、というのは横にいてもわかる。これだっていう到達点に向かっていく。近寄る、近寄る、すぐ先、もう一歩、もう一歩、今だ、という感じ。それからは引いていく。ずっとシャッターは切り続けるけれど、それはもう撤退のため。少しずつ引いていく。緊張を解いて整えていく。無我夢中だったけれど、とても静かな時間だった。午後の光が差し込み、湯船から立ち上る湯気があたりを包んでいた〉

写真を撮り終えて出月の家にユージンとアイリーンは戻ってきた。出迎えた石川はユージンの顔を見た瞬間、渾身の一枚が撮れたのだとわかった。

〈ユージンは全身、濡れていた。長く風呂場にいたから湯気で濡れたんだろうけれど、まるで彼が興奮し汗ばんでいるように見えた。いい写真が撮れたんだ、と思った。彼は早くフィルムを現像して出来を確かめたいようだった。この写真「入浴する智子と母」はその後、水俣といえばこの写真だと言われるほど有名になり、また、ユージンの傑作、代表作になった。僕は、二十世紀を代表する一枚だとも思う。その撮影に近くにいながら、ついて行かなかったなんて……。後から、僕はものすごく後悔した。今もまだ後悔している。でも、お風呂で撮影すると聞いたから……〉

石川は激しく後悔するのだが、石川が撮影に同行していたならば、あの作品は生まれなかったかもしれない。

まず人は少ないほうがいい。アイリーンならば女性であり、通訳も兼ねられる。被写体はふたりの女性である。そこに日本人の男性がいたら、どうなるか。ユージンは外国人だった。言葉は通じない。そこには自ずと距離がある。だからこそ、良子も応じられたのだろう。

この作品はユージンでなければ、そしてアイリーンが助手でなければ生まれない一枚だった。彼の技術と感性が結実している。彼は構図を決め、光の効果を計算した。窓から入る光、風呂の水面に反射する光、アイリーンに持たせたスレイブライトの光。湯気の流れを。そして、すべてと共鳴しながら、とりわけ智子と良子の波動に彼のそれを合わせながら、その瞬間を撮った。後にこの作品は「水俣のピエタ」と言われ、ミケランジェロ作のピエタ像と比較されることになる。

ユージンのすべてが、ここに現れていた。

ユージン、五井工場で襲われる

この「入浴する智子と母」が撮られた一九七一年十二月半ば過ぎ、東京では川本ら自主交渉派がチッソの本社前で座り込みをしていた。ユージンとアイリーンは、その様子も撮りに行きたかったたし、智子の写真も早く暗室でプリントし、出来栄えを確かめたかった。だが、旅費がなかなか工面できなかった。水俣で初めての正月を迎え三が日が過ぎた頃、ようやく東京に行く算段がついた。

東京に到着すると、ふたりはすぐにチッソ本社前のテントに駆け付け撮影した。川本たちは本社前の路上にテントを張って寝泊まりし、街路樹には洗濯ものや寝具を吊るしていた。また、路には患者を写した巨大な写真パネルを並べ、道行く人に支援を訴えていた。

七日、川本らがチッソの五井工場に行くと言うので、ユージンとアイリーンもカメラを持って同行した。石川は原宿のアパートに残り、暗室作業を引き受けた。

なぜ、この日、五井工場に川本が行くことになったのか。

それは五井工場の労働組合委員長・夏目英夫と会うためだった。東京本社で十二月二十四日、川本らに襲いかかり路上に投げ出したのは、五井工場の労働組合員たちだと聞いたからだ。もし本当にそうならば、患者の置かれた苦境を説明したいし、抗議もしたい、川本はそう考えて、事前に組合に連絡し、面会の約束を取り付けていた。

七日午前十一時、それが夏目側から指定された時刻だった。五井工場に向かう川本には支援学生が付き添っていた。それだけでなく、ユージンとアイリーンの他、新聞社やテレビ局の記者約二十人も同行していた。水俣闘争は大きな社会的関心となっていたのだ。東京ではとりわけ学生運動をしている学生たちの参加が目立った。彼らは患者にとって力強い支援者ではあったものの、反発を買う要素ともなりかねなかった。

五井工場に着くと、川本は正門の横にあった守衛室で「夏目さんに会いにきた」と告げた。だが、門の中には入れてもらえなかった。一行は門の外で待ち続けた。川本の周囲を囲んでいた支援者の若者たちは、「チッソ粉砕」と叫んでいた。

一同は一時間半ほど寒空の下、正門の外で待たされ続けた。ついにしびれを切らした朝日新聞の記者が門を飛び越えて工場敷地内に入り、守衛に説明を求めた。守衛があわてて門を開けたので、一斉に川本と付添四人、ユージン、アイリーン、そして待つことを選んだ報道記者十名が工場内に入った。

ところが、この時、夏目はすでに工場から姿を消していた。裏門から出て本社に向かったという。川本は「約束が違う」と詰め寄ったが、「大勢の支援者を引き連れてきた、あなたこそ約束を破った」と会社側に言い返された。

しかたなく、東京本社に夏目が着き次第、こちらに電話をくれと守衛室から本社に川本は連絡を入れ、あとは正門脇の守衛室で電話が鳴るのを、ひたすら待った。アイリーンが続ける。

〈皆で待ちくたびれていたら、工場の建物のほうから労働者のような男性たちが数十人、こちらに向かってくるのが見えた。突然、彼らは守衛室を取り囲んだ。リーダーがひとり部屋の中に入ってきて、驚いている私たちに向かって、「即刻退去しろっ」と怒鳴った。外に出る間もなく、続いて、そのリーダーのような人が「よし出ないなら、出してやるっ、出せっ」と大声を上げた。すると外にいた労働者たちが一斉に襲い掛かってきた〉

「何をするんだッ」「虐殺する気か！」と叫び声が上がった。アイリーンは、いつもと同じように取材のためにテープレコーダーを回し、録音していた。テープには、「ユージン！」「ユージン！」と泣き叫ぶ、アイリーンの声が残されている。

アイリーンはユージンのそばに駆け寄ろうとしたが、彼らは女性であるアイリーンにも容赦はせず、手を伸ばして髪の毛を引っ摑んできた。アイリーンは、髪の毛を摑まれ、外に出された。

大勢の日本人に囲まれ、放り出される夫の姿が見えた。アイリーンは泣き叫んだ。

〈ユージンはとても目立つし、最初から彼らに完全にターゲットにされていた。まず、カメラを蹴りあげられて、その後、大勢で殴りかかって、口の中に手を突っ込まれて倒された。足を摑まれ、引きずられていくのが見えた。助けに行きたかったけれど、私も髪の毛を摑まれ引きずり回されていた〉

ユージンは出口まで仰向けにされて引きずられると男たちに両手両足を摑まれ、放り投げられた。出口の外にはコンクリートの段があった。ユージンは頭から、その段に落とされた。彼は後、「ガラガラ蛇を叩きつけるようにされた」と表現している。蛇の尻尾を持って頭を地面に叩きつける要領だった、と。ユージンの口からは血が溢れていた。

他の記者たちも引きずられ、小突かれたが、ユージン以上に痛めつけられた人はいなかった。ユージンは後日、「あのリーダーは絶対に、元ソルジャーだ」とアイリーンに告げた。もし、本当にそうであったなら、それはアメリカ人に対する恨みに由来していたのだろうか。

テレビ局の記者はテープを回しており、写真を撮った記者も何人かいた。証拠は十分にあった。アイリーンは怒りを覚えた。こんなことが許されていいのか。

皆と一緒に電車に乗り、なんとか原宿のアパートに帰った。その日の夜、フジテレビのニュースではユージンが暴行される様子が映像で流された。翌日の讀賣新聞にもアメリカ人カメラマンのユージン・スミスさんが暴行されたと、写真つきで報じられた。アイリーンは回想する。

〈いろんな人からお見舞いの電話があった。忘れ難いのは昭和電工の社長の奥さんからの電話だ。「本当にチッソはひどいですね」と奥さんは言った。面識はなかったけれど、化学製品を扱う貿易会社をしていたアメリカ人の父に連れられて、私は子どもの頃、昭和電工の社長の自宅に行ったことがあった。お見舞いということでは、もう一つ驚いたことがある。突然、黒柳徹子さんから、お見舞いの品が届いたのだ。サントリーオールドが二十本も入った段ボール箱だった。お金がなかったから、私は安いレッドに酒屋で代えてもらえないかと考えてしまった〉

石川武志は五井で暴行された二人を、原宿のアパートで迎えることになった。

〈夕方の五時ごろ、ユージンは新聞記者や支援者に担がれるようにしてアパートに帰ってきた。アイリーンはショックを受けていて、とても取り乱していた。記者や支援者は「今すぐ病院に行ったほうがいい」と言ったけれど、ユージンは僕に向かって「今すぐ、フィルムを現像しよう」と言った。「そこに僕を殴ったヤツが写っているかもしれない」って。すぐに現像したけれど、でも、写真はどれもひどくぶれていて、思うような写真は撮れていなかった。ユージンがあの暴行で負ったダメージは大きかった。僕はつくづく残念だ。あの暴行さえなければって思う。ユージンはそれまでとても意欲的で、やる気に溢れていたのに。生き生きしていて、楽しそうで、頼もしくて。でも、あの暴行でケガをし、ものすごく大きなダメージを受け後遺症

に苦しめられ、身体が辛そうで。がらりと変った〉

ユージンのケガは時間が経てば治るはずだと、アイリーンは当初、考えていた。次の日、ユージンと連れ立って、予定していたコンサートに行った。ところが、途中でユージンの具合が悪くなった。身体が重く、首が痛いと言う。それからは、汗をかいて震えるようになった。右目の視力が衰え、右腕を上げると意識を失い倒れるようになった。言葉も乱れた。耳鳴りも始まった。アイリーンはユージンを聖路加病院に入院させた。二十一年前にアイリーンが生まれた病院だ。検査をしてもらうと、首をやられて神経を痛めた上に、もともと身体の中に残っていた沖縄戦で負傷した際の砲弾のかけらが暴行によって動き、神経に障っているとわかった。だが、この破片を手術で取り出すことは危険すぎて出来ないとも言われた。

証拠の映像があっても不起訴

五井での暴行後、夫婦は警察の取り調べを受けた。これだけ証拠が残っているのだから傷害事件としてチッソが起訴されるものだとアイリーンは思った。

〈事情聴取に来た警察官は感じのいい人で、とても熱心に話を聞いてくれた。私たちは、ものすごく詳しく、彼に語った。だからこそ不起訴になったと聞いた時は驚いた〉

チッソはすぐさま、「ユージン・スミス氏は勝手に転んだのであり、当社とは関係がない」という声明を出した。アイリーンとユージンは驚いた。あれだけ映像で証拠があるというのに、なぜこんなことが平気で言えるのか。暴行された時よりも、チッソに激しい怒りを覚えた。

ユージンはチッソに話し合いを求めた。直接、会って話したい、と。

先方は、快諾し、料亭を指定された。アイリーンとユージンが出向くと、総務部長は、座敷には土谷栄一総務部長ら数名が並んでいた。しかし、取締役や社長の姿はなかった。総務部長は、「従業員にいろいろ聞きましたが、誰も暴行があったとか、そんなことは記憶にないそうです」と言った。アイリーンは驚き、「だって、新聞にも載ってますよ」と言って、新聞を広げ写真に写っている人物を指さした。「この人たちです。もう一度、調べてください」。だが、後日、「該当する者がいないので、あなたたちが会いたいと言っても、会える人はいないです」と返され、逆に彼らから、ある提案を持ちかけられた。アイリーンが振り返る。

〈チッソは「お金を払います」って。自分たちは何もしてないって主張しているのに、なぜ、お金を払うという話になるのか、私には理解できなかった。「カメラが壊れたんですよね。賠償します。治療代も出しましょう。その代わり告訴はしないでください」と言われた。もちろん、話には乗らなかった。私たちはカメラも壊され、治療費もかさんでいて、困っていたけれど断った。告訴もしなかった。泣き寝入りはよくないし、訴えるべきだと、ずいぶん周囲の人たちには言われた。でも、訴訟をしたら、それに煩わされてしまう。時間を取られて作品を発表できなくなったら、それこそ相手の思惑が達成されてしまう。ユージンは「一番大切なことは作品を仕上げること。それに自分たちが訴訟を起こしたら、チッソを恨んでいるから、こういう作品を撮ったのだろう、と色眼鏡で見られてしまう」と言った。それがユージンの判断だった。裁判をしないことが、すべてにおいて正しいとは私は思わない。それはジャーナリストひとりひとりが、問題ごとに決めることだと思う。ただ、私たちは、この時は、そういう形を選んだ。でも、私は何年も怒りが収まらなかった。翌年の一月七日は、壁にお皿を投げて割るくらい怒っていた〉

千葉県警はチッソの工場労働者数人を書類送検したが、結局は不起訴となった。

ユージンは退院してからも回復せず、痛みに転げ回っていた。波があり調子のいい時と悪い時の差が激しくなった。

カメラにケーブルリースをつなぎ、舌でシャッターを押す方法を試みたこともあった。アイリーンには、「悪いことばかりじゃないよ。患者さんに近づけた」と語った。だが、あまりに痛みが激しいと、ユージンは床を転げまわり、壁に頭をガンガンと打ちつけた。時にはアイリーンに向かって、「そこにある斧を持ってきてくれ、アイリーン、その斧で俺の頭をかち割ってくれっ」と叫んだ。

五井事件後の一月十一日、チッソは本社の非常口のドア前に鉄格子を設置。川本らが四階に上がっても鉄格子に遮られて廊下を進めなくなった。

二十六日、大石環境庁長官が本社前で座り込みを続ける川本、佐藤武春を呼び、自分たちが立ち会う場で、チッソと交渉してはどうかと話を持ちかけた。沢田一精《いっせい》熊本県知事と環境庁長官が立会人になるならばと川本は了承し、二月二十三日に環境庁で第一回目の交渉が持たれた。しかし、話し合いは平行線をたどった。二回、三回と交渉が続き、皆、疲れていった。

「このままでは自主交渉の目はないのではないか、もう耐えられない。第三者機関に一任するか、裁判を起こすかにしよう」という意見が出て、川本自身も「自主交渉は中止する」という結論を出しそうになった。だが、この時、佐藤が「もう少し頑張ろう」と諭《さと》した。佐藤は常に川本を表に立てながら、陰で自主交渉派を支えてきた、もうひとりの自主交渉派リーダーだった。

川本と佐藤は、最初に提示した一人あたり三千万円という額を訂正し、一律千八百万円を主張すると要望書を書き改めると、五回目の交渉の席で患者二十一名、家族六十二名分の苦しみ料としてチッソ側に突き付け、回答が欲しいと迫った。ところが、六回目の交渉の最中、交渉は打ち切りになったと、沢田熊本県知事から告げられる。抗議を込めて川本らは、そのまま環境庁で座り込んだ。騒ぎを知った大石長官が深夜に環境庁にかけつけ、「君たちを見捨てないから、辛坊強く戦いなさい」とさとした。大石は医師でもあり、環境政策を推し進めた人物で患者たちには非常に敬愛されていた。

だが、七月に田中角栄新内閣が誕生すると、環境庁長官は小山長規《おさのり》に交代し、患者たちは落胆する。その後も自主交渉派は、ひたすらチッソ本社前に座り続けた。力のない者が抗議として取る手段は、座り込みしかないのだ。四月になると右翼の嫌がらせが激しくなり、テントに押しかけてくるようになった。地元ではチッソによる自主交渉派への切り崩しが益々、激化していた。

新認定患者となった鹿児島の北村家は、自主交渉派に入っていた。
北村家の父親は漁師で子ども六人のうち、四人が発病。そのうちのひとりであった長男は自殺した。水俣病で身体が動かなくなり、食べ物がのどを通らなくなった長男は首を吊ったが果たせず、次に殺虫剤のフマキラーを大量に摂取したものの、身内に発見されて命を取り留めた。だが、家族が漁に出たある日、数十メートル離れた池まで病んだ身体で這っていき、身を投げたのだ。小道には這っていった跡が残されていた。それなのに家族は警察から、「お前たちが虐待したから自殺したのだろう」と責められた。これまで何度も水俣市立病院に行ったが、「水俣病ではなく遺伝的なもの」と言われて診断書を書いてもらえなかったという家族だった。（岡本達明『水俣病の民衆史　第四巻　闘争時代（下）』より）
この家にもチッソの東平《ひがしだいら》圭司水俣支社総務部長が菓子折りを持って訪問し、説得。家族は結局、調停派に入った。こうした切り崩しの様子も、ユージンとアイリーンはしっかりと見ていた。自主交渉派の人たちを温泉旅行に連れ出す、料理屋に連れ出す、酒とご馳走を振舞う、盆暮れに届け物をする。何度も接待を受けるうちに、患者のほうも、「前のほうが出された菓子が良かった」と言い出す。そういった心の動きを。

「ジッコちゃんの苦悩が撮れない」

ユージンを最も惹きつけたのは水俣病の子どもたちだった。その中のひとりであった田中実子を、ユージンは千枚近く撮っている。実子は姉のしず子とともにチッソ附属病院で、細川一の診察を受けて、水俣病発生確認のきっかけを作った田中姉妹の妹である。

しず子が生きていれば、アイリーンと同い年。実子はアイリーンと三歳しか離れていない。少女から女性へと移り変わる時期にあり、だからこそ、痛ましかった。ユージンは彼女をこう表現した。

「実子ちゃん、生まれたままの子どもとして大人になってしまった美しい女性」――。

坪谷の実子が暮す田中家は窓を開ければ、その下がもう海だった。実子の家で初めて彼女に会った時、ユージンはその手を二時間も握っていたという。ユージンは実子を人間の営利主義の犠牲者だと語った。

〈実子ちゃん：元気いっぱいだった子どもから生きる屍《しかばね》になった人。(中略) 彼女は歩けない。彼女は話せない。火のなかにとびこんでも、熱さを感じないだろうといわれる。(中略) 私にはあなたをとった私の写真はみんな失敗なのがわかる〉(『写真集 水俣』)

実子には表情があるが、言葉はひとつも発せられない。歩くこともできない。口元から涎が流れる。

実子の写真をたくさん撮り、たくさんプリントした。写真には、まったく病が見えず、健康な、かわいらしい少女として写っているものが、たくさんあった。動画ではなく写真で彼女の病の実態を捉えることは難しい。病が写し出されないのである。美しく撮れている一枚を石川が手に取り、「これ、いいですね」と言うと、ユージンは首を振った。

「親にあげるなら、それでいいのかもしれない。でも、それじゃダメなんだ。少しも撮れていない。そこには実子ちゃんの苦悩が少しも写っていないじゃないか」

ユージンは感情が込み上げてきて、床に転がって床を拳で叩き、泣き出した。

「ジツコちゃーん、ジツコちゃーん。私の写真にはあなたの苦悩が少しも写っていない」

石川はそんなユージンに何と言っていいのか、わからなかった。


〈ユージンは音楽が好きで、よく、いろんなレコードをかけて解説してくれた。ジャニス・ジョップリンの『サマータイム』をかけて、「これが音楽だ、石川」って。泣きながら言う。智子ちゃんの写真は撮れた、という手ごたえがあったんだと思う。でも実子ちゃんに対しては、撮っても撮っても、その実感が得られなかった。だから何度も撮り続けるよりなかったんだと思う。いつだったか正確に思い出せないけれど、ユージンがミノルタの社長に招待された。土門拳さんも呼ばれていた。こっちはユージンとアイリーンと僕の三人。みんな席について、芸者さんのお酌で食事をしていた。途中でトイレに行こうとして、廊下に出てびっくりした。土門さんのアシスタントが襖の外にいたから。土門さんが車椅子でトイレに行くとき、そのアシスタントが一緒に入って介添えする。それが日本の写真界だった。ある著名な写真家の出張についていったアシスタントが朝早起きして散歩をし、その際、カメラで撮影してホテルに戻った。すると、それを知った写真家に怒鳴られた。お前の時間はすべて俺のものだ、って。それくらい前近代的だった。ユージンはその逆で僕に「石川も水俣で写真を撮れ、撮らないと何もわからない」と言い、自分のフィルムを使わせてくれた〉

水俣に来てから約四カ月が過ぎた。五井の事件から、ユージンの視力は低下し続けていた。そんな中で、これまでに撮った写真を「ライフ」に発表できないかとユージンは考えるようになる。ちょうど一九七二年六月にストックホルムで国際連合人間環境会議がある。それに合わせて「ライフ」で水俣病を取り上げれば、世界的に影響を与えることができるのではないかと考えたのだ。

ストックホルムの会議には、胎児性水俣病患者の坂本しのぶが母のフジエとともに、出席することにもなっていた。坂本しのぶの撮影は、主にアイリーンが担当していた。しのぶにはもちろん重い障害はあるが、それでも胎児性水俣病患者の中では、症状が比較的軽く、ゆっくりとであれば話をすることができ、身体はまっすぐではなかったが歩くこともできた。自分の意思を語り、表現することもできたのだ。

母フジエは、真由美、しのぶを産んだ。姉の真由美は一九五三年生まれで足も速く、利口な子だった。ところが、三歳になる頃、急に歩くとよろめき出し、両手が震えて茶碗を落とすようになった。さらに失明し、涎を流して痙攣を起こした。熊本大学医学部附属病院に入院させたが、まったく回復せず、両親は家に引き取って祈禱師を呼んだ。苦しみながら、一九五八年に四歳五カ月で死んでいった。

妹のしのぶは、上村智子と同じく一九五六年生まれ。真由美よりも三歳年下だった。半年たっても首が座らず、這うこともできなかった。個人病院を回ったが、小児麻痺だと言われ続けた。湯堂の村には、同じような子どもが立て続けに六人、生まれていた。「この子も奇病なんじゃないか」と周囲に言われた時、母は、「この子はまだミルクしか飲んでいない」と言い張った。

母フジエは、しのぶが市立病院に入院していた時から水俣第一小学校の特殊学級に通学させるようにし、少しでも自立できるようにと考えた。

しのぶの言葉は明瞭ではなかったが、抒情的に言葉を紡ぎ出す能力があった。しのぶは患者としての悩み、年頃の娘としての悩みをアイリーンに語った。アイリーンはシャッターを切り、後にはしのぶを取り上げたエッセイを書く。

しのぶは自分がなぜ、このような病を負うことになったのか、それを知った時の気持ちをアイリーンに話した。母親が汚染された魚を食べたせいで、自分が水俣病になったのだと知った時の思いを。

〈チッソにこげんと言えたらべつに……ばってん言わんならんど……あんね、あんね、あ、また死んで……（中略）人間みたいに、みんなみたいに……口、足……もどしてもらいたい（中略）恐ろしかこつば考えとった。お母さんが憎らしかったと。私を病気にした。恐ろしか。恐ろしか。恐ろしか、私の考えたこつは。出刃ぼうちょうで殺そうて決めたよ――グサッ――そって自分も死のうて〉（『写真集　水俣』）

皆、しのぶのことを、しのぶに限らず、水俣病の若い患者のことを、大人になっても子どものままだと見る。だが、アイリーンはしのぶと接し、彼女が非常に周囲に気を遣い、胎児性水俣病患者の子どもとして、自分がどう振舞ったらいいのか、深く考え、行動していることに気づく。

女性として人を愛するようになり、その感情をそっと胸のうちにしまって生きていることにも。

ユージン、「ライフ」に手紙を送る

ユージンは意を決して、喧嘩別れをしていた「ライフ」に手紙を書いた。影響力を持つ発表媒体は、やはり「ライフ」を措いて他になかったからだ。信頼する編集者、フィリップ（フィル）・クンハルトに宛てて、その手紙は三月九日に書かれた。

〈これはおそらく、産業廃棄物による水質汚染がどれだけひどい悲惨な結果をもたらすかを示す最初の『古典的』な実例であるかもしれません。水俣で起こっているのは、産業の発展に対する単なる攻撃ではなく、激しい警告である。汚染者も被害者も、産業の発展の受益者であることは理解している。彼らがここでさらに理解しなくてはいけないのは、自分たちの将来が、この問題を解決することにかかっているということだ〉

そして、破壊されてしまった人間として田中実子のことを伝えようとした。

「彼女は美しい人だが、彼女を見た多くの人が生きるまま死んでいる状態だと見るのだろう」とユージンは書いた。話せず、身体を思うように動かせず、よだれを流し続ける少女の姿を見て、自分の心がいかに痛み、乱れるかを。

あとは「ライフ」の判断だった。喧嘩別れをして久しい。ずいぶんな迷惑をかけてきたことは、十分に自覚していた。

やがて、一通の国際郵便が水俣の溝口家に届いた。「ライフ」編集部からの返事だった。「企画を採用する」とあった。手紙の日付は三月二十四日。掲載号は六月上旬。時間はあまりなかった。

アイリーンが振り返る。


〈ユージンが「ライフ」に国際電話をかけて編集者と話すのを聞いて、私は「え？」と思った。とてもユージンが気弱な感じで、へり下っているというか。編集者にコンプレックスがあるように見えた。いつもは写真やジャーナリズムについて堂々と語るのに。仕上げて行く時は、やはり緊張感があった。「ライフ」の編集長ほか、「ライフ」のトップは、皆、ユージンをやっかいな奴だと思っている。ユージンは自分から「ライフ」に連絡したけれど、とても気が重そうだった。しかも、久しぶりの仕事だった。とても緊張したんだと思う。私にはキャロルのようなアートのセンスはない。けれど、マネージャーというか、ちゃんと期日を守るように、実るように持っていく。その努力は尽くした。それは人が思うよりもずっと大変なこと。ユージンに仕事をさせて、きちんと届けるっていうのは、並大抵のことじゃない。なかなか、わかってもらえないけれど〉


三人は暗室に籠って、これまでに撮った写真のプリントをしていった。アイリーンが振り返る。

〈彼は熟練された調理人で、何も量らなくても必要なものが感覚的にわかっていた。露光中、光を手でかざして調整する。柄の長い黒いスプーンや細い棒の先に赤いセロファンをつけたものを振り回して、微調整する。印画紙を現像液に入れて、トングなんか使わずに手で、時には一部をこする。体温を使って露光が足りなかった部分をこすったりして現像することもあった。印画紙を定着液に入れると、すぐにライトをつける。プリントをしている時は、何も話さない。集中する時は息を止める。でも、プリントが現像機に入ると、踊り始めたりする〉

十一枚の写真のレイアウト案を出して、キャプションも添えたものを「ライフ」に特別な方法で送った。

〈締め切りギリギリに、すべり込んだ。最後は羽田空港でアメリカ便に乗る見ず知らずの人に、荷物を託した。「すみません、これをアメリカまで持っていって下さい。飛行場に「ライフ」の編集者がいますから渡してください」って。信じられないことだけれど、そのぐらいギリギリだった。「ライフ」はひやひやしていたと思う。あのページが白紙になったらって。ユージンには、たくさん前科があるわけだし、代わりのプランも立てていたと思う。「ライフ」はユージンにとっては、親みたいな存在だったと思う。反抗しているけれど、心では認められたい相手だった〉

石川はユージンは上村智子ちゃんの手をアップで撮った写真が表紙になることを想定して、「ライフ」編集部にラフスケッチも送っていた。「ＬＩＦＥ」のロゴを入れたダミーの表紙を自分で手描きして。でも、実際に掲載号が送られてきたら、表紙は別の写真家が撮った女優ラクエル・ウェルチの写真だった。

それは「ライフ」の当時の志向性だったのかもしれないが、ユージンの仕事が遅れており、ギリギリの入稿だったとすると、表紙にユージンの写真を使う時間的な余裕はなかったのかもしれない。ユージンの水俣作品は「ライフ」六月二日号の巻末近く八ページを飾り、二ページを使って見開きで掲載されたのは、あの智子と母が入浴する写真だった。

また、「ライフ」同号の別ページには、バチカンのサン・ピエトロ大聖堂にあるミケランジェロのピエタ像が破損されたという事件がフルカラーの写真とともに取り上げられていた。

ピエタとはイタリア語で「哀れみ」を意味し、磔の十字架から降ろされた血を流すキリストを聖母マリアが胸に抱く場面をいう。ミケランジェロのピエタ像破壊を伝える写真と、「入浴する智子と母」が同じ号に載ったため、読者から「現代のピエタのようだ」との感想がまず寄せられ、その後、写真評論家たちによって「水俣のピエタ」と表現されるようになり、ユージンの傑作として定着していくことになる。

世界のジャーナリズムを牽引してきた「ライフ」はこの時、すでに下降線をたどっており、この半年後には休刊となるが、それでも影響力は、やはり大きかった。

掲載にあたって「ライフ」はユージンに最大限の配慮をした。編集後記で編集長のラルフ・グレイブスは智子の写真に触れ、「この雑誌の長年の読者であり、良い写真の愛好家であれば、この写真を撮ったのは誰かを知るためにクレジットを見る必要はないだろう」と、わざわざ記したほどだ。

この「ライフ」一九七二年六月二日号をインドネシアのアメリカ大使館で広げて、「入浴する智子と母」の写真を目にし、衝撃を受けた少年がいる。後に第四十四代アメリカ大統領となるバラク・オバマである。自伝『マイ・ドリーム　バラク・オバマ自伝』（ダイヤモンド社）の中では、それがユージンの「入浴する智子と母」であるとは、はっきりと書かれていないが、時期から言ってまず間違いない。彼はそこで、こう語っている。

「母親の顔は悲しみでこわばり、自分を責めているかのようだ」

「ライフ」に載ったユージンの写真を見て、多くの人が賞賛を惜しまなかった。ユージンは復活を遂げたのだ、と。記事の署名には、巨匠・ユージン・スミスの名前とともに、「アイリーン・スミス」の名前が並んだ。通常ならば、考えられないことだった。だが、アイリーンは国際郵便で、この掲載号が送られてくると、タイトルを見るなり、怒って泣き崩れた。

〈タイトルが嫌だった。「排水管から流される死」って。なんだか、すごく煽情的な感じがした。それにユージンとアイリーンがどうやって水俣で写真を撮っているかを説明するリードの文章が事実とまったく違っていた。五井の事件に触れて、「ユージンが倒れたので、妻のアイリーンがカメラを持って立ち上がった」とか。そんなの事実と違う。私が泣いて怒っていたら、ユージンが「ほら、これだよ、いつも言ってきたでしょ、『ライフ』のいつものやり方。僕がケンカしてきた理由がわかったでしょ」と言った。「これは僕が知る限り一番いいぐらいだよ。

いつも、もっとひどかったんだから」。私はユージンからよく「ライフ」とシュバイツァーの件でケンカをした話だとか、そういうことを聞いていたけれど、ユージンが写真に関しては頑固だし、自分を押し通すし、我儘だから、そうなるんだとどこかで思っていた。でも、この時、ようやくユージンがどういう経験をしていたのか。どうして「ライフ」と決裂しなければならなかったのか、やっとわかったような気がした。彼がこれまでどれだけ表現の世界で闘ってきたかを。悪態をついて、相手を困らせながら、何とか少しでも自分の主張を通そうとしてきた、抵抗することで理想に近づこうとしてきたんだなって〉

「ジャーナリストは客観性に逃げるな」

ユージンはジャーナリストには二つの責任がある、と、よく語っていたという。一つは写真を見る人たちへの責任、もう一つは被写体への責任である、と。この二つの責任を果たせば、自ずと出版社や編集者への責任は果たされる、とも。だから、編集者の言うことに惑わされてはいけない。そのために、出版社と闘い、自分の理想を貫かなくてはいけない。目指すものを撮る。自分の思う、いい作品を。それをすれば、結局は編集者や出版社への責任も果たせることになる、というのがユージンの考え方だった。

「ライフ」がどんなことがあっても、ユージンを見捨て切らなかったのは、彼らもその考えに共鳴し、また何よりユージンの写真を信じていたからだろう。

水俣でのある冬の日の夜、石川は雑談の中で、「ジャーナリズムなんて自分は信じていない」とユージンに言った。途端に仕事は中断され、ユージンの反論を聞くことになった。石川が当時を振り返る。

〈僕は水俣病だって、伝染病だと書き立てた新聞もあったし、チッソの排水が疑われて有機水銀説が出た時に、荒唐無稽な爆薬説や腐った魚を食べた食中毒だと書いてチッソに加担したメディアだって、たくさんあったとユージンに言ったんだ。ジャーナリズムというよりメディアを批判したつもりだったんだけど〉

ユージンは真っ赤になって、「ジャーナリズムが悪いんじゃない。いいジャーナリズムにするか、悪いジャーナリズムにするかは個人の問題だ」と反論したという。

この話は、ユージンの少年期を思い出させる。地元紙「ウィチタ・イーグル」に父の自殺が大きくセンセーショナルに報じられた時、高校生だったユージンは仲良くしていた記者に「ジャーナリズムなんて信じない」と食ってかかった。それから四十数年の歳月を経て、白髭のユージンが若い石川に、ジャーナリズムを擁護したのだ。

石川は、「ユージンは、ジャーナリズムとは何か、を一生懸命に語る人だった。僕なんかが相手でも」と振り返る。アイリーンも石川も、ともによく聞かされたユージンの言葉がある。

〈客観なんてない。人間は主観でしか物を見られない。だからジャーナリストが目指すべきこ

とは、客観的であろうとするのではなく、自分の主観に責任を持つことだ〉

人は皆、先入観を持ってものを見る。先入観とは主観と言葉を置き換えてもいい。自分自身を鍛えなさい、主観に自信を持てるように。それが彼の思いであったのだろう。石川はユージンにこう言われたという。

〈ジャーナリストは裁判官に似ているとユージンは言っていた。裁判官には六法全書があるけれど、自分たちにはない。六法全書にあたるものは自分の中にある誠意や信念、責任感や物の見方。つまりは自分による決断だ。その決断にジャーナリストは責任を持たなきゃいけない。客観性なんて言葉に逃げたらいけない、という考えだった〉

アイリーンもユージンの中心にあった概念は、「清廉潔白」（integrity）だったという。客観性など存在しない。大切なのは正直で公正であることだ、と彼は繰り返し語ったという。

「ライフ」に続いて「アサヒカメラ」一九七二年十月号にも「チッソ　水俣病」を発表する。

ちょうど日本に来て、一年が経とうとしていた。

元村の招聘で写真展に合わせて来日した時、水俣滞在は三カ月の予定だった。原宿のセントラルアパートを、そのまま一年間、借りてもらっていたが、元村にはだいぶ金銭的な負担を負わせたようで、彼から苦情を訴えられたこともあったようだ。裁判が終わるまでは水俣に滞在して取材を続けたいとふたりは思っていた。原宿のセントラルアパートを引き払うと、板橋区大山に安いアパートを借り、新しくそこを東京の拠点とした。また、水俣でも取り壊し寸前の廃屋を、暗室兼編集室として新たに借りた。天井が一部崩れており、隙間風も入ってきたが、ユージンと石川で修繕した。以後、石川は主にここで寝泊まりをするようになる。アイリーンが振り返る。

〈どうしても裁判の結果が出るまではいたかった。見届けなければ、という思いだった。去るわけにいかない。裁判に勝つのか、負けるのか。川本さんたちの自主交渉はどう決着するのか。それを見なくてはと思っていた〉

訴訟派が起こした裁判はだいたい月に一度、熊本地裁で公判が開かれる。水俣から訴訟派の患者や家族はバスを仕立てて向った。アイリーンとユージンもこれに同乗した。行く時は裁判の前だから緊張している。前日入りした時は、旅館の大広間に全員で雑魚寝《ざこね》する。そこから来る団結や親しみもあった。

法廷で繰り広げられる問答に苛立ち、怒りを必死に抑えようとする。時には怒声を上げてしまい、裁判長から注意されることもあった。だが、帰り路は一転してバスの中の空気は明るい。いつも張りつめていたのでは神経が持たないのだろう。漁師唄や甚句を歌い出す。ユージンもアイリーンも何か唄を披露しなくてはならず、英語で歌った。

一方、自主交渉派はチッソ本社前のテントで座り込みを続け、すでに一年以上が経過していた。旅館等も借りていたが常に誰かしらがテントで寝泊まりし、撤去されないようにしていた。

柱が引き倒される日

訴訟派の起こした公判は一九七二年十月に、ようやく結審した。

その日、法廷では上村好男がこう陳述した。

「たった一日でもいいから智子に早く死んでもらえればと……。そんな汚い心を持ったこともあったのです」


判決が出るのは翌年春頃と予想された。

だからこそ、それまでの間、おとなしくしているわけにはいかなかった。行動し、世論を味方につけ続けなくてはならない。

訴訟派家族は裁判が結審すると、すぐさま上京した。チッソ本社前で座り込みを続ける自主交渉派に合流して、彼らを労《ねぎら》い、ともにチッソ東京本社に向かった。この時から新認定患者の自主交渉派と旧認定患者訴訟派は、固く結びつく。

四階のチッソがあるフロアの入り口には、鉄格子がしつらえてあった。これを見て、鋸で切断しようと試みたのは、訴訟派の上村好男（智子の父）だった。切断は諦め、鉄格子の前に訴訟派は座り込んだ。坂本フジエ（しのぶの母）の姿もあった。「死んだ子どもを返せっ」と彼女は叫んだ。機動隊がやってきて、患者たちは引きずり出された。

この時、チッソは柔道の心得がある社員を動員した。小競り合いの中で、川本輝夫は足の指を骨折した。だが、逆にチッソ社員への傷害容疑で東京地裁は川本を七二年十二月に起訴する。これに怒って、逆にチッソの吉岡喜一元社長と西田栄一元工場長を、彼らは殺人罪で訴えた。

訴訟派が東京に行っても、チッソ幹部は会おうとしなかった。患者たちは考えた。チッソを支配している主力銀行の興銀にも共同責任があるはずだ、と。

水俣病対策でも、常に興銀がチッソを差配してきた。江頭豊元社長も興銀から送られてきた人物だ。羊羹三本を持って患者宅を回り、あとで裏切った江頭に対する患者たちの怨みは深かった。その江頭はチッソ生え抜きの嶋田に社長を任せて、代表権を持ったまま会長に退いていた。

水俣では「チッソの経営が傾いているのに、この上、水俣病患者に補償金を払ったならば、会社は確実に潰れる。そうなったなら、町には失業者が溢れる」と噂され、患者家族に対する攻撃が激しくなっていた。それならば、チッソが潰れないように、興銀が援助すればいいではないか。

上京した訴訟派は興銀に前もって文書で日時を指定し、頭取との面会を求めた。だが、八重洲口の興銀本店に十月二十六日当日、行ってみると下っ端の行員が対応に出てきた。そこで患者たちは申し入れ書を読み上げた。

「江頭社長から一任しろという文書にハンコを押せと迫られ、死ぬ覚悟で裁判をした。江頭は口では詫びてまわったが、やることはひどく暴力的だった。その江頭は貴行が派遣されたのです。チッソと貴行は水銀汚染のすべての責任を負わなくてはならない」

銀行店内にいた客は、怨旗と患者たちに慄《おの》いて逃げ出した。患者たちは店内に座り込んで抗議の姿勢を示した。興銀は慌てて、シャッターを下ろそうとした。

第二次田中内閣が誕生し、三木武夫が環境庁長官に就任。日本列島改造論が推し進められようとする日本での出来事だった。

七二年十月、計五十二名が新たに水俣病に認定されると、うち十四名が自主交渉派に、三十二名が調停派に入った。
一九七二年が暮れようとしていた。ユージンとアイリーンにとって、二度目の正月がせまっていた。チッソ東京本社前には自主交渉派リーダーの川本がいた。彼にとっても東京で迎える二度目の正月だった。当時の日記に彼は思いを、こう綴っている。
〈坐り込みのテントから人間の尊さと自然の恵みの有難さを訴え叫び続けて行こうと思う。そして今の日本という世の中の仕組みが、誰かにうまく、都合よく組立てられていることを知り、それを支えている柱を一本でも引倒し得ないものかと思う〉（『水俣病誌』）
柱が引き倒される日が迫っていたのだ。ユージンとアイリーンは、その瞬間を撮ろうとしていた。

第六章　写真は小さな声である

ユージンとアイリーンが使った土間の台所
撮影：アイリーン M. スミス　©アイリーン・美緒子・スミス

溝口家離れとは別に借りた暗室用の部屋。
暗室を作る作業をしている石川武志
撮影：アイリーン M. スミス　©アイリーン・美緒子・スミス

すべては裁判で

五井工場の事件から一年が経ったが、ユージンは後遺症に苦しめられていた。頭痛、視力の低下、全身の痛みに。

それでも水俣と東京を行き来した。それぞれの場で繰り広げられる闘いを、追いかけなければならなかったからだ。やりくりは大変だった。その負担はすべてアイリーンに回ってくる。だが、自分たちが大変な思いをしているとは当時、思わなかったとアイリーンは言う。

〈水俣病の患者さんたちの闘いを見ていたから、ユージンがチッソ五井工場でうけた傷が痛んで転げ回っていても、仕事を続けていくことが当り前だと思っていた〉

チッソにとっても、国にとっても、訴訟派と自主交渉派に手を結ばれることは、なんとしても避けたいことだったろう。患者たちは細かく分断され、仲たがいしている状態が好ましいのだから。旧認定の訴訟派と、新認定の自主交渉派は、ともに国の勧める第三者による斡旋を断わり、自らの主張を通そうとする、チッソや国から見れば手ごわい相手であった。

奇病といわれ激しい差別のあった時代に水俣病と認定された旧認定患者訴訟派の人々の中には、自主交渉派に対して、「あいつらが自分たちと同じような金額を要求するのは、納得がいかない」と思う者もいた。

だが、訴訟派はそうした感情を抑え、熊本地裁で結審すると、すぐさま上京して、チッソ本社前テントにいる自主交渉派に合流したのだった。

自主交渉派のリーダーである川本はチッソから猛烈な切り崩しを受けて孤立した上、上京してから一年が経ち、疲れ切っていた。だからこそ、訴訟派の合流を心から喜んだ。

チッソは、「補償交渉を進めていくには症状や有機水銀の影響を調査し補償額を考えなくてはならない、そのためには、どうしても第三者となる公的機関が必要である、新認定患者の方々には調停による解決を提案したい」と言い続けていた。

だが、彼らが第三者だと言う環境庁の中央公害審査委員会（後の公害等調整委員会）は、チッソや行政に近い人々で構成されており、そもそも中立とは言い難かった。

川本らが調停を拒否すると、チッソ側は、「自主交渉派は被害内容の説明をせず、補償金額だけを申し立て、さらにこれに会社が従わないと言って、支援者だとする暴力学生を使って、会社に押しかけ社員への暴行や器物破損を繰り返している」と世間に印象づけていった。

水俣ではチッソの東平圭司総務部長が、自主交渉派の人々を温泉や料理屋で接待し、次々と寝返らせていた。ついに自主交渉派は十二人となり、新認定患者の大半を占める百三十名が総理府（現・総務省）内に新たに設置された公害等調整委員会（公調委）に決定を委ねる調停派に入ってしまった。

川本は調停派に行こうとする仲間たちに、「騙されてはいけない」と言って回ったが、川本自身に対する誹謗中傷も増し、心身の限界を迎えつつあった。唯一の希望は翌年春に出される訴訟派の判決であり、そこで勝訴することができれば、すべての状況が変わると期待した。だが、だからこそ、チッソや国は、判決が出る前に、公調委から彼らが思う妥当な、つまりは低額の補償金を提示させて調停派に受け取らせてしまいたいと考えていたのだった。

川本をなんとか懐柔しようとして、環境庁長官や、熊本県が再度、接近してきた。川本は説得され、また彼らの顔を立てるという形で、一九七二年十二月十二日に水俣で公調委と面会することを了承する。

この時、チッソ側は川本が追い詰められ、弱気になり、なびいてきた、と思ったかもしれない。しかし、この会への出席が、彼の、あるいは自主交渉派の、さらには水俣病闘争の、運命の分水嶺となる。

その日、約束どおり、公調委委員らと水俣市の会議室で川本は向き合った。

彼らの机の上には資料が積み上げられていた。「調停を望んだ人たちの委任状の束だ」と、彼らは言った。第三者機関である公調委に調停を任すにあたって、代表者に全権を委任するとした、調停派の患者たちが提出した委任状の束だ、と。その書類には当然ながら、患者本人の名前や住所が書かれ、捺印されていた。この束を示すことで、自主交渉を続けようとする川本にプレッシャーを与え、転向を促そうと考えたのだろう。だが、ちらりと書類が目に入った時、川本はあることに気づく。氏名や住所を記した書体があまりにも似通っている――。

川本は公調委との面会を終えると、すぐさま行動に出た。「委任状を見たことがあるか」「書いたことはあるか」と、調停派に聞いて回ったのだ。すると、誰も見たことはない、という。川本は確信した。自主交渉派の代理人となっていた東京の後藤孝典弁護士に、「あの書類は偽造されたものだと思う。確認して欲しい」と頼んだ。さすがの後藤も、「役所が文書偽造をするとは思えない」と、すぐには信じなかった。だが、川本には「偽造したに違いない、それぐらいのことはするだろう」という確信があった。

一九七三年一月八日夜、川本は突然、ユージンとアイリーンが暮らす水俣・出月の家にやってきた。川本の顔が、明るく輝いていることに、ふたりはまず驚く。川本は謎めいた言葉を口にした。

「十日は東京におらんな。公調委に行くけん。ようい けば、ものすごかこつになる」

理由は教えてくれなかった。ただ、「東京まで写真を撮りに来たほうがいい」とだけ言う。

ユージンとアイリーンは慌てて、上京の準備をした。

川本は調停派の緒方シズエら数人の患者たちを連れて一月十日、総理府内の公調委が開かれる会議室に姿を現した。ユージンとアイリーンもカメラを持って、その場にいた。委員たちの中には、ついに川本が折れて自主交渉を諦め、調停派に与する気になったのだと考えた人もいた。だが、川本は次々と公調委委員に鋭い質問を浴びせると、緒方シズエを指さして、おもむろに、こう切り出した。

「こんひとの名前のある委任状は、そこにあっとでしょ。見せんば」

緒方が書いた委任状がそこにあるのならば本人に見せろ、と迫ったのである。公調委委員たちは、彼らの手元にある書類の束をなかなか見せようとしなかった。川本がさらに迫った。

「本人にゃ見せんとか、ええっ？」

その息詰まるやり取りを、ユージンとアイリーンは写真に撮った。

書類がついに患者側に渡ると、部屋中が騒然となった。

「私の名前が書いてあるが書いた覚えはない」「ハンコをついた覚えもない」「この人はすでに死んでいる、どうして判が押せるか」。小競り合いとなり、支援者の学生数名が警察の手で引きずり出されていく。

公調委の委員たちは文書偽造をそそのかしたことを認めず、偽造したのは何人かの調停派の患者リーダーであると言い張った。

だが、この文書偽造のスキャンダルは致命的なものとなった。熊本地裁で訴訟派の判決が下される前に公調委が低額の補償額を明示して、調停派患者と契約を結んでしまう、という流れはこのスキャンダルによって、完全に潰えたのである。

すべては裁判で……。裁判の結果で……。判決へと人々の思いは、集約していく。患者のひとりは後、ユージンとアイリーンにこう語っている。

「勝てる裁判じゃない、勝たんばならん裁判だった」

法廷に響いた智子の声

ユージンとアイリーンが水俣に来る二年前に始まった裁判は、約四年の歳月を経て、判決の日を迎えようとしていた。

田中角栄内閣の下、公害問題、とりわけ水俣訴訟への関心は高く、世論は沸騰していた。判決日が近づく中で三木環境庁長官は、出される判決には従うようにとチッソを説得した。嶋田社長は控訴するかどうかは判決を見て判断する、と語っていたが、三月十八日に「いかなる判決であっても控訴はしない」と声明を出した。

判決前日から、熊本地裁は群衆に取り囲まれた。支援者、患者、報道記者が野宿をして夜を明かした。判決後は「たとえ勝訴であっても万歳は絶対に言わない」ことが患者と支援者の間で確認された。傍聴券をめぐって、「告発する会」と共産党組織、日本民主青年同盟（民青）が対立して争うといった一幕もあった。報道陣が東京から殺到し、凄まじい喧騒となった。ユージンとアイリーンは、いつものように患者たちが仕立てたバスに乗って水俣を出発し、前日に熊本へ入っていた。

一九七三年三月二十日、ついに判決の出される日である。

支援学生たちが「チッソは20年の迫害を血債せよ！」と書かれたゼッケンを背に、地裁の前に座り込んだ。患者のひとりは、地裁の前で「今後の生活保障、昔のようなきれいな不知火海にもどさせるよう、判決の後、チッソ本社に乗り込む」と群衆に向かって挨拶した。上空ではヘリコプターが旋回し、地上では怨旗がはためく。原告たちは群衆をかき分けて、熊本地方裁判所の中へと入っていった。被告であるチッソ側は、弁護士しか来なかった。

判決の模様はテレビ中継され、同時刻の水俣では道に人影はなく、皆、テレビの前に釘付けになったという。一任派の人々は、訴訟派の方がずっと大きな補償金を判決によって認められた場合、自分たちは差額を得られるのかを気にしていた。

さまざまな思いを胸に、それぞれが固唾《かたず》を飲んで、その瞬間を待った。

開廷し、黒衣の斎藤次郎裁判長が中央に、他二名が脇に着座した。アイリーンとユージンは法廷内の記者席にいた。午前九時三十五分。歴史的な瞬間を彼らは目にする。

写真撮影に三分間が割かれた。斎藤裁判長がおもむろに口を開いた。ゆっくりと法廷内を見渡すと、まず「静粛に、行動は冷静にお願いします」と注意した。厳しさのこもった静かな声だった。ついに判決が言い渡される。患者たちの眼は、一斉に裁判長の口元に寄せられた。


空気が大きく動いた。斎藤の声がこだまする。

「渡辺栄蔵、千百万円……」

記者たちが飛び出していく中、次々と一千万円台の金額が読み上げられていった。完全勝訴である。


遺影を膝の上に置き、胎児性患者を胸に抱いた原告患者たちは、黙り込んで下を向き、ハンカチに顔をうずめて泣いた。だが、ひとりだけ裁判長の注意に逆らい、叫んだ者があった。

「上村智子、千八百九十二万五千四十一円……」

裁判長が静かな声で告げた次の瞬間だった。父親に横抱きにされていた智子は、両目をカッと見開くと、のけぞるように天井を見上げ、全身を震わせて、「アーッ」と大声を上げたのだ。皆は驚き、また胸打たれた。裁判長も注意しようとは、しなかった。

智子が法廷で声を上げたのは、この日だけではない。一回目は一九六九年十月、第一回目の公判時だった。その際は斎藤裁判長から退廷を言い渡され、父は娘を抱いて法廷から出なければならなかった。

ある人は、智子ちゃんが判決を聞いて喜んだのだと理解し、「智子ちゃんが笑った日」と記事に書いた。ある人はまた、「裁判が終わっても、私の病気は治らない。怨みは晴れるものではない」という抗議の叫びだと理解した。

静まり返った法廷では、緊張する空気の中で、続いて裁判長から判決理由が述べられた。

「水俣病の発症はチッソ工場の排水中の有機水銀化合物の作用による。チッソは合成化学工場として要請される注意義務を怠った。見舞金契約は公序良俗に違反し無効」

チッソが廃水処理法に注意し患者が発生しないよう万全を期したとは、とうてい認められない――。斎藤裁判長はチッソの過失責任を認め、断罪する判決を下したのである。

アイリーンの日本語力では裁判長の言葉を聞き取ることは難しかった。それでも、懸命にメモを取った。アイリーンが振り返る。

〈あの判決は宝だと思う。不滅の判例、今でもそう思う。患者さんたちが闘って、闘って、その末に摑んだ。その過程を見せてもらった。判決を聞いた時、私は二十二歳。忘れられない体験になった〉

日本の環境行政はこの判決後、大きく変わっていく。企業の責任が問われた結果、その後、日本の川、海を以前のように破壊することは許されなくなった。

補償をめぐる新たな闘い

法廷から出て来た患者たちを報道陣が取り囲んだ。患者たちは、ただ、泣くだけだった。感想を求められても声にならない。命病と言われてからの長かった道のりを彼らは思った。

この日、チッソの嶋田社長の姿は法廷になく、患者たちは彼らに謝罪の気持ちなどないのだと改めて思った。もし、嶋田が姿を現し、謝罪をしてくれていたなら、心からの謝罪をしてくれていたなら、患者たちの心はだいぶ違っていたのかもしれない。

ステッキに身体を預けながら、「判決は出たが、死んだ者は生き返らない。死ぬまでチッソを監視していく」と語ったのは両親を殺され、自身も患者である浜元二徳だった。

坂本しのぶと真由美の母・フジエは、「チッソのために死んだ長女の真由美にも、命の値段がつきました。しのぶに補償金が決まりました。しかし、しのぶの激しい体のしびれは止まりません。チッソの罪は、しのぶの身体から永久に消えないでしょう」と記者に語った。

ともに一九五六年生まれのしのぶと智子は、この時、十六歳だった。

十一時からの報告会では原告団長の渡辺栄蔵が訴訟派患者を代表して挨拶をした。

判決に不平はないとしながらも、「しかし、水俣病の闘いはこれで終わったわけではない」と述べた。

胎児性患者は、十代である。介護する親たちがいなくなった時はどうなるのか。一千万円を超す補償金を得ても彼らは身体を壊され仕事ができず、介助者なしには生活もできないのだ。どうやってこの先の歳月を生きていくのか。補償金だけでは一生を生き切れない。生きていくためには、年金や医療費や公的な介護が必要だった。斎藤次郎裁判長も、判決後、記者団に談話を発表した。

「水俣病による被害は、あまりにも深刻で悲惨だ。原告らは本当にお気の毒だと思う。いくらかでも幸せがもたらされることを祈る。裁判には自ら限界があるから、裁判に多くを期待するのは誤りである。企業側とこれを指導監督すべき政治・行政の担当者による誠意ある努力なしに根本的な公害問題解決はあり得ない」

誰よりもそのことをわかっていたのは、患者自身であった。原告たちは熊本で勝訴判決が出ると、すぐさま次の行動を起こした。

チッソに対して、年金や医療費といった生き続けるための補償を要求しなくてはならない。今回、代理人は立てない。第三者にも頼らない。チッソ幹部に直接交渉をする。思いのたけをぶつける。訴訟派患者たちは東京で川本らの自主交渉派と合流すると、あらたに東京交渉団を結成。団長には劇症型の水俣病患者で訴訟を闘った田上義春が就任した。

川本ら自主交渉派は訴訟派と組むことで、新認定患者にも同額の補償を求める道が開けると考えていた。

裁判の二日後、三月二十二日から、それは始まった。

アイリーンとユージンも上京し、取材した。

訴訟派患者たちは怨旗とともに東京本社前のテントに到着すると、チッソ本社の入ったビルを燃えるような眼で見上げた。

会社はこれまで約一年間、自主交渉派との直接交渉を突っぱね、公調委に任せようと目論んできた。しかし、もう逃げることはできなくなった。

階段を上がってきた彼ら交渉団をチッソ側は鉄格子を開き、迎え入れた。

川本や訴訟派患者は、特設室で嶋田社長ほか役員たちと机を挟んで向き合った。メディアはその周囲を取り囲み、両者のやり取りを聞き漏らすことなく記録しようとした。団長の田上義春は、「この文書に署名しろ」とチッソ側に迫った。

それは「当チッソはこの判決に基づくすべての責任を認め、以後水俣病にかかわるすべての償いを誠意をもって実行致します」と書かれた誓約書であった。

嶋田社長は「できる限り」という言葉を入れたいと言い、判をつこうとしなかった。患者の怒りが爆発した。

「あんたどんは上訴権を放棄して、企業責任が明確になったんだろうが」

「家には患者が五人います。仕事もできず困ってます。これから生活できるようにしてください」

「裁判でもらったのは慰謝料と思っとります。今後、生き延びるには治療費も通院費もいる、生活費もいる。私たちはそんな不当な要求はせんとですから」

「社長さん、あんたの会社が患者をつくったんですよ。自分がつくったんですよ」

「もらった金は返す。身体ば元に戻せっ」

五時間以上が経ち、ようやく嶋田は判をついた。

翌二日目の交渉。訴訟派患者たちは鉄格子の撤去を求め、会社はこれに応じた。だが、肝心の交渉では、チッソが払えなくなった場合、国家が払うことになるので、その金額を決める権限は国家にあるので自分には決められない、と嶋田は述べた。患者たちは、激しく抗議した。

三日目、母親が叫んだ。「私はどうでもいい、子どもです。子どもが生きていけるように……。あなた、人間ですかっ」

だが、交渉は進まなかった。

四日目、五日目と交渉は続いたが、嶋田の態度は煮え切らなかった。すると、坂本トキノが叫んだ。

「あなたの長女を私に売ってください。そうすっとば水銀のまして、ぐたぐたになして、あんたに看病させますから。もらったお金であなたの娘を買いますから。あんたに看病させますから。そうすっと私たちの気持ちがわかりますから……。身体全体から膿《うみ》が出てね、腐れてね……」

看病のため結婚を諦めさせられた浜元フミヨが激しい口調で訴えた。

「私が嫁に行ったら一家全滅。それで泣いて諦めた。私は補償金なんかいりません。そのかわり、あんたが私を二号にして、私の一生を見ますというなら。年を取っとりますが、二号にしてください。それで私の一生を、死ぬまで見てください。私は恥もごうもないです。二号でも三号でもかまいません。私はこげん人殺しの社長の二号になんかなりたくありませんけれども、生きるためになります。私はいっぺんも嫁になっておりません。私は年は取ってますけれども処女でございます」

嶋田はその場から逃げなかった。嶋田の顔に流れる汗を社員がタオルでぬぐった。その瞬間をアイリーンは逃さずシャッターを切った。

恨みをいくら訴えても、嶋田や役員たちの心には届いていないように思えてならない。労使交渉のような態度に患者たちは苛立った。彼らには加害者だという自覚がないのだろうか。自分たちが殺人を犯したという反省もないのだろうか。

大きな机を挟んで向き合っており、正面に座っても遠くに相手がいる。午後八時、その机の上に川本輝夫は飛び乗った。嶋田の眼前に近づき、テーブルの上で胡坐《あぐら》をかいた。距離を縮めたかったのだろう。川本は嶋田に迫った。

「あんたげん会社と交渉がしようてしてきた。ばってん、あんたらは、いっちょん誠意ば示そうてせんだった」

チッソは水俣病患者でも新認定患者を差別してきた。自主交渉派の小崎弥三と松本ムネが相次いで、この一年あまりの間に死んだ。川本はこのふたりに判決と同じだけの支払をしろと嶋田に迫った。周囲からは「償いを果たせっ」「人は何のために生まれてくっと思うかっ」「人間が生きていくためには、何が必要ち思うかっ」と怒鳴り声が飛んだ。

報道陣が懸命に筆記し、カメラのシャッターを切る音が響く。川本は押し黙り、しばらく沈黙の時が流れた。夜が更けていく。

人間として向き合いたい、どうしたら、それができるのか。連日、何時間もこうしてきたが、少しも話は進まない。川本はポツポツと話し出した。以下、川本輝夫の著書から引用する。

「社長さん、あんたは何宗ですか」

嶋田は何を聞かれたのか、一瞬わからなかった。だが、答えた。

「禅宗です」

川本が続ける。

「禅宗は何を教えよるですか。奥さんも禅宗ですか」

「家内はカトリック……」

「カトリックは何を教えるですか。カトリックと禅宗の違い、どこにありますか」

嶋田が押し黙る中で、川本が続けた。

「子どもさんも三人か四人かおられるち言われた。子どもさんは、小崎（弥三。故人）さんとこもおられる、松本（ムネ。故人）さんとこもおられる。小崎さんはあんたと同じように父じゃった。そんなに違ってよかもんじゃろうか。日本全国の同じ父と母が……」

嶋田は黙っている。川本が続ける。

「あんた、俺より、うんと年齢《とし》も上じゃ。娑婆《しゃば》の経験もうんとある。人も使っとる、何万人て。人間なんてとうに見抜いとるじゃろ。人間がどげん生きないかんか、どげん暮さんばいかんかっちゅうことぐらい、あんた、ひとかどのものを持っとるじゃろう。あんたの座右の銘は何ですか。趣味は何があるんですか。盆栽ですか、音楽ですか、何ですか」

嶋田が答えた。

「何もないです。まあ、本を読むぐらいです」

「本を読まれるんですか。私ゃあんまり読んどらんけん知らんばってんが。どんな本を読んで一番感銘を受けたですか。あんたが読んだ本と、小崎さんの死とか松本さんの死とかと結びつかないですか。ぜんぜん無縁ですか」

「無縁なことはないですよ……」

「無縁じゃないですか」

「ええ、無縁じゃないです」

（『水俣病誌』より大要）


生活費を払ってくれないのなら、チッソ幹部の家庭で、それぞれ患者を引き取ってくれ、人間は死ぬよりも生きていくことが大変だ、と患者たちは叫んだ。患者も嶋田もそのまま会議室で仮眠して一夜を過ごす中で、上村好男が嶋田に言った。「いつまで待つんですか。皆、死んでしまう。今日から明日から困るんです」。嶋田は、会社は補償を実行するが、個々の事情を調査して補償額を決めたい。そのためには環境庁長官の努力を頼みたいと繰り返した。

三月三十一日、嶋田は三木環境庁長官に呼び出されて、「患者の立場に立って要望を検討するように」と叱責された。午後、再び交渉が始まった。

交渉団は、「判決で受け取った金を全部返すから、そのかわり、身体を元通りにして返せっ。患者を一生養えっ」と迫った。

それに対して、嶋田は「これから出てくる患者をはじめ、公平に補償しなければならないので」と繰り返した。

深夜になった。その時、岩本公冬《きみと》が叫んだ。彼には水俣病の発作が出ていた。全身をはげしく痙攣させながら、車椅子で社長ににじり寄ると、彼は怒鳴った。

「もう我慢しきらんっ。わからんとかっ。補償金だけでは、生ききらんとっ、これだけ苦しんできたのがわからないのかっ」

岩本はその場にあったガラスの灰皿を摑むとテーブルに叩きつけた。その手から血が噴き出した。血まみれになって身体を痙攣させる岩本を患者たちが助けようとする。川本が「この患者の苦しみを受け止めきらんとかっ」と声を荒げた。その時、嶋田が咄嗟に告げた。

「払います……千六百万円の仮払いをします」

社長の横にいた重役たちが、驚き、取り下げさせようとした。だが、できなかった。患者たちは、「血を流さなければ補償ができないのか」と涙を流して嘆いた。

嶋田はその後、高血圧で入院する。「チッソ幹部に病院に押し込められた」との説が流れた。

チッソ社長嶋田の葛藤

嶋田の中に、どのような葛藤があったのか。

嶋田は連日、会議室で大勢の水俣病患者や支援者に囲まれ、ほぼ、ひとりで対応した。周囲には他の役員もいたが、彼は甘んじて追及の矢面に立った。

嶋田を知る人たちは、患者や支援者、メディア関係者に罵声を浴びせられ、「土下座しろっ」と怒鳴られて土下座し、時に灰皿を飛ばされる姿をテレビで見て、涙した。会議室に数十時間も閉じ込められ、夜もほとんど眠らせてはもらえずにいる。「これは拷問ではないか」と憤った友人たちもいた。「なぜ、彼がこんな目に遭わなければいけないんだ」、と。

多くの人が嶋田にキリストの姿を重ねた。彼が後に亡くなった時、新聞は「十字架を背負って社長に就任」と書いた。

連日にわたって患者たちに小突かれる父の姿をテレビで見た彼の子どもたちは、憔悴しきって帰宅した父親に駆け寄り叫んだ。

「あの川本という男はひどすぎるっ」

すると嶋田は、子どもたちをたしなめた。

「川本さん、と言いなさい」

嶋田は一九一〇（明治四十三）年、和歌山県田辺市に生まれた。文武両道の秀才で陸上選手として県大会記録を残すほどだった。アイリーンの曾祖父・岡崎久次郎と同じように東京商科大学（現・一橋大学）に進学。ボート部で心身を鍛えた。

チッソはその頃まで、理系学生しか大卒者は採らなかったが、嶋田は一九三四年、初めて文系の新卒社員となった。本社の庶務部から朝鮮窒素へ。彼は人物を見込まれ満洲国に官吏として出向もしている。一九四四年には三十歳を過ぎているのに応召され、大陸で過酷な戦争体験をする。シベリア抑留を経て帰国したが、こうした体験から彼は禅や聖書に惹かれていったという。

文系の営業畑だったため、「技術のチッソ」では傍流であった。だが、一九七一年、社長に担ぎ出される。社長就任から数カ月後の十一月、嶋田は水俣を訪問。訴訟派の代表、渡辺栄蔵の家に行き、擦り切れた畳の上で土下座した。周囲を訴訟派患者たちが幾重にも取り囲んだ。憤った患者に「水銀を飲んでみせろ」と言われると、彼は「どなたか、水銀をお持ちください」と言った。その現場にはユージンとアイリーンもいた。嶋田は後輩の内海正蔵にこんな言葉を語ったという。

「物理学者は自分達の知らぬ世界あるいは領域に手の届かぬ域があることをよく弁《わきま》えており、謙虚である。そのような思いで未知のものを感じており、謂《い》わば天を怖れる心を持っている。これは宗教と相通ずるものかも知れない。これに対し化学者ケミストは自分達の手、頭脳で出来ぬものは何もないと考えているような傾きがある」（内海正蔵の追悼文。『嶋田賢一さんを偲ぶ』所収）

チッソ社員の多くが「あの公害を起こした責任は嶋田さんにはまったくないのに」「技術者たちが防ごうとしなかったのに」と証言している。

「八十二時間も交渉という名の締め付けにあった」とされる四月。嶋田は体調を崩して、神田クリニックに入院した。二十日頃、チッソ社員の藤井洋三（後にチッソ石油化学社長）が見舞いに行くと、嶋田は彼に「今から言うことを筆記しなさい」と述べた。

「患者数を確認して、補償をきちんとする。チッソは設備、労働者を国家に預ける。責任問題は株式会社にあり、設備や労働者にはない。今後、どうするかは国家の判断の範疇《はんちゅう》にある。私企業のよくする範囲を超えた」

さらに、嶋田は続けた。

「自然人としての嶋田が、心情的に考える金額は、会社の支払能力をはなれたものにならざるを得ない。支払われる金額は国民の血税から支払われることになるので、私企業の責任者である自分が決めうる権限があるのか、逡巡している」と。（大要、同前）

彼は周囲から患者たちの要求に応じるなと圧力をかけられ続けたが、「自然人」として、患者たちに深く同情している、と告白したのである。

医師でもあり、環境庁初代長官として水俣病問題に関わった大石武一は患者たちに、深く慕われた自民党議員であるが、彼は嶋田を、チッソにおいて誠心誠意努力して対応した人、として見ていた。大石はこんな言葉を残している。

「これを契機として、日本の公害行政の方向が確立したと考えます。チッソ株式会社は、公害対策のスケープゴート（いけにえ）であったとも言えるかも知れません。（中略）私は時折、十字架を背負ったキリストの像を見ますが、ふと、嶋田賢一氏を思い起こすことがあります」（同前）

嶋田はこの交渉以降、カトリック教徒となり、洗礼を受けている。

判決が出る前後、入江専務は辞任したいと嶋田に申し出た。辞任するにはメインバンクである興銀と三和銀行の承認がいる。興銀出身の江頭会長に入江は判決が出た日、改めて辞任の気持ちを伝えに行った。すると、江頭は「自分が責任を取って辞める」と辞任した。

チッソに増産を指示してきたのは高度経済成長を追い求めた通産省である。水俣病問題が起ってからも、通産省が対策を取らせまいとした。しかし、その責任は誰も取らない。銀行も通産省も逃げ切り、チッソだけが罪を押し付けられたのだ。責任を負うべきチッソの技術系重役たちも逃げていった。田中内閣の通産大臣は中曾根康弘だった。彼は水俣病の訴訟判決が出た時、「国の企業対策に抜かりがあった」と答えた。まるでチッソの不正を通産省が見抜けなかった、というかのように。

四月十七日、患者たちは興銀本店に行き、中村金夫取締役に面会を求めたが、拒否された。玄関前に座り込んで抗議すると、興銀の雇った右翼団体に脅された。それでも、三時間、座り込んだ。

患者たちはチッソに迫り続け、要求を一つずつ通していった。やがて、全てで合意に至る。環境庁の入った合同庁舎十二階の会議室でチッソと東京交渉団の協定書調印式が持たれたのは、一九七三年七月九日。病気療養中とのことで、そこに嶋田社長の姿はなかった。

写真展開催にこぎつける

東京交渉団の激しい折衝が続く中で、ユージンとアイリーンの写真展「水俣：生——その神聖と冒瀆」が開催されることになった。一九七三年四月十三日から十八日まで。池袋の西武百貨店が会場となった。

水俣をテーマにしているため、展覧会場はなかなか決まらなかった。百貨店が引き受けても、取引先の銀行から横やりが入って流れてしまう。それを嘆いていたが、思いがけず西武百貨店が引き受けてくれたのは、オーナー社長の堤清二がユージン・スミスのファンだったからだ。財界人で小説家でもあった堤は、「ライフ」に載った「カントリー・ドクター」や「スペインの村」を見て感銘を受けたひとりであったのだ。

やっと開催にこぎつけた写真展だった。だが、あることでもめた。

主催者は、「ユージン・スミス写真展」にしたいと言ったが、ふたりは「アイリーンの名前も入れるように」と主張したのだ。だが、認められなかった。アイリーンの写真を展示してもいいが、展覧会そのものを「ユージン・スミス＆アイリーン・スミス写真展」にすることはできない、と。アメリカの著名な写真家の名前に、なぜ妻の名も入れなくてはならないのか。妻には写真家としてのキャリアはない。

〈やっと西武デパートが受けてくれることになった時、アイリーンの名前は外したいと言われてショックを受けた。展示作品のうち四分の一は私のものなのに。余計なものなの？　隠したいものなの？　ユージンはその時、水俣にいて私がデパートの担当者との交渉にあたっていた。水俣に電話するとユージンは、「アイリーン、譲るな」と言った。でも、担当者はいくら言っても、びくともしない。最後には「だって、あなた奥さんでしょ」と言われた。私は悔しかった。でも、ここで妥協しなければ、展覧会の話そのものが流れてしまうので、妥協した〉

アイリーンがいなくてはユージンの仕事はまったく成り立たなかったろう。生活も。それは誰の目にも明らかなことだった。アイリーンはユージンの杖だった。アイリーンは外に出て、人に会い、様々な出来事を見て、ユージンに伝えた。

しかし、著名な夫の妻という立場から分を超えた主張をする、と見られてしまうこともあった。アイリーンは日本に来てからというもの、「子どもは欲しいですか」「得意料理は」と聞かれ、「奥さん、首にかけているカメラを外してユージン・スミスさんにお茶を出して下さい、それを撮りたいんです」と取材者に言われることに、苛立ってもいた。

逆にアイリーンの個性と献身をユージンが利用していると見る人もいた。

アイリーンは言う。

〈ユージンには自分を犠牲者だと思っているようなところがあった。写真に身を捧げた、人生を犠牲にしたんだと。でも、本人だけでなく周りも犠牲になる。それを苦しいと言いながら繰り返すユージンとよくケンカをした。自分は闘って血を流すキリストで、自分のことを受難者だと思っていた。彼の依存度は底なしで、周りからエネルギーを吸い取っていく。私がその大半を背負う。人に対して自己中心的だと私は怒った〉

この写真展は、西武百貨店での展示後、「水俣病を告発する会」の山上徹二郎（映画プロデューサー、シグロ代表取締役）に託された。山上は巡回写真展を日本全国で行い、その売り上げをユージンの意向どおり、水俣病患者のための施設・水俣病センター（後の相思社）を設立するための費用に回った。ユージンの水俣に対する大きな贈り物だった。

ふたりの間に生まれた亀裂

この頃、アイリーンはユージンのプリントに当惑していた。あまりにも暗かったからだ。日中の写真も夜のように見えてしまう。

〈ニューヨークにいた頃から黒に対するこだわりがとても強くなっていたが、水俣で私が、

「この空は夜のように暗いわ」と言った時、ユージンはまったく同意しなかった。仕事で口論になったことは、後にも先にもその時だけ。彼は、「これのどこが夜なんだ、夜じゃないことはわかるはずだ」って言い張った。でも、私にはあまりに暗く見えた。他の写真も、とにかく、ダーク、ダーク、ダーク……。でも、「暗くない」とユージンは言い張る。私がおかしいのか、ユージンがおかしいのか。石川さんと、「目のせいかな」と話し合った。でも、それは目のせいではなく、ユージンの精神から来ているように思えて、私は気にかかった〉

ユージンは日常生活の中で気絶することが増え、視力が益々、落ちていったと石川も振り返る。

〈ユージンの具合はどんどん悪くなっていった。頸椎《けいつい》の神経が圧迫されて、右手が上げにくくなったので、シャッターが思うタイミングで切れない。目が、よく見えていないようだった。写真家にとっては致命的だ。疲れやすくなって、体力、気力が続かない。そのせいか、次第にフォーカスの合わせやすい広角レンズをよく使うようになった〉

写真展も終わった五月、ユージンは治療を受けるためニューヨークに一時帰国した。目が見えなくなり、このままでは失明してしまうと不安になったからだ。日本でもありとあらゆる治療をしたが改善せず、彼はアメリカでの治療を望んだのだ。

ニューヨークに着くと知人たちの紹介で、医者へ行った。精密検査を受けると、日本の医者と同じことを言われた。「手術は危険すぎる。視力の低下は救えない」。最終的にユージンは整骨医のジョン・ラリ医師に頼った。彼は骨の間に挟まれた神経を開放し、血液のめぐりを良くして頭痛と視力低下からユージンを救い出してくれた。

症状が格段に改善され、気持ちが明るくなった彼は治療を受けながら、この滞在中に、もう一つの目的も果たそうとした。水俣のエッセイを掲載してくれる出版社を探したのだ。

後にユージンの評伝を書くことになるジム・ヒューズにも、この時、会っている。彼は当時「カメラ35」誌の編集長をしていた。ミッドタウンのビストロで待ち合わせると、遅れて到着したユージンは「トリプルスコッチをストレートで」と同じ注文をジムの前で四回、繰り返した。

ヒューズもまた、ユージンの崇拝者だった。だが、どれだけ編集者たちを困らせる写真家であるかも聞き知っていた。それでも久しぶりに会うユージンの魅力は圧倒的だった。偉ぶらず、チャーミングで、駄ジャレばかり言う。

ユージンは「水俣の判決が出た今、昨年、『ライフ』に載せたものよりも長いエッセイを発表したいと思っているんだ」とヒューズに打ち明けた。ヒューズは「自分たちの雑誌は弱小で満足な支払いはできない」と断った上で、ユージンと契約を結ぶ。締め切りは九月に設定した。だが、このことが周囲に知れるやヒューズの元には、「真っ白なページになるぞ」と心配する声が多数、寄せられた。

日本に戻ったユージンからは早速、一カ月の締め切り延長を申し込まれた。ジムは初めから、余裕を持ってスケジュールを組んでいたため動じなかった。とはいえ、やはり少し不安になった。また、同じような連絡があったらどうしようか、と。しかし、翌十月になると、日本から荷物が届いた。開けると美しい写真と詩文のような文章の書かれた冊子が入っていた。二十六ページ分のレイアウトが描かれ、キャプションもついていた。クレジット用の文字の種類まで、以下のように指定されていた。

「派手で重くてはいけない、優雅であっても薄っぺらではいけない」

この仕事を一カ月遅れではあっても迷惑をかけずに仕上げられたのは、ひとえにアイリーンの努力による。


〈ユージンに仕事をさせるのは、並大抵じゃない。私はガミガミ言って、ユージンを仕事に向かわせた。ユージンは仕事を始めれば集中して、徹夜もする。でも一度休んでしまうと、始動するまでに時間がかかる〉


アイリーンとユージンの関係にはすでに亀裂が入っていた。

ふたりは三十一歳差だったが、ユージンがケガをしてからは年齢以上の体力差が生じていた。それは若いアイリーンの想像を、はるかに超えるものであったのかもしれない。ユージンは妻に合わせようとしても無理だった。絆が薄れるのを彼は恐れた。

ユージンはふたりの間に子どもを持ちたいと思い、一時はアイリーンもそれを望んだ。だが、子どもを作るようなことも、彼にはできなくなっていた。そのことも彼らの関係を冷たくした。老けていくユージンと、日本に来てから社会を知り、バイタリティに溢れて、目覚めていくアイリーン。日本の青年たちにとって、西洋人の血が入ったアイリーンは美しく輝く、憧れの存在だった。アメリカにいた時よりも、ずっとアイリーンは生き生きとし、自信に満ち、魅力を増していった。ユージンの目にも、そう映っていたことだろう。

「告発する会」を手伝っていた山上徹二郎は、「写真展の準備をしている時も、ふたりはよく僕らの前でキスをしたり、抱き合ったり。本当に目のやり場に困るほど仲が良かった」と振り返る。

一方、石川はふたりの喧嘩を目にすることが増え、ハラハラしていたという。水俣の近所の人たちにもそれは筒抜けだった。近所の人が心配して様子を見に来ることもあった。アイリーン自身もジム・ヒューズの取材を受けて、こう語っている。

〈日本にいた間は、私たちふたりだけだったので、本当に強烈だった。三年間彼が話せる相手は私だけだった。私はよく彼に向って叫んだり、怒鳴ったりしていました。彼の心を砕くまで切りつけました。私が彼に辛くあたったのは、彼に怒って、こう言ってもらいたかったからです。「畜生、うんざりだ。お前なんかどうでもいい。出て行け！　もう二度と会いたくない」って。でも彼は一度も言わなかった……〉

アイリーンに何かにつけて責められるユージンはある日、石川に呟いた。

「アイリーンは子ども時代に、何か辛いことでもあったんだろうか。それがトラウマになっているのだろうか」

アイリーンがいくら喧嘩を吹っ掛けても、ユージンはキャロルの時のように激しく言い返したり、ましてや物を投げたりはしなかった。だから、余計にアイリーンは止まらなくなる。ユージンを試すように荒れてしまう。アイリーンは両親が離婚した時、泣くと父親が寝室に駆けつけてくれるので、悲しくなくても泣くことがあった。まるでその時のように。「ユージンとの喧嘩は喧嘩じゃない、私が一方的に怒っていた。でも、私は疲れ果てていた」とアイリーンは言う。

金が水俣を変えた

ジム・ヒューズとの約束を守って、徹夜をしながら「カメラ35」に掲載する写真と原稿を仕上げてニューヨークに送った、その翌月のことである。

一九七三年十一月九日、めずらしく、ユージンはひとりで知り合いの写真家に会うために上京し、水俣で待つアイリーンのもとに帰るところだった。ところが、新幹線の車内で急に喉元にこみ上げてくるものがあり、気づくと大量の血を吐いていた。次の静岡駅でユージンは列車から降ろされ、市立静岡病院に運ばれた。水俣にいたアイリーンのもとには国鉄の社員から電話が入った。

アイリーンはすぐに夜行列車に乗り、翌朝には市立静岡病院に駆け付けた。

アイリーンは担当医から「食道がんで、余命は三カ月でしょう」、と告げられショックを受ける。

ユージンは遺書を書き始めた。一方、アイリーンは水俣の溝口家に電話を入れ事情を話すと、寝たきりでもユージンが仕事をできるように土間を改装させて欲しいと相談した。だが、検査を受け直したところ食道がんではなく、潰瘍だということがわかった。安心したが、このことからも、早く水俣プロジェクトを写真集という形で完結させなければと、ふたりは思うようになった。

アイリーンとユージンは写真集を出してくれる出版社を探した。日本では、親しくしている人が雑談のような形で出版を申し込んでくることに戸惑った。日本語で伝えるのは、いつでもアイリーンの役目だった。約束を守れないと、相手はユージンではなくアイリーンに苦情や怒りをぶつけてくる。日本語で書かれた手紙を四苦八苦して読むのもアイリーンの仕事だった。

アイリーンがひらがなで必死に反論の手紙を書く。その下書きを見ると、小学生の子どもが大人を相手にひらがなで事情を懸命に訴えているようで、痛々しい。なぜ、日本人の男たちは、せめて英語で伝えようとしないのか。アイリーンが出さなかった手紙の下書が残されている。


〈スミスにお書きになりたいなら、ほんやく者をとおしておやりになって下さい。（中略）もう私をとおしたからごかいがおきたのではないかというりゆうはもうたくさんです〉


水俣訴訟の判決はすでに七三年三月に出た。自主交渉派と訴訟派が合流して東京交渉団を結成し、嶋田社長から年金や医療費を引き出す過程も見た。一任派にも調停派にも差額が支払われた。同額の基準で補償金が支払われ、また年金や治療費が支払われることも決まった。

一年近く、ユージンとアイリーンは水俣で「訴訟後」も見てきた。その頃、水俣の村では終わりと始まりが交差していた。

ひとり一千万円前後という補償金が振り込まれる。水俣病だということで差別され、苦しんできた、水俣病だということを人に知られまいと隠し、恥じてきた患者たちの生活は、これによって一転した。また、これまで「水俣病ではないか」と言われると激しく怒った人たちが、群れをなして認定申請をするようにもなっていた。

「カネが村々に侵入する」――と、ユージンは後に写真集で、表現している。

アイリーンはある日、訴訟派の家を訪ねた。すると、「おもしろかもんば見せちゃろか」と患者に言われる。彼から見せられたものは、名刺の束だった。二つの山に分けてあった。ひとつはマスコミ関係者の山で、判決前に東京から押しかけ、家の前に順番待ちの列を作った人たちから手渡されたものだという。そして、もう一方の山は、裁判後に押しかけてきた人たちの名刺だった。銀行、労働金庫、郵便局、建設会社、家具屋……。「カネを預けてくれたなら、北海道旅行をプレゼントします」と頭を下げる銀行員もいたと、彼は語った。

金を使ってくれ、預けてくれと、町の背広姿の人々が村にやってきて頭を深々と下げる。これまでは町ですれ違っても口も利いてもらえなかった人々が平身低頭するのである。

その一方では、補償金をもらった家の子どもが鉛筆一本買っても、「よかね、補償金で買えて」と言われる現実もあった。みかん畑を補償金で買った親は、それが知れたら村で何を言われるかわからないと恐れ、息子に打ち明けるにも耳元で囁かなければならなかった、という。あるいは、あまりにも貧乏に苦しめられ虐げられてきた反動でカネの力を見せつけ、横暴に振舞ってしまう人もあった。

水俣の村々は、にわかに建築ブームとなった。アイリーンとユージンは、こうした村の変化もしっかりと見ていた。

〈建築ブームで家がつぎからつぎへと建っているが、かかる金によって露骨に「ひとり分」とか「ひとり分半」と呼ばれるのだ。

　病いによる困窮のためにばらばらになっていた家族が再会する。が、家族の気持ちはもとどおりではなく、とげとげしい。苦しかったとき家をでていた息子や娘たちがもどって来たのは、ひとつには金のためだ、とだれもが知っている。

　1800万円の声はどこの部落にも響きわたる。強情にも症状があるのを否定してきた多くのものが、その金の約束の前には、ついに折れるのだ。頑固な漁師が水俣の魚の評判を気にして自分は水俣病ではないと強力に言いはるのより、折れて権利をとるのを見るほうが、悲しくなる。私たちはうろたえる〉（『写真集　水俣』）

大物プロデューサーの援助

その手紙が国際郵便で水俣にいるアイリーンとユージンの元に届いたのは、一九七三年十二月。

〈カナダ・オンタリオ州からの手紙で送り主はイングリッシュ・アビグーン川の沿岸で観光施設を経営する市民だった。川の上流に製紙工場があり、下流に暮らす自分たちや、カナダ先住民が水銀汚染の被害を受けている。カナダ政府は調査をしようとしない。被害者のほとんどは先住民で、もともと白人の移住者から異端視されてきた貧しい人々。川の魚を食べて暮らし、自然の恩恵に身を委ねて生きてきた人たち。それも水俣に似ていた。「ライフ」に載った記事を読んだそうで、ユージンと私に助けを求める手紙だった〉

アイリーンはこれを熊本大学の原田正純に伝えた。河川ということで新潟水俣病の研究がより役に立つのではないかと考え、新潟水俣病の関係者にも連絡を取った。新潟と熊本の研究者や医者、弁護士ら専門家に意見を聞き、カナダの被害者たちにそれを伝え、カナダの情報を再度、日本の人々に伝えた。アイリーンは、この活動にのめり込んだ。東洋と西洋をつなぐ懸け橋になりたいというのが、子ども時代からの彼女の夢であり、それが果たせたのだ。意義を感じ、没頭した。表現者として思考を深め、それをどう表していくかを考えるよりも、実社会に関わり、アクションを起こすことによって自分の資質を活かせると彼女自身も感じていた。語学も含めて、自分の使命を果たせるように思った。何よりも、被害を現に受けている人々を見捨てず、助けたかった。

また、ちょうどユージンと口喧嘩が増えている時期でもあった。

深夜のニューヨークで「カメラ35」のジム・ヒューズは電話の音に叩き起こされた。こんな時間にかけてくる人間は、そう多くはいない。思ったとおり、それは日本からの国際電話で、ユージンのすすり泣きが聞こえてきた。

「自分は今、東京にいるけれど、どこにいるのかもわからない。数日前、水俣の坂道で転んだんだ。それが原因だと思うけれど、急に目が見えなくなった。右目を失明してしまったみたいだ。アイリーンは別のところに行っていて、今ここにいない。連絡もつかない。自分は今にも、ベランダから飛び降りて自殺してしまいそうだ。ジム、私を救ってくれ。ここからニューヨークに連れ出してくれ。私を治せるのはラリ医師だけなんだ」

ユージンは実際には板橋区の大山に借りていたアパートにいた。だが、それすら自分で把握できていなかった。表参道と違って、周囲に英語を話せる人もおらず、ユージンはパニックを起こしていた。

ヒューズは電話を切ると、ありとあらゆる人に電話をかけて相談した。皆、「いつものことだ。ユージンは自殺なんかしないよ」と笑って取り合ってくれなかった。だが、この話を伝え聞いた、フォト・ジャーナリストで大物出版プロデューサーとしても知られるローレンス（ラリー）・シラーが援助の手を差し伸べたいと、ジムに連絡してきた。ヒューズはシラーとは一面識もなかった。また、シラーはユージンとも会ったことはないという。

シラーは業界では有名人で、かつ、やり手として知られ非常に成功していた。後にアメリカ中を震撼させた連続殺人犯ゲイリー・ギルモアの手記を大金と引き換えに手に入れたのも、このシラーだった。彼は手記を作家のノーマン・メイラーに渡して、『死刑執行人の歌』という作品を書かせてベストセラーにした後、テレビ映画化して大ヒットさせた。

商業主義者として知られるシラーだったが、ユージン・スミスのことは、フォト・ジャーナリストの良心だとして、非常に尊敬していたという。ユージンの苦境を偶然、耳にし、救済の金は自分が出すと言って、実行したのだ。シラーは、ユージンはひとりでは飛行機に乗れないほど衰弱しているのだろうと考え、わざわざユージンの友人である写真家ポール・ファスコを東京に派遣し、ユージンをエスコートするようにした。

東京についたファスコは、ひと目見て、ユージンの様子に深いショックを受けた。頭痛がすると言っては暴れ、しゃべり方も不安定だったからだ。アイリーンがその時は、すでに傍らにいた。ファスコはユージンをアイリーンから預かるとニューヨークへとって返した。ニューヨークでは、あの大写真展の準備を手伝ったレスリー・タイホルツが待っていて、ユージンを自分のアパートに引き取った。一人では歩けないほど衰弱していたユージンは、年若いレスリーに支えられてラリ医師の治療院に通った。ラリ医師は治療の一環として、ユージンに黒い眼帯を右目につけるように指導した。この治療はユージンには非常に効果があり、順調に回復した。久しぶりにニューヨークの空気を吸えたことも大きかったのかもしれない。一週間ほど経った時、黒い眼帯をしたユージンの劇的な写真が、「ニューヨーク・タイムズ」紙を飾った。

そこには、彼がこの数年、日本の水俣に住み、正義のために立ち上がった患者たちの闘いを記録していること、加害企業であるチッソから彼自身が直接に暴力を受けて、あわや失明するほどの危機に立たされたことなどが書かれてあった。また、ユージンの「実子ちゃん」を語った詩のような文章も掲載された。この記事は「ニューヨーク・タイムズ」だけでなく、アメリカ全土のいくつかの新聞にも転載された。

すると、すさまじい反響があった。記事を読んだ読者たちから、続々と紙幣や小切手が入った手紙が編集部に届いた。出版社からは水俣での写真に対する問い合わせがあった。さらには五月、ニューヨークのジャーナリストが集まるコンベンションでユージンは特別な賞を与えられ、千三百人のジャーナリストを前に講演を行った。ユージンは一時間の講演の中でまた「実子ちゃん」の話をし、実子への思いを詩のように泣きながら朗読した。会場は沈黙に包まれ、次の瞬間には割れんばかりの拍手が湧き起こった。人々は立ち上がりユージンに喝采を送った。

いくつかの出版社が水俣の写真集への関心を示した。その中で、ユージンが選んだのは、あのラリー・シラーが出した条件だった。成功したならば十万ドルという好条件。三万ドルを前金で払うことで契約書を交わした。ユージンはアイリーンに状況を次々と手紙で知らせ、かつ、アイリーンへの変わらぬ愛をそこに記した。

しかし、このアメリカ滞在中、ユージンの傍らにはすでに別の女性がいたのだ。

新しい女性の影

出会いは一年前に遡る。

一九七三年五月に治療のため、ニューヨークに帰国した際のことだ。その女性は、レスリーのアパートにいるユージンを訪ねてきた。

名前はシェリー・スーリス。当時、二十九歳。アイリーンより六歳ばかり年長だった。両親はロシア系ユダヤ人でニューヨーク生まれ。高い教育を受けた、愛くるしい容姿をした写真家志望の女性だった。コーネル・キャパの紹介でユージンは彼女に会った。

その後、水俣に帰ってから、ユージンはシェリーに手紙を書き、国際電話もかけるようになった。英語で誰かと話したいという気持ちが募っていたのだろう。

ヒューズの取材に対して、シェリーは後にこう語っている。

〈ユージンが七四年四月にニューヨークにやってきて、私たちは一年ぶりに再会した。彼は眼帯をしていて、とても老けて見えた。でも今、振り返ってみれば、それを利用していたのだと思う。同情を引き出すために。意識してやったことかどうかはわからないけれど、彼は身近な人の心を誰でも操っていたから。私は引きずり込まれた。ある人にはAと言い、別の人にはBと説明するのを私は度々目にしました。するとAとBが言い争う。彼が仕組んだことを疑う人はいなかった。これを彼は友達にもやったし、子どもたちにもやったし、女性たちにもやった。初めは母親とカルメンとの関係でやったんだと思います。ユージンとうまくやっている間はいい。でも、彼の行動に疑問を感じ反論すれば、彼の元から離れることになる。そして、出番を待っているかのように、別の女性が現れる。彼は自滅するようにプログラミングされていたのです。彼のどんな関係も長続きしたり、健全なものにはならなかった〉

シェリーには、「離婚するつもりだ。アイリーンは癇癪持ちなんだ」と言った。ユージンの言葉から受けるアイリーンの印象は、自分のことしか考えない、ひどく利己的な女性、というものだった。だからシェリーはアイリーンという魔女から彼を救わなくては、と思い込まされてしまった。シェリーは後に自分の間違いに気づいたとヒューズに語っている。

〈アイリーンは何年もユージンの奴隷だった。だから、自分を救うために彼から逃げ出さなければならなかったのよ。彼は人生の決定的な瞬間にいつも自分が必要とすることを正確にやり遂げる人とくっつくのです〉

一方でアイリーンもまた、彼をシェリーのほうへ追いやったのは自分だ、と言う。ユージンが「ニューヨーク・タイムズ」に取り上げられ、ニューヨークで喝采を浴びていた頃、アイリーンはカナダにいた。カナダで起こった水銀中毒の実態を自分の眼で確かめに行ったのだ。被害は深刻だった。水俣のニュースが世界にもっと伝えられていれば防げたのではないか、とアイリーンは思った。アイリーンはカナダの被害者を日本に招きたいと考え、それを翌年には実現させている。

日本には、石川がひとり残されていた。

〈ユージンとアイリーンの関係がうまく行っていなくて。このまま水俣プロジェクトは空中分解してしまうんじゃないか、写真集は頓挫するんだろうと思って、僕はすっかり落ち込んでいた。このまま自然消滅すると思っていた。だから、六月中旬、アイリーンから弾むような声で電話が入った時、東京のアパートにいた僕は驚いた。「ユージンが英語版写真集の出版と、ICP（国際写真センター）での写真展もニューヨークで決めてきた」って。久しぶりに聞く、アイリーンの明るい声だったから、僕も嬉しくなった。水俣に戻ると、ユージンもだいぶ元気になってて、「写真集と写真展のために、また、力を合わせて頑張ろう」と言われた。実際、お給料を手にしたからか、「今度はちゃんと石川にギャラも払う」と言われた。前金を貰うようになった。写真集の出版は来年四月の予定だと聞いて、そんなに時間はないな、と思った〉

新たに茂道の集落に一部屋借りると、ユージンとアイリーンはそこを執筆用の部屋にした。しかし、水俣の写真集と写真展をのぞいて、ふたりが一緒にいる理由はもうなくなっていた。

撮影するものは、すでにしてあった。写真を焼き、キャプションや文章を書く。出資者であるシラーからは「いつまで水俣にいるつもりだ。カリフォルニアに来て取り組んだほうがいい」と度々、電話がかかってきた。水俣に来てから三年が経っていた。その日までユージンは毎日のように暗室に籠っていた。

十一月二十四日、ユージンとアイリーンは羽田空港にいた。空港には森永純や元村和彦、ミノルタの関係者、雑誌編集者、新聞記者、友人たちが、ふたりを見送るために四十人ほど集まった。中には、ユージンとアイリーンの滞在中、金銭面で大変な迷惑をかけられた人もいた。だが、彼らはユージンが「入浴する智子と母」を撮ったことをもって、すべてを水に流そうと納得していた。ユージンは集まってくれた人たちに向かって言った。

「これは一時帰国だ。写真集を仕上げて、来年の夏には日本に必ず戻ってくるつもりだ」

だが、ふたりと親しい人ほど、その言葉が実現されることはないとわかっていた。ユージンは石川に、こう打ち明けている。

「水俣が最後の作品だ。もう写真を撮ることもないだろう」

写真集『MINAMATA』

ユージンとアイリーンはニューヨークではなく、シラーが待つカリフォルニアに向かった。シラーはふたりのために広々としたアパートを用意し、本が完成するまでここから離れてはいけないと厳命した。

カリフォルニアに来てから夫婦の関係は、完全にビジネスライクなものとなった。そのため、ケンカもしなくなった。ベッドルームもバスルームも二つあり、それぞれの部屋で仕事をし、必要な時だけ必要な話をした。住居だけでなく、生活費もすべてシラーが出した。さらにシラーは、ライターで編集者でもあるジョン・ボビーをふたりのもとに派遣した。

ボビーは毎日、彼らのアパートに来ると原稿をチェックした。ユージンがタイプライターを叩いて書く文章は詩のような散文調だった。意味が伝わりにくい箇所をボビーが指摘すると、ユージンは「誰にでも書ける表現はしたくないんだ」と抵抗した。

ユージンの血圧は二〇〇を超えていた。完成までの厳しい作業に体調を悪化させていた。


写真集の顔である表紙の装丁は、ユージンの希望で、かつての恋人・キャロルに頼むことになった。キャロルは非常に洗練された、見事なカバーを作り上げた。彼女のアーティストとしての才能とセンスが発揮されていた。

それはキャロルへの罪滅ぼしだったのか。

また、キャロルは別の女性との共著となる、この写真集の表紙を、どんな思いで作ったのだろう。アイリーンが回想する。

〈彼女がどういう思いだったのか。私にはわからない。頼んだ時のいきさつも、私は覚えていない。それで話し合ったとか、もめたとか、まったく記憶に残っていない。だから、あっさり

決まったことだと思う。考えてみれば、彼女がどういう思いで引き受けたのか。私は今まで一度も考えたことがなかった〉

苦心の末に写真集の原稿がすべて完成したのは、奇しくも一九七五年の一月七日だった。あの五井事件のあった日から三年目の夜だった。

ユージンのアリゾナ行きと智子の死

アイリーンとユージンは原稿を仕上げるとニューヨークに向かった。だが、別々に暮らした。それでも四月の写真集出版とＩＣＰでの写真展までは、これを成功させるために力を合わせた。

〈写真集はふたりの子どもで、子どものためには仲良くする、子どものためには仮面夫婦を演じる、そんな感じだった。写真集はシラーの力もあって、世界中から称賛され、私とユージンは夫婦でテレビに出演したり、アメリカ各地を宣伝で回ったりした。人前では抱き合ってキスもした。でも、もう別れていた〉

ユージンの私生活でのパートナーはシェリーになった。ユージンはレスリーの家を出ると二三番街にロフトを借りて住んだ。シェリーはそこに毎日、通ってきた。一方、アイリーンはグリニッジ・ビレッジの小さなアパートで暮らした。

大学で学び直したいと思い、ニューヨーク大学に通い、コースを取った。恋人もできた。同世代のアメリカ人だった。

〈普通の恋愛をした。彼と付き合った時、初めて相手の食事やお金や健康を心配しないでいいんだとわかった。彼が初めて私のアパートに泊った日の朝、私のためにオムレツを作ってくれた。そのことに私は驚いた。ユージンには、独特の深さがあった。でも、そういったものから離れたかった。普通の人と、普通の生活がしたかったし、私は「青春」をした〉

それでも、アイリーンはユージンが本当に好きなのは今でも自分だと疑いなく信じていた。

〈私が喧嘩を吹っかけて、彼を追いやった。シェリーが出てきてくれた時、実際には、ほっとしていた。これで別れられると思った。その一方で私がユージンに一声かければ、彼はすぐ私の元に戻ってくるはずだ、と、確信していた。一度、ユージンが私のアパートに、ふらりと寄ったことがあった。「シェリーが飲ませてくれないんだ。酒はないかな」って。私は棚から果実酒を取り出し、コップに注いだ。ユージンはおいしそうに飲んで、「大丈夫か、匂わないかな」と言った。私がクンクンかいで、「大丈夫、バレないわよ」。私たちのほうが、やっぱり仲間なんだって、思った。すぐには離婚しなかったのは、ユージンの家族との縁が切れることが嫌だったから。そこから切り離されるのが嫌だった。だから、結婚している、という形。シェリーへの意地も少しあったかもしれないけれど〉

写真集は高く評価された。

過去の人となっていたユージンは、ふたたび、この写真集で脚光を浴びた。だが、それは彼が浴びる最後のスポットライトだった。写真集のキャンペーンが終わり、ユージンとアイリーンは仲の良い夫婦を装う必要もなくなり、完全に別の途を歩むことになった。


ユージンは一九七五年夏、フランスのアルルで開催された国際写真フェスティバルにひとりで出かけ、現地で講演して賞賛されたが、帰国するとトイレに立つこともできなくなった。糖尿病と高血圧を患っているとわかった。シェリーはロフトに移り住み、ユージンと同居し看護した。インスリンを四時間ごとに打つことになった。この時から、シェリーは完全にユージンの看護婦になった。ユージンはそれでも、身体を引きずるようにして、講演やワークショップに出かけていった。リタリンを飲みながら。糖尿病、高血圧、肝硬変、動脈硬化、皮膚炎……。あらゆる病名を抱えながら。

気絶して、病院に担ぎ込まれる頻度が多くなった。ユージンはシェリーに頼んだ。

「僕が死んだら検死して欲しい。水銀中毒の検査を含めて」

シェリーは必死でユージンの命を守ろうとした。友人たちに「絶対にユージンにお酒を飲ませないで。ビールやワインも」と頼んで回った。彼の周りから酒類を取り上げた。近所のレストランを回って医者の診断書を見せ、ユージンが来ても酒を与えないでくれと告げた。

ユージンは入退院を繰り返した。肺に水が溜まり、心臓が弱っていた。『MINAMATA』

で得た金はアイリーンと分けた後、治療費で瞬く間に消えていった。ユージンは無理を押して、仕事を得ようとした。写真をプリントして渡す契約を結んだが、その締め切りを守る責任はシェリーに課せられた。シェリーがユージンと暗室に入り、露光を調節するために使う段ボールの切り抜きを持って、プリントを手伝った。そんなある日、ユージンは脳梗塞を起こしてニューヨークで入院する。

一九七六年の暑い夏の夜、ジム・ヒューズの枕元にある電話が鳴った。思ったとおり、ユージンからの電話だった。ユージンは訥々と、死が近づいていること、そして死後に自分のネガが誰かによって、勝手にプリントされてしまうことを心配していると続けた。

ヒューズは推定十万枚のネガや三万枚のプリントを含む膨大な作品を今後どうすべきかを、ユージンの友人である写真編集者ジョン・モリスにも相談した。ユージンが生活に困窮していることも。

様々な寄贈先が検討され、最終的にアリゾナ大学に新設されるクリエイティブ・フォトグラフィー・センターのアーカイブがいいのではないかと、二人は判断した。

一九七六年十一月、作品プリント、ネガ、書籍、記録、手紙、切り抜き、すべてを寄付することが決まり、その見返りとしてユージンは年間三万ドルで、同大学の客員教授として雇用されることになった。ニューヨークのロフトを引き払い、こうしてユージンは翌年四月、シェリーとともにアリゾナに転居することになった。

その直前、彼は数年ぶりに故郷のウィチタを訪れる。ウィチタ州立大学に招かれ、講演をしたのだ。ユージンは懐かしい幼馴染たちに会い、再会を心から喜んだ。同級生たちは、ユージンがあまりにも弱々しく老けていることに驚いた。大聖堂に行き、自分が生まれ育った川沿いの家を見に行った。ラジオやテレビの取材にも応じた。たまたま、墓地の近くを通った時、ユージンは「あそこに母が眠っている」と呟いた。だが、運転していた人が、「寄りましょうか」と言うと、彼は驚くほどはっきりと拒絶した。

それが最後の里帰りとなった。

夏の終わりからアリゾナへの、引っ越しの準備が始まった。

住まいも決まり十二月にユージンは先にひとりでアリゾナに行った。

その直後、彼はある訃報に接した。友人が日本から新聞の切り抜きを送ってきてくれたのだ。そこには上村智子が二十一歳六カ月で亡くなった、とあった。「入浴する智子と母」を撮影した時、智子は十五歳だった。あれから六年である。

体調を崩したユージンは大学病院で受診し、そのまま入院した。シェリーはまだニューヨークで、引っ越しの後始末に追われていたが、ユージンの入院先から「脳卒中を起こした」という連絡が入った。彼女はすぐさま飛行機に乗り、駆け付けた。

夜の十時にシェリーが病室に到着した時、ユージンは昏睡状態だった。手術を受ける必要があった。だが、そのためにはまだ正式に離婚を果たしていないアイリーンの同意が必要だった。シェリーはアイリーンを探し回った。

病院にはユージンの子どもたちも呼ばれた。この時、ケビンの存在をどう打ち明けるかが問題となった。ユージンはずっと恋人のマージェリーとの間に生まれた息子ケビンのことを、元妻カルメンが産んだ四人の子どもたちに隠してきた。だが、数年前に、次女のファニータには知られてしまった。ユージンはこの時、ファニータの前で泣き崩れたという。

ユージンは他の子どもたちには、とても言えなかった。とりわけ息子のパットには。ユージンの息子はパットとケビンだけで、あとは女の子だった。カルメンには苦労ばかりをかけ、生活費も養育費も渡さず、子どもたちは誰も大学に進学できなかった。だが、ケビンはマージェリーが女手ひとつで育て、スタンフォード大学に入学した。この時は大学生だった（後に弁護士になる）。

図らずも父ユージンが危篤となった病室でケビンを含む子どもたちが、全員、顔を合わせたのだった。パットがニューヨークにいるアイリーンから手術の同意書を受け取り、緊急手術が行われたが、その後もずっと昏睡状態のままだった。ユージンは意識が戻らぬ中で五十九歳の誕生日を迎えた。

離婚、そしてユージンの死

年が明けても、容体は変わらなかった。医者も家族も死は近いと思っていた。脳は損傷され、肝臓は機能していない。子どもたちは葬儀の相談を始めたが、シェリーは懸命に看護した。

一月に入っても意識がないまま、三週間が過ぎたが、ある日、奇跡が起こった。ユージンの手が動き、意識が戻ったのだ。話もゆっくりとではあったが、できるようになった。アリゾナ大学の教授・ジム・エニアートがユージンの回復を聞いて、見舞いに来た。ユージンは自分を抱きかかえて、ベッドから車椅子に移してくれと頼んだ。そしてこう言った。

「まるで智子のようだね……」

ユージンと彼は二人で泣いた。

アイリーンとユージンは離婚の話し合いをしていたが、ユージンが倒れたため中断していた。アイリーンの弁護士が出した条件に対して、ユージンはほとんど争わなかった。プリント二百五十点の所有権、また水俣の写真はユージンが撮ったものも含めて、アイリーンが共同で著作権を持つという形になった。

アイリーンは離婚した一九七八年二月頃、最後に、ユージンを見舞った。この時、ユージンは入院中で車椅子に乗っており、傍らにはシェリーがいた。シェリーの顔を見上げ、シェリーを目で追いかけ、シェリーだけを頼り切っているユージンの姿を見て、アイリーンは少し悲しくなったと言う。


ユージンは入院中にアルコールとリタリンをやめたことが幸いしたのか、奇跡的な回復を遂げた。退院し、アリゾナ大学で、ネガや書類の整理を一日、二、三時間だが、できるようになった。あとは家に戻って寝ていた。だが、家に帰る途中でバーに立ち寄り、ウォッカをあおることもあった。ある日、ユージンが隠し持っていたウォッカの瓶をシェリーは見つけた。彼女はウォッカの瓶を壁に投げつけ叫んだ。

「こんなことをするなら、自殺すればいいじゃない」

ユージンは答えた。

「僕には根性がない。臆病なんだ」

金はなく、地方都市での生活は荒廃していた。無数のプリントで足の踏み場もなく、飼っている猫たちの糞が、部屋の隅に山積みになっていた。アリゾナ大学に暗室が完成すると、彼はそこに籠るようになった。

十月十二日、アリゾナから京都で暮らすアイリーンの元にユージンから明るい声で電話がかかってきた。

「アイリーン、アリゾナにおいでよ、テニスができるよ。もう一度、結婚しないか」

アイリーンが、「テニスはしたくないし、再婚もしない」と答えると、ユージンは、「じゃあ、一緒に中国に行って写真を撮らないか」と言った。アイリーンは、それも断った。

翌日の授業でユージンは自分の作品をスライドで学生たちに見せた。水俣のスライドになった時、彼は泣き出してしまい、授業は早々に打ち切られた。

翌朝、ユージンは家に帰ってこない雌猫を探しに行くと言って家を出た。そして、自宅のそばのスーパーマーケットで倒れた。棚にある猫の餌を買おうとしたのか、ウォッカに手を伸ばそうとしたのか。それは、誰にもわからない。病院に運び込まれた時、彼はベッドの上で何も言えず、ただ、もがき苦しんでいた。

一九七八年十月十五日、ユージン・スミスは五十九年の生涯を終えた。一九七七年十二月に上村智子が、年が明けて二月にチッソの嶋田賢一社長が、十月にユージンが亡くなった。水俣に関わり、十字架を背負っていると言われた三人のそれぞれの死だった。

アイリーンは国際電話で訃報に接しても、驚かなかった。

〈ああ、やっぱりと思った。私が再婚を断ったからユージンは死んだんだって。私に自分の棺に蓋をする役をやらせたんだと思った。最初に出会った時に言われた。「君がいれば生きる、君が去れば死ぬ」と。私が再婚を断ったから死んだんだ、と。私は八年間、彼の寿命を延ばした〉

その日、ユージンは実際には、アイリーンだけでなく、過去に付き合った女性たち、友人、知人に、手当たり次第に電話をかけていた。

墓地には、彼と関わりのあった人々が集まった。最初の妻カルメンと四人の子どもたち、ケビン。二番目の妻アイリーン。

カルメンはすでに再婚していたが、ユージンの死を深く嘆いた。

「私の片足もお棺に入ってしまったような気持ちだ」

カルメンが産んだ次女ファニータが「テレフォン」という詩を朗読した。ユージンへの思いを綴った詩だった。彼女に詩を書くことを勧め続けたのは、ユージンだった。

〈父さんはいて欲しい時にいつもいなかった。でも、お父さん、あなたが大好き――。そういう詩だった。ユージンは子どもたちに親らしい務めを果たさなかった。養育の義務も疎かにしてた。でも、子どもたちは皆、不思議なほどユージンのことを愛していた〉（アイリーン）

ニューヨークでは「偲ぶ会」があった。

キャロルは十年も付き合い、シェリーも最晩年の病人となったユージンをひたすら四年近く、献身的に介護したが、死後、何も手にするものはなかった。

キャロルは内向的で穏やかな性質だが、アイリーンがユージンの死後に会った時、静かな声でこう言われたという。

「ユージンが一番、誰を愛していたか。それは今は、語らないことにしましょう」

ユージンと別れてからアイリーンはアメリカと日本を行き来して暮らした。ユージンと三年間、一緒に暮らした日々の疲れが深く残っていたし、彼女は遅れてきた青春を満喫したかった。水俣での三年間は、あまりにも濃密すぎた。


通訳やコーディネーターの仕事をした。

日本テレビの開局二十五周年記念『子供たちは七つの海を越えた――サンダースホームの1600人』（一九七八年）という番組では取材スタッフの一人となった。占領期に米軍兵と日本人女性の間に生まれた子どもたちの、その後の人生を追いかける番組だった。正式な結婚を親がしておらず、養育を放棄され孤児となった子どもたちを引き取り、養子縁組先を探したのが、澤田美喜が始めたエリザベス・サンダース・ホームである。

世界中に引き取られていったホーム出身者の人生を追いかけるというテレビ番組で、図らずもアイリーンは自分の生い立ちを改めて考えるようになった。

アイリーンも米軍関係者の父と日本人の母を持ち占領期に生まれている。そのことで、度々、色眼鏡で見られることがあった。同じ時代に、同じように日米の血を引いて生まれた、たくさんのホーム出身者に会ううちに、被害者意識から自分が解放されていくのを感じた。

一九八〇年には、かくれ切支丹の末裔たちが暮らす長崎県生月《いきつき》で継承される信仰を撮影する仕事を引き受け、遠藤周作と共同で『かくれ切支丹』という本を出版した。だが、以後、写真家としての仕事はしていない。

〈祖父母のもとに送られてしまったことには複雑な感情があったけれど、同世代のホーム出身の彼らと会い、自分の悩みが急に小さく思えた。『かくれ切支丹』の仕事は、荷が重かった。ひとりで写真を撮るのは、こんなに不安で大変なことなんだと思った。後半は少し楽しくなったけれど。私は写真や文章といった手段ではなく、それよりももっと直接、身体を動かして、「世の中を動かす」ことをしたいと思った。でも、何をしたらいいのか、よくわからなかった〉

写真集『MINAMATA』の日本語版を出すことになり、その翻訳を引き受けた中尾ハジメとアイリーンは交際するようになった。中尾が原発事故のあったスリーマイル島で調査研究をすることになり、アイリーンは同行し、通訳や研究の補助をした。この経験から、アイリーンは反原発を訴える活動をするようになっていく。子どもも授かった。だが、結婚生活は長くは続かなかった。後にもう一度、結婚したが、やはりそれも短く終わった。

「ユージンとの結婚生活が一番、私は自由で、やりたい放題だった。私には普通の夫婦がどういうものか、普通の親子がどういうものか見る機会がなくて、よくわからなかった」とアイリーンは私に語った。

第七章　撮る者と撮られる者

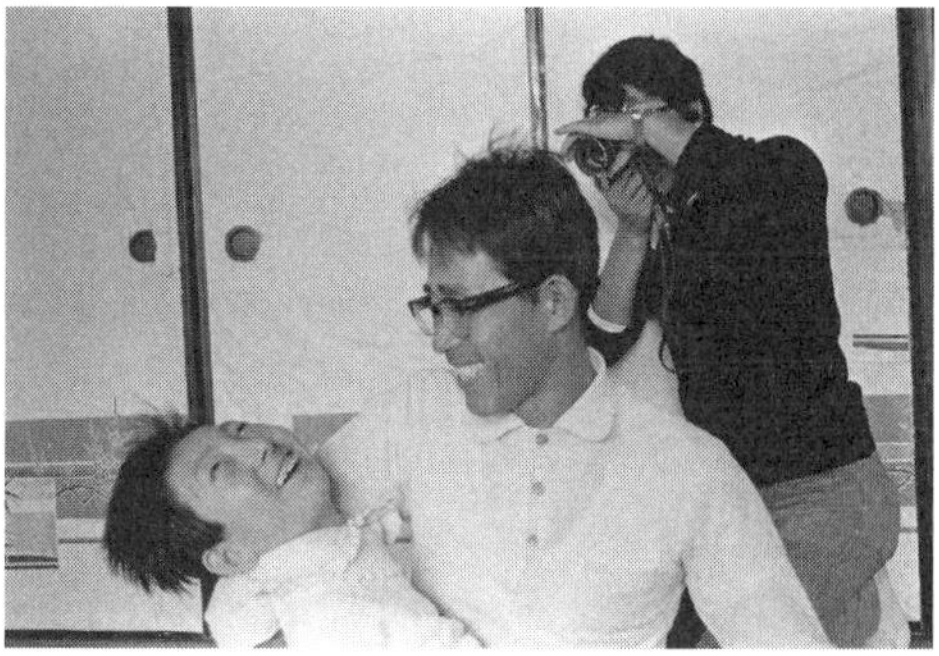

智子を抱く父の上村好男
撮影：アイリーン M. スミス　©アイリーン・美緒子・スミス

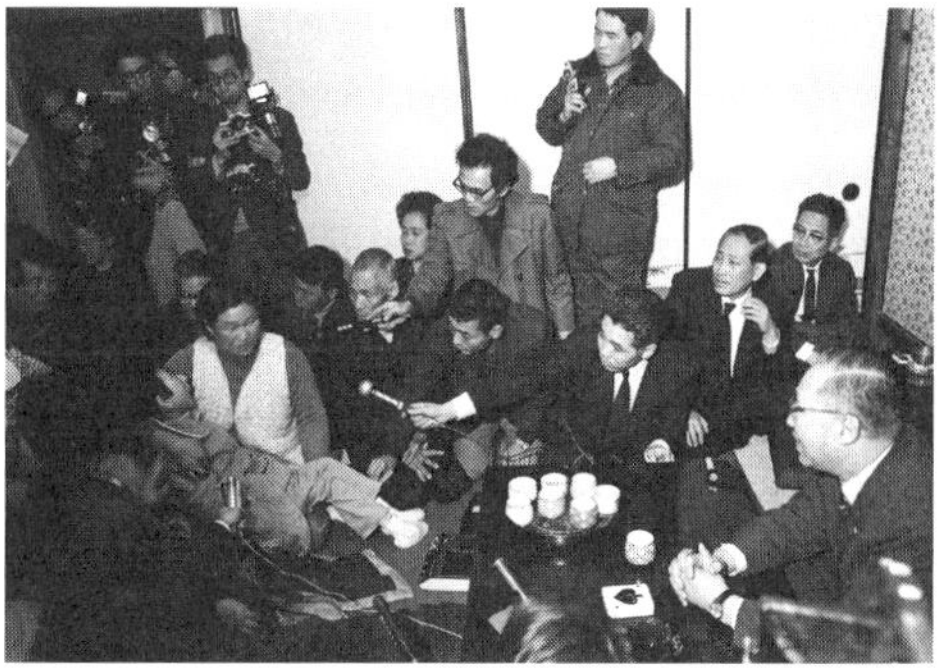

1972年3月に水俣を訪問した大石武一環境庁長官に、水俣病の苦しみを涙ながらに訴える智子の母・良子
撮影：アイリーン M. スミス　©アイリーン・美緒子・スミス

上村夫妻の複雑な思い

今から十四年ほど前、アイリーンに出会って間もない、二〇〇七年頃のことである。アイリーンの事務所で彼女と向き合っていると、机の上の電話が鳴った。「入浴する智子と母」の写真を使わせて欲しいという内容の電話であるようだった。相手は必死に懇願しているのだろう。なかなか引き下がらない。やり取りを繰り返すうちにアイリーンの声は次第に高くなっていった。電話口の向こうでは男性が言葉を尽くし、写真への思いを語っているのが感じられた。本当に両親が嫌がっているのか、上村夫妻に自分が頼んでみてもダメなのだろうか、と。

「著作権者は私なんですっ。私が断っているんですから、先方に連絡するのはやめてください」

最後にアイリーンはそう言い、電話は切られた。

私はアイリーンに話を聞くようになってから、「入浴する智子と母」の写真が今は見られなくなっているという事実を知り、驚いた。封印された写真、と現在、言われていることに。

上村夫妻から写真の公開を控えて欲しい、という要望がアイリーンに伝えられたのは一九九〇年代後半のことだった。撮影から三十年近くが経過し、いったい、何があったのか。

「入浴する智子と母」が撮影されたのは、一九七一年十二月。それは上村家の、午後の陽ざしが差し込む小さな風呂場で撮影された。

ユージンの写真は裁判でも、原告の被害実態を伝えるための参考資料として提出された。そして、一九七三年、裁判には勝訴した。

一九七五年にアメリカで『MINAMATA』を出版すると、ユージンとアイリーンはすぐに上村夫妻の元に郵送したようである。出版を祝う真心のこもった礼状を夫妻はエア・メールで、アメリカに送っている。また、一九八三年、NHKの取材に応じた良子は、ユージンに撮影された時の思い出を振り返り、こう語っている。

「この写真を撮ってもらう時、あの、水俣病の苦しさをですね、みんなの人に見てもらおうと思って撮って頂きました。私たちも、あのう、水俣病がどんなに苦しいもんか、ですね、みなさんに見てもらわんと。みなさん、話を聞いただけでは水俣病なんかわかりませんですもん。それでこんなに写真をユージン・スミスさんが撮ってくれなさって、写真でも見てもらったら、誰でも水俣病の苦しさちゅうもんが、見てもらえるとじゃなかですか」（「二人のフォトジャーナリスト①トモコの小さな声　～ユージン・スミスが水俣で見たもの～」ETV8　NHK）

一九九〇年代も後半になって、上村家は写真の公開を辞めて欲しいと、著作権者であるアイリーンに申し入れた。その思いを一九九九年に智子の父・好男は文章で発表している。

〈その多くの写真の中に、妻の良子が風呂の中で智子を抱いている写真があります。智子は体をまっすぐにして、曲がろうとしなかったと妻は話してくれました。私たちは、写真はほんの一瞬で終わるものと思っていましたので、気安く撮影に応じたのがいつわらぬ気持ちでした。智子は風呂からあがって何かぐったりしていた様子だったと言っていました。

これは後に、世界的に有名な写真となって、世に出ておりますが、そのために報道関係の方々の取材も日増しに多くなり、私の家族も、公害撲滅のために役立つものならと思い取材や撮影に応じていました。また、支援してくださる団体の方々も智子の写真を大いに活用してくださいました。そんな中で出てきました「あれだけ報道されるとお金が大部儲かるでしょうね」という、近所や周囲の人達の話が私たちの耳に入ってきました。私は智子の写真で金儲けしようなど考えても見なかったし、思ってもいませんでした。またそのような写真で金になるなど夢にもおもいませんでした。

事実として写真は家族の生活の一部の糧にもなっていなかったのに、外部からのこうした話にとても耐え難い日々がどれはどあったかは、家族のものにしかわかり得ないと思います。（中略）ご支援してくださる団体の方々の活用も、私どもの知らぬ所に数多くの写真が出ています。いろんな方面で必要の場合もあろうかと思いますが、私は亡き智子にゆっくりやすませてやりたい、そんな気持ちがつのってまいりました〉（「水俣ほたるの家便り」）

上村夫妻は自分たちのまったく関知しないところで、写真が使われ続けることに、次第に当惑するようになっていく。写真は、写真を撮った者に著作権があり、被写体にはないのだということも彼らは後から知った。智子の下のきょうだい達も成長するにつれ、姉の苦しみの現れた写真が公開され続けることに複雑な思いを抱くようになった。裸の姉の姿が人間の誤ちの象徴とされることに。

写真は確かに傑作であるのかもしれない。だが、被写体にとってそれは、主体となって作り上げたものではなく、やはり写されたものである。

智子の姿は痛々しい。水銀に冒された裸身を晒している。その表情も苦しみに満ちて見える。それは経済発展を追いかける大人たちのエゴによって身体を破壊された少女が自分の苦しみを全身で精一杯に表現しているのだと受け取る人もいるだろう。だが、智子に親しい人には、彼女が写真を撮られることを拒絶し、怯えているようにも感じられる。

「智子を休ませてほしい」

一方、この写真の著作権者となったアイリーンは、多くの人に見てもらうことこそが、智子と家族の願いなのだと考えていた。

〈私が至らなかった。多くの人に見てもらう機会を作ることが著作権者の使命だと思っていた。水俣病の患者さんやご家族のことを忘れたことはないけれど、連絡を取ることを疎かにしていて、ご苦悩に気づけなかった。心では繋がっていると勝手に思い込んでいた。自分が原発の問題に取り組むようになったのも、水俣で公害問題を学んだからで、それを別の形で社会に生かしているという気持ちだった。水俣の皆さんのお蔭で、今も公害問題に取り組んでいます、見ていてください、そんなふうに思っていた〉

一九九六年九月二十八日から十月十三日まで、「水俣・東京展」が東京・品川駅前の特設会場で大々的に開催された。水俣病の歴史を知り、受け継いでいくことを目的とした催しだった。パネル展示のほか、講演会や上映会、シンポジウムが午前、午後、夜に組み込まれていた。

主催は、水俣・東京展実行委員会。石牟礼道子を筆頭に大勢の文化人、芸能人、ジャーナリスト、患者数人が講演者として参加している。アイリーンも「社会運動家」の肩書でシンポジウムにパネラーとして登壇した。

この巨大なイベントのポスターに使われた写真は、やはりユージンの「入浴する智子と母」だった。会は盛会で、来場者は三万人。マスコミで大きく取り上げられた。だが、この華やかともいえる催しに対して違和感を覚えた水俣病患者や支援者、支援団体もあった。

そうした中で、会の終了後、「水俣・東京展」のポスターやチラシに「入浴する智子と母」の写真が使われ、それが雨で道に落ちて大勢の人に踏まれていたと聞き、「智子ちゃんのご両親が心を痛めた」、という話が広がっていった。

この催しに講演者として参加した医師の原田正純も自著で、以下のように綴っている。

〈会場は熱気に包まれていたのはいいのですが、驚いたのはその宣伝にです。あのユージン・スミスの智子さんとお母さんの〝母子像〟の写真の大氾濫でした。品川駅から会場まであの大きなポスターが張り巡らされていました。（中略）チケットにもあの「母子像」の写真です。これが都会風、現代風の大量宣伝なのでしょうか。しかし、駅でチラシを配るということは捨てる人も落とす人もいます。あの都会の品川駅です。当然踏みつけて行きます。ポスターだって雨風に打たれれば剝げ落ちます。わたしもそうですが、何人もの水俣病を知る人が顔をしかめました〉（『宝子たち』）

智子の写真が雨に濡れて踏まれていた、という話は半ば一人歩きし、それが写真封印の原因だ、という伝説が出来上がっていった。だが、今回、調べてみたところ「水俣・東京展」でのチラシやチケットに、ユージンの写真は使われていないことがわかった。また、ポスターは、確かにたくさん品川駅構内や周辺に貼られていたと言うが、開催期間中に強く雨の降った日もわずかだと確認できた。その日に、原田のいうような光景が繰り広げられたのだろうか。

だが、上村の文章を読めばわかるように、雨に濡れて踏まれていたことに心を痛めた、ということではなく、智子の写真がひと目に晒され続けること、自分たちの知らないところで広く使われ続けていることへの親としての切なさ、それが「娘を休ませてあげて欲しい」という表現になっているのだとわかる。

新しい混乱

アイリーンは上村家の気持ちを受け入れ、写真に関する決定権は夫妻に帰属するとし、上村との間で〝誓約書〟を交わした。「一九九八年六月七日、私は上村さんのご両親と会い、この写真の新たな展示、出版等を行わないことを約束しました」と、そこには書かれている。

これによって、新しい混乱が起こった。アイリーンがユージンの傑作を封じてしまったというニュースは、少し遅れて写真界に伝わり、非難の嵐が起こったのだ。

「横暴だ」「表現の自由を侵害する気か」「写真の未来を壊す気か」と。

アイリーン本人の作品ではなく、ユージンの作品であることが、問題を複雑にした。なぜ、アイリーンが著作権を持つのか。なぜ、著作権者なのに写真を守ろうとしないのかと、言い出す人も出てきてしまう。

ユージンを崇拝する人たちはアイリーンが離婚した妻であると非難した。「亡くなるまで妻だったわけじゃない。ユージンを棄てた女だ」「ユージンの写真も思想もわかっていない」「再婚したのにスミスと名のり続けている」と。

〈何と罵倒されても、上村夫妻の気持ちを守ることが大事だと思ったから、私は反論しなかった。スミスを名乗っているのは、私が大人としてのアイデンティティを持った時の苗字がスミスだったから。二十一歳で結婚した時は、夫の姓になるのが当たり前だと私自身も思っていたし、社会もそうだった。その後、二回、結婚したけれど、夫の姓は名乗らなかった。それにアメリカには日本のように離婚したら父親の苗字に戻る、という習慣はない。それだけのことなのに〉

日本だけではなかった。ユージンの評伝を書いたジム・ヒューズをはじめ、「ライフ」に関わった人々、ユージンの知人、友人、ニューヨークのアートの世界の人達からも、「間違った判断だ」とアイリーンは批判された。

上村家の思いと、写真家をはじめとする表現者たちの価値観の間に広がる深い溝《みぞ》。だが、アイリーンは前者を尊重する道を選ぶと決めた。そのことを世界に向けて発表する必要を、彼女は感じた。

二〇〇一年七月五日にフランスのフォト・フェスティバルが企画した記者会見に臨み、アイリーンは改めて世界に向けて、以下の声明を英文で発表する。

〈（前略）ユージンは、「自分は写真家として二つの責任がある」といつも言っていました。一つは被写体に対する責任、もう一つは写真を見る人々に対する責任です。その二つの責任を果たせば、必然的に編集者・出版界に対する責任が果たされると言っていたのです。ユージンは“integrity”（清廉潔白であること）とそれを守るための頑固さをもっとも大切にしていました。
ユージンが主張するこの信念を尊重するために、私は著作権者として、《入浴する智子と母》の写真を今後発表しないと決断したのです。そして、この決断は沢山の検討を重ねた上、慎重に、愛情を込めて行いました。（中略）
この写真が智子ちゃんを尊重しないのでは、この写真は無意味になってしまいます。智子ちゃんとご家族の意思に反して発表され続けてしまうのなら、冒瀆になってしまうのです。この写真は智子ちゃんの命について語るステートメントであり、だからこそその命を尊重し、またそのことを通して今は亡き彼女の死を尊重する写真でなければならないのです。
また、著作権保持者として、私は写真を観る側に対する責任も果たさなければなりません。

観る側の人々に偽ってはならないのです。この写真はこれ以上発表し続けるべきものではないという事実を隠しながら、いったいどうしてこの写真を出版することができるというのでしょうか〉（京都国立近代美術館編『W．ユージン・スミスの写真』所収）

アイリーンは、彼女自身にも葛藤があったのだと私に語ったことがある。

〈新聞社や雑誌社、あるいは公害問題に取り組む人たちから、写真を貸してくれと電話がかかってくる。「ほら、あのお風呂の写真、貸してくださいよ」といった言われ方をする。あれさえあればいいんだと、智子ちゃんに頼りすぎていると思っていた。自分たちで努力して表現しよう、伝えようとしていない。でも、この写真を出し続けることが私の義務なんだ、そう自分に言い聞かせていた。水俣を風化させてはいけない、公害撲滅のために智子ちゃんやご両親が力を貸してくれたんだから、そう思っていた〉

封印後もユージンの写真がいかに社会的影響力を持つものであったかを考えさせられる出来事が続いた。ひとつ、予期できなかったこととして、インターネットの登場がある。写真が次々と勝手にアップされてしまうのだ。著作物での公開を封印したことにより、逆にネット上に氾濫し、簡単に見られてしまうことになった。それを取り締まることは、とても難しい。刊行物やイベントで使いたいと許可を求めてきた人は断わり、インターネット上には無許可で掲載されていく、という状態が続いた。

ユージンの生誕百周年を記念して、二〇一七年十一月から翌年一月まで、東京都写真美術館では「生誕100年　ユージン・スミス写真展」が開催された。私も足を運んだが、会場には若い人の姿も多く、ユージンの人気の高さを改めて知った。だが、ここにも、「入浴する智子と母」は展示されてはおらず、図録にもなかった。主催者は何度もアイリーンに「展示させて欲しい」と掛け合ったが、アイリーンは断った。展示期間中の十二月三日、同展覧会でシンポジウム「ユージン・スミスを語る」が開かれ、アイリーンも石川武志も参加。その打ち上げの席で、かつて水俣でユージンを囲んで同じ時を過ごした二人は封印に対して真逆の意見を述べた。石川は、「人類にとって失われてはならない作品。ユージンが生きていたら封印は望まないはずだ」と述べ、アイリーンは、「ユージンなら封印したはずだ」と強く反論した。

作品を購入した美術館や博物館にも、アイリーンは展示を配慮して欲しいという旨を伝えた。多くがアイリーンの意向を尊重する方針を取ったが、購入作品が展示できないというのは、所蔵する側からすれば、大きな損失である。

映画化で新たな展開に

ところが、突然、アイリーンはその縛りを自ら解いた。アメリカの人気俳優、ジョニー・デップが製作、主演するハリウッド映画、『MINAMATA』（二〇二一年、日本公開）の作中で、この写真の使用を許可したのだ。上村家の考えが変わり、封印が解かれたのだと、これまでの経緯を知る人は思うだろう。だが、実際には上村家に事前の相談はなく、アイリーンの独断だった。上村夫妻のところには、撮影後に報告したという。

映画に合わせて長く絶版になっていた写真集も再販を決め、そこにも智子の写真は載せる予定だという。では、ほかの媒体はどうするのか。今後はどうしていくつもりなのか。私はアイリーンに考えを尋ねたが、彼女は「映画の公開前には、何らかの文書を発表したいと思うが、今はまだ、考えをまとめられない」と言った。また、映画で使われるのであれば、ユージンとアイリーンの水俣を追いかけた本書でもできれば口絵で紹介させて欲しいとアイリーンに相談したところ、「上村家に直接聞いて欲しい」と言われた。私はすでに上村夫妻にもお会いし、話を聞いている。好男は八十代後半。肝臓がんを患っている。それでも自宅でインタビューに応じてくれた。

私は二〇二一年七月二日に水俣の上村家を再訪した。

ぜひ、写真を掲載させてほしいという相談に対し、好男は言った。

「あの入浴の写真じゃないとだめなんですか」

〈時間が経てばだんだん考えるようになってきますから。他のこどもたちも、「姉ちゃんまた、こういうふうに出ていくのか」と思うし。私たちにとっても大事な写真なんですよね。他の写真だったらいいんですけれど。あの写真は……。ユージンさんが来たのは、もう昔。彼らも、しょっちゅう来るから、親近感が湧いて。

あの写真はいい写真だと、それは私たちも思うけれど。でも、親や家族としての思いは別なんです。アイリーンさんは写真が出ればいいんでしょうけれど、写真を出すというのは、それは結果として糧となるわけですよね。でも、智子は亡くなって、あの世でこうやって写真が出ることをどう思うか、って親は考えるんですよ。写真で世の中に訴えることにもなるのかもしれないけれど、その写真でだいぶもうかっただろうということは世間に言われたし、一円ももらっていませんと言ったけれど、そう思ってくれない。入浴の写真は……。親やきょうだいとしては、あの写真は使われたくないんです〉

「あの写真じゃないとだめなんですか」と好男に何度も言われ、私は、「あの作品が」と何度も答えるうちに、思った。家族からすれば、自分の娘が水銀の深刻な被害をうけた裸身を写された写真を「作品」と言われるだけでも、腹立たしいことなのではないか、と。また、傑作だ、現代のピエタだ、人類の遺産だ、といくら言われても、水俣の中では、「お金がもうかってよかったね」と言われる日常があるのだ、と。

ハリウッド映画に使われていることについて尋ねると、上村は穏やかな声で、「やっぱり使ってもらいたくはなかった。でも相談はなかったから」と言う。

ハリウッド映画によって水俣病がふたたび注目される。そのことを喜んでいる水俣病関係者も多い。環境問題に関心を寄せるジャーナリズムも後押しをするだろう。写真の権利は著作権者に所属するので、被写体となった上村家には本来、許諾の権利はない。しかし、こうした流れの中で、上村家の苦悩や思いが押し込められてしまったならば、それは発展のためには小さな犠牲があって当然だとする考えをなぞることになってしまう。

撮る者と撮られる者。ユージンも智子も、この世の人ではない。両者の意見を聞くことは永遠にできない。身近にあった人々が、「ユージンならば」「智子は」と心中を慮《おもんぱか》るばかりだ。訴訟後の水俣の複雑さが影を落とし、上村家やアイリーンの心の変化によって、写真の運命が揺れ動く。ユージンは対話を重んじる人だった。彼ならば上村家ともっと感情をさらけ出した話し合いをし、解決の道はないか社会にも問いを投げかけ模索し続けたのではないかと思う。それが彼の語っていた「写真家としての責任」ではなかったろうか、と。

終章　魂のゆくえ

チッソの社名変更と病名改正の要求

水俣病が公式に確認されてから六十五年。

水俣駅の改札を抜けた正面には、駅舎と向き合うように、二〇二一年の今も旧チッソの水俣工場が操業を続けている。

補償によって莫大な借財を負ったチッソには、多額の税金が投入された。それらは補償金に回されただけではなく、補償金を生み出すには新規事業が必要だという考えのもと、研究開発費にも回されて、チッソは液晶材料の開発に力を入れる。それは大きな実を結び、ドイツのメルク社と世界で業界一、二位の座を争うまでの事業となった。二〇〇〇年代に、チッソは過去最高収益を上げる。少なくとも二〇一六年までは圧倒的な収益を誇っていた。携帯電話、テレビ、パソコン。気づかぬところで私たちは、チッソの製品を使用しているのだろう。しかし、液晶事業も現在は頭打ちであるという。患者への補償など、水俣病関連の支出総額は、二〇二一年三月時点で約四千億円。そのうち約二千億円は公的債務となっている。

現在、水俣工場の正門にはチッソという文字は、書かれておらず、「ＪＮＣ」と見慣れぬ社名が刻まれている。Japan New Chisso の略であるという。かつては東洋一の化学メーカーとして燦然《さんぜん》と輝いていたその名は、水俣病とともに忌まわしい響きとなり、会社自ら社名の変更を強く望んできたものの、被害者から、社名が消されては加害の所在が曖昧になってしまう危険性があると強い反対を受け、長く果たせずにきた。だが、二〇一一年に、彼らは念願の分社化とともに、社名を変更する許可を国から得るのである。

また一方では、水俣病の病名変更を求める声も、この町にはずっと燻《くすぶ》り続けている。工場正門に近い国道沿いの私有地には、ベニヤ板の立て看板が掲げられ、そこには大きくこんな文字が躍っていた。

メチル水銀中毒症へ
病名改正を求める!!
水俣市民の会

「水俣病の水俣」と言われることで傷ついてきた、故郷はどこかと聞かれて「水俣」と答えられない、結婚や就職の差別を受けるのは耐えがたい、もう水俣病という言葉を聞きたくないという声は一貫して地元に根強くある。

批判の矛先は、今でも水俣病を起こした加害者ではなく、補償金を受け取った被害者に向けられがちだ。

一方で、企業城下町といわれる町には、今も城が城として残り、お濠に譬《たと》えられた工場を一周する排水溝も、水銀が流され続けた百間口もそのままである。

ただし、その先に続く百間港から海への景色は、当時とまったく異なるものとなっている。三木環境庁長官は百間口の周辺を視察して、ヘドロ処理事業をすると宣言。約束どおり一九七七年に着工された。

海底に積もった有害物質を取り出すことは不可能と判断し、水銀を吸い込んだヘドロを沖のほうからさらってきては、汚染のひどい工場近くの百間港付近に寄せ集め、埋め立てた。有機水銀が沁み出すことは当分ないという科学的説明のもとに。すべてが完成したのは九〇年三月である。総工費に四百八十五億円をかけて、五十八ヘクタールの広大な埋め立て地が出来上った。

汚染がひどく水俣病患者が次々と発見されている時でも、排水が怪しいようだとわかった時も、魚介が原因だとされた時も、漁獲を止める指示を行政が出さなかったのは、補償が生じるからであり、また、何よりも、そこに風評ではなく、被害そのものがあることを認めたくないという判断があったからだろう。

一九七三年には有明海の周辺でも水俣病と見られる病人がいると報道され、全国的に魚が売れなくなるという水銀パニックが起こった。チッソと同じような製法をとっている工場は他にもあり、水俣病は、水俣と新潟だけにあったとは言い切れない。しかし、国が徹底した調査をすることはなかった。

この時、熊本県知事は水俣湾内の漁獲を自粛するように要請し、県の委託を受けた水俣周辺の漁協組合員は、魚を捕獲しては巨大なドラム缶に詰め込み、処分するという作業にあたった。この魚の死骸たちも、ヘドロとともに百間港に埋められ、さらに水俣湾の湾口には、仕切り網が設置された。水俣の危険な魚はこの網の外には出ない、よって、その先の魚は安全だと印象づけるために。実際には網目を通って、小さな魚はいくらでも自由に出入りもし、また、船が通り抜けられるように、一部には仕切りのないところさえあったのだが。それでも網を設置したのは、かつて、チッソがサイクレーターを設置したのと、同じ理由であろうか。

終わらない患者の分断

第一次訴訟後、水俣病の申請を求める人々が続出した。認定作業が滞り、制度のあり様や審査の遅れに対して、いくつもの訴訟が起こされた。

こうした中で、一九九五年、村山政権下で政治解決が図られる。原因企業であるチッソが救済対象者（未認定患者）に一時金一人当たり二百六十万円を、被害者団体五団体に対して総額四十九億四千万円の加算金を支払う。また、国や県は水俣病救済が遅れたことを謝罪し、総合対策医療事業を行う。その代わりに、この救済を受けるものは訴訟や自主交渉、認定申請を取り下げる、というものだった。政府はこれを「最終解決案」とし、一九九六年一月から約半年ほど申請期間が設けられ、申請の通った人には医療手帳が交付された。被害者五団体との和解がなされ、約一万人がこの解決策を受け入れている。

しかし、この政治決着に参加しなかった関西地方に住む被害者団体が訴訟を続けた。二〇〇四年十月十五日、最高裁判決が下される。原告の勝訴となった。最高裁は国と県には賠償責任があるとし、さらに認定基準を見直して救済を広げるべき、との見解を示したのである。行政に衝撃を与える内容だった。これを受けて新たに、「水俣病被害者の救済及び水俣病問題の解決に関する特別措置法（特措法）」が二〇〇九年に施行された。約三万二千人が適用者となり、一時金と被害者手帳を手にした。被害者団体が受け取る団体加算金も三十一億五千万円支払われた。

これによって認定患者への補償責任をチッソは果たしたと見なされ、二〇一一年に社名変更や分社化が国から許可されることになったのである。

二〇一三年十月、水銀の使用を規制する国際条約が締結され、「水俣条約」と命名された。国際条約はそれが締結された都市名をつけることが慣例であり、この時は日本政府が、締結場所を日本の水俣にして欲しいと強く他国に要望し、実現したという。

水銀汚染は世界的な課題となっている。

だが、条約に「水俣」の名が使われることに対しても、市民から、これに反対する声があがった。ひとつは先に上げた、水俣病と水俣を切り離したいと願う人々からだった。条約の名前になってしまっては、いよいよ水俣病のイメージを消せなくなってしまう、と。

そして、もうひとつは水俣病の被害を訴える人々の間から出された。水俣病被害者への補償、救済が不十分にしかできていない日本政府に、水俣を条約名とする資格があるのか、と。

これほど複雑な経緯を辿った水俣病について、現代日本人はどれほど理解しているのか、どれほど知り得ているのか。たとえば、水俣病の被害者数を答えられる人がいるだろうか。熊本県と鹿児島県で法律に基づき認定された人は約二千三百人。何らかの形で公的救済を受けた人は約七万人。だが、全体像は永遠に誰にもわからないだろう。

すべては、あいまいなままである。あいまいにされていく。

どれほど海を汚染し、どれほどの被害を与えたのか。誰にも全てはわからない。

水俣の教訓を生かして、水俣を乗り越え、水俣を解決し、水俣にはならない、水俣とは違う、水俣のようだ……。なぜ、そんな言葉を使うことができるのだろう。私たちはこんなにも、何も知らないというのに。

ユージンが見ていた未来

水俣病の多発地帯として知られた海辺の村々には空き家が目立った。

ユージンとアイリーンが暮らしていた頃は、どの波止場にも小さな船が繋がれ、朝靄が立ち込める中、漁に出る人々がいた。しかし今、漁を生業とする人は、ほとんどいない。湯堂の入江に浮かぶのは、大半がレジャーのための船のようだ。

村の人々は車でスーパーに行き、新鮮とは言えぬ魚を買って食べる。かつて補償金を手にした人々は争うように家を建て、市民は「奇病御殿」と陰口を叩いたというが、そうした家々も、今は人影がなく静かな荒廃が伝わってくる。

ユージンは写真を撮っていた当時から、すでに今日のこの事態を見透していたのではないか、と思うことがある。

写真集の最後に、彼はこう書いている。

〈チッソ――水俣「病」の悲劇は、消えはしないだろう。法的、道徳的にいくつもの対立があるが、どの集団にも、そこに属する誰にとっても、真の勝利はもたらされない。被害者と彼らを愛する者たちに、金銭的な救済がわずかになされるだけである。

だが、水俣がこれから起こる、新しい産業革命の、土台とされていく可能性はあるのだ。つまりは、後から振り返った時、GDPの名のもとに環境を破壊する不可侵の権利など、産業界は有してはいないという自覚が、この水俣という闘技場から誕生した、ということになる可能性だ。人類が地球という惑星をきちんと管理する責任を負うようになった時、その時代に生きる人々は水俣病事件という過去を振り返り、子孫のために最初の産業革命で始まった自然からの収奪を止め、人類を守ってくれた力を、勇気をもたらす魂の力を、そこに見出すことであろう。そうなるならば、それはひとつの勝利となり得るのかもしれない〉（『MINAMATA』英語版）

写真集『MINAMATA』の中で最も著名な作品は、言うまでもなく「入浴する智子と母」である。だが、水俣の地を訪れ、歩き、私が改めて今、強く惹かれる一枚は、写真集の最後を飾る作品である。水俣病を患う老女の後ろ姿を捉えたものだ。この写真は、ユージンが終戦の翌年に撮影した、もう一枚の傑作を思い起こさせる。「楽園への歩み」を。

森を抜けて光の中へと、手をつないで歩み出そうとする少年と少女の後ろ姿。おぼつかなくも力強い、子どもたちの歩み。第二次世界大戦の翌年に彼が再起を誓って撮った一枚である。それに対する答えのように、彼はこの写真を写真家人生の最後の一枚とした。

高度経済成長を経た日本で撮られた、この老女の後ろ姿に、私たちは何を感じればいいのだろう。

彼女には手をつなぐ相手はいない、彼女がすがるのは杖であり、歩む先にあるものは光の射す「楽園」ではなく、彼女の住まう障子の破れた家である。そして彼女の左手にはビニール袋が握りしめられている。文明を握りしめて、私たちはどこへと向かうのか。


かつてユージンとアイリーンが暮らした出月の家も、暗室と編集室にした家も、取り壊されて今はもうない。跡地には、それぞれ草木がうっそうと生い茂っていた。夢の跡地。暗室の壁に、ユージンはかつて英文でこんな落書きをした。石川が、それを写真に残していた。

私の写真たちは
とても静かに言う
君、見るんだ、これを見て
そして耳を傾けて
君、見るんだ、これを見て

そして考えて
君、見るんだ、これを見て
そして反応して
私が強いたからではなく、
君が反応したから
私の写真たちはとても切実に
しかし、とても静かに、君に求める
君が考え、感じることを
これが私の、私の写真たちに希望することである

あとがき

この原稿を書いている二〇二一年七月、コロナが蔓延する中で東京オリンピックが開会した。前回の東京オリンピックが開かれたのは、一九六四年。敗戦から立ち上がり、驚くような経済復興を成し遂げた、輝かしい過去として当時を懐かしみ、礼讃する人も少なくはない。だが、それはまさに、公害問題が噴き出す前夜の祭りであった。

近代とは何か、人間とは何か――。

ユージンが水俣で見つめていたものを追いかける中で、ずっと考えさせられていたことである。経済成長をひたすら追い求めていく中で、水俣病は起こった。日本社会が未だにあの頃を理想として考えるのであれば、また、過ちは繰り返されるのだろう。現に日本ではその後、福島原発の深刻な事故が起こっている。十分に水俣の教訓が生かされていれば、安全性や環境が重視される社会となっていれば、あの事故は起こり得なかったのではないか。

有機水銀と放射能、チッソと東京電力という違いはあるが、そこに見られる構造、現地で起こったこと、起こりつつあることは、水俣とあまりにも似通っている。

どんな汚染物質も海に流せば、薄められて無害になるという考えは、今でも改められていない。

だが、それらは海に広がり薄まりはしても、決して消えてなくなるわけではないのだ。地球上に漂い続け、堆積し、やがては濃縮されて、人間へと返される。

誰かがその危険性を指摘しようとしても、確固とした「科学的根拠」を示せという声によって、かき消されてしまう。科学の常識という言葉は、いつも都合よく使われる。世界は未知に満ちており、人間が知り得ていることは、わずかであるという自明の事実を忘れ、謙虚さを失う。これもまた、水俣で見られたことではなかったろうか。

ユージンとアイリーンが出会い、水俣へ向った。それは、私には彼らが水俣によって選ばれ、水俣によって呼び寄せられたように思えてならない。ふたりの結婚には、最初から水俣が介在していた。見えざる神の手というものを、そこに感じる。

ユージンは戦争で日本と出会った。戦争は彼と彼の写真を大きく変えた。戦後、彼は医療に従事する人を、病に苦しむ人を、田舎町で昔ながらの生活を送る市井の人を撮った。あるいはピッツバーグや日立のような工業都市で働く労働者の、どこか寂しげな姿を。そうした仕事の延長に、彼の水俣作品はある。

優しい人、澄んだ目をしたガイジンさん。面白くて、楽しい人。患者たちは、一様にそうユージンの思い出を語る。だが、ユージンは彼らにカメラを向けながら、水俣を写すことで世界に何を訴えられるかを常に考えていたのだ。

ユージンは患者たちを「水俣病患者」としてではなく、「傷つけられてしまった人間」として受け止めていた。人間とは何か、という彼の大きな問いかけがそこにはあり、水俣病患者たちを哀れみの対象として見てはいない。絶望せずに、生きるための闘いをする勇気ある人々——。

ユージンもまた心身を負傷した、壊され傷ついた救済を求める人間だった。だからこそ、彼らの闘いに希望を託していたのだろうし、だからこそ、裁判に勝って補償金を得ても、それは解決にはならないということにも気づいていたのだろう。彼はまた、被害者と加害者の対立をことさらに際立たせて表現しようともしなかった。写真からは、罪を犯してしまったもの、罪人《つみびと》への憐れみの視線も伝わってくる。彼は常に個人を超えた人間の原罪を見つめ、それを表現しようとしていたのではないだろうか。

ユージンが写真集の最後の文章を書いてから四十年以上の歳月が流れている。私たちは、ユージンのいう「真の勝利」を手にしたのだろうか、手にしつつあるのだろうか。今、世界を覆うコロナ禍は、その契機となり得るのだろうか。

執筆にあたっては水俣病の複雑さ、深さを、つくづく痛感した。多くの書籍に目を通したが、岡本達明氏の徹底した社会科学的なアプローチによる一連の作品には、とりわけ学ぶところが多かった。氏には私の初歩的な質問にも応じて頂き、感謝申し上げたい。また、高峰武氏にも。

ジム・ヒューズや、ベン・マドウの手による翻訳されていないユージン・スミスの評伝、そして『MINAMATA』（英語版）他英語資料を読むにあたっては、翻訳家の徳川家広氏から多大な協力を得た。また松原健太郎氏にも一部、お手伝い頂いた。

コロナ禍で取材が制限される中で水俣問題に関心を寄せる多くの方々、患者さん、そのご家族やご遺族に、ご尽力頂いた。心から御礼申し上げたい。病身の身で面会に応じてくれた上村好男、良子夫妻にも。そして最後にアイリーン・美緒子・スミスさん。知り合ってからの長い年月、私たちはどれだけ会話をしたことだろう。アイリーンさんが、橋を渡してくれたのだ。私をユージンに、水俣に。

ユージンに会うことは、もちろん叶わない。だが、私たちには幸い、彼の作品が残されている。彼は作品を通じて、今も私たちの心を揺さぶり続けている。そして、耳元で囁くのだ。とても、小さな声で。

見て、感じて、そして、自分で考えてくれ、と。

（文中敬称略）

二〇二一年八月六日

石井妙子

カバー写真　石川武志
装幀／本文レイアウト　大久保明子
地図　精美堂
写真提供　アイリーン・美緒子・スミス
「楽園への歩み」のみ Center for Creative Photography, University of Arizona

主要参考文献一覧

※ユージン・スミスとアイリーン・美緒子・スミスの共著である写真集『MINAMATA』の引用にあたっては、英語版を新たに日本語訳して使用した箇所と、日本語版『水俣』の訳文をそのまま引用した箇所があり、本文中にそれを明記している。

W・ユージン・スミス、アイリーン・美緒子・スミス『MINAMATA』ホルト・ラインハルト&ウィンストン社　一九七五年（英語版）

W・ユージン・スミス、アイリーンM．スミス　中尾ハジメ訳『写真集 水俣』三一書房　一九八〇年（日本語版）

第一章

岡崎久次郎『裸一貫より光之村へ　岡崎久次郎奮闘回顧録』日米商店　一九三四年

『精神的に甦生せる岡崎久次郎氏』日統社　一九三二年

『高商二八同級会四十季記念録』如水会内二八同級会　一九三六年

久米正雄『吾亦紅・光の漣』非凡閣　一九三九年

岡崎久次郎著・金川文楽編『矢でも鉄砲でも』岡倉書房　一九四〇年

西田天香『懺悔の生活』春秋社　一九二一年

宮田昌明『ミネルヴァ日本評伝選　西田天香――この心この身このくらし――』ミネルヴァ書房　二〇〇八年

粟屋憲太郎『昭和の歴史⑥』小学館ライブラリー　一九八八年

植田紗加栄『そして、風が走りぬけて行った　天才ジャズピアニスト守安祥太郎の生涯』講談社　一九

九七年
Michiko Halleux『私の一代記　岡崎家の周りに起きた昭和の激動―思い出すままに――』非売品

第二、三章

ジム・ヒューズ『W.Eugene Smith : Shadow and Substance : The Life and Work of an American Photographer』McGraw-Hill　一九八九年
ベン・マドウ『LET TRUTH BE THE PREJUDICE : W.Eugene Smith His Life and Photographs』Aperture　一九八五年
ジョン・G・モリス『20世紀の瞬間　報道写真家――時代の目撃者たち』光文社　一九九九年
新井敏記『モンタナ急行の乗客』新潮社　一九九四年
土方正志『ユージン・スミス　楽園へのあゆみ』偕成社　二〇〇六年
村上由見子『百年の夢――岡本ファミリーのアメリカ』新潮社　一九八九年
『ユージン・スミス写真集　１９３４―１９７５』岩波書店　一九九九年
『真実と人間愛――ユージン・スミス展――スミスの遺志を受け継ぐ12人の写真家とともに』ＰＰＳ通信社　一九九二年
W・ユージン・スミス『ユージン・スミス写真集』クレヴィス　二〇一七年
東京都写真美術館「ユージン・スミスの見た日本」一九九六年

第四章

水俣市『新水俣市史　上下』一九九一年
岡本達明・松崎次夫編『聞書水俣民衆史第一巻「明治の村」』草風館　一九九〇年
岡本達明・松崎次夫編『聞書水俣民衆史第二巻「村に工場が来た」』草風館　一九八九年
岡本達明・松崎次夫編『聞書水俣民衆史第三巻「村の崩壊」』草風館　一九八九年

岡本達明・松崎次夫編『聞書水俣民衆史第四巻「合成化学工場と職工」』草風館　一九九〇年
岡本達明・松崎次夫編『聞書水俣民衆史第五巻「植民地は天国だった」』草風館　一九九〇年
岡本達明『水俣病の民衆史　第一巻　前の時代』日本評論社　二〇一五年
岡本達明『水俣病の民衆史　第二巻　奇病時代』日本評論社　二〇一五年
岡本達明『水俣病の民衆史　第三巻　闘争時代（上）』日本評論社　二〇一五年
岡本達明『水俣病の民衆史　第四巻　闘争時代（下）』日本評論社　二〇一五年
色川大吉編『新編　水俣の啓示　不知火海総合調査報告』筑摩書房　一九九五年
水俣病研究会編『水俣病事件資料集　上巻』葦書房　一九九六年
水俣病研究会編『水俣病事件資料集　下巻』葦書房　一九九六年
『日本の企業家（3）昭和篇』有斐閣　一九七八年
水俣病研究会『水俣病にたいする企業の責任――チッソの不法行為』水俣病を告発する会　一九七〇年
富田八郎編『水俣病――水俣病研究会資料』水俣病を告発する会　一九六九年
熊本大学医学部水俣病研究班『水俣病――有機水銀中毒に関する研究』一九六六年
有馬澄雄編『水俣病――20年の研究と今日の課題』青林舎　一九七九年
岡本達明・西村肇『水俣病の科学』日本評論社　二〇〇一年
栗原彬編『証言　水俣病』岩波新書　二〇〇〇年
原田正純『水俣病』岩波新書　一九七二年
原田正純『水俣病は終っていない』岩波新書　一九八五年
原田正純『水俣病にまなぶ旅　水俣病の前に水俣病はなかった』日本評論社　一九八五年
宮澤信雄『水俣病事件四十年』葦書房　一九九七年
石牟礼道子『苦海浄土　全三部』藤原書店　二〇一六年
石牟礼道子編『水俣病闘争　わが死民』現代評論社　一九七二年
宇井純『公害の政治学――水俣病を追って』三省堂　一九六八年

後藤孝典『ドキュメント「水俣病事件」1873〜1995 沈黙と爆発』集英社 一九九五年
高峰武編『水俣学ブックレット6 水俣病小史』熊本日日新聞社 二〇〇八年
高峰武『水俣病を知っていますか』岩波書店 二〇一六年
宮澤信雄『水俣学ブックレット4 水俣病事件と認定制度』熊本日日新聞社 二〇〇七年
NHK取材班『NHKスペシャル 戦後50年その時日本は 第三巻 チッソ・水俣――工場技術者たちの告白 東大全共闘――26年後の証言』日本放送出版協会 一九九五年
水俣病に関する社会科学的研究会『国立水俣病総合研究センター「水俣病に関する社会科学的研究会」報告書 水俣病の悲劇を繰り返さないために―水俣病の経験から学ぶもの―』非売品 一九九九年

DVD

『水俣―患者さんとその世界―〈完全版〉』シグロ 一九七一年
『水俣レポート1 実録公調委 勧進 死民の道』シグロ 一九七一、七二、七三年
『水俣一揆―一生を問う人びと―』シグロ 一九七三年
『医学としての水俣病―三部作― 第一部 資料・証言篇』シグロ 一九七四年
『医学としての水俣病―三部作― 第二部 病理・病像篇』シグロ 一九七四年
『医学としての水俣病―三部作― 第三部 臨床・疫学篇』シグロ 一九七四年
『不知火海』シグロ 一九七五年
『わが街わが青春―石川さゆり 水俣熱唱―』シグロ 一九七八年

第五章

岡本達明『水俣病の民衆史 第四巻 闘争時代(下)』日本評論社 二〇一五年
岡本達明『水俣病の民衆史 第五巻 補償金時代』日本評論社 二〇一五年
水俣病を告発する会編『縮刷版 告発 創刊号―第二四号』東京・水俣病を告発する会 一九七一年
水俣病を告発する会編『縮刷版 告発 続編 第二五号―終刊号』東京・水俣病を告発する会 一九七

四年
川本裁判資料集編集委員会編集『水俣病自主交渉川本裁判資料集』現代ジャーナリズム出版会　一九八一年
法律時報臨時増刊「特集・水俣病裁判」日本評論社　一九七三年二月二十日
細川一「今だからいう水俣病の真実」『文藝春秋』一九六八年十二月号
石牟礼道子編『不知火海——水俣・終りなきたたかい』創樹社　一九七三年
川本輝夫『水俣病誌』世織書房　二〇〇六年
千場茂勝『沈黙の海——水俣病弁護団長のたたかい』中央公論新社　二〇〇三年
塩田武史『僕が写した愛しい水俣』岩波書店　二〇〇八年
石川武志『MINAMATA　NOTE——私とユージン・スミスと水俣　一九七一～二〇一二』千倉書房　二〇一二年
桑原史成、塩田武史、宮本成美、W・ユージン・スミス&アイリーン・美緒子・スミス、小柴一良、田中史子、芥川仁『写真集　水俣を見た7人の写真家たち』弦書房　二〇〇七年

第六章

川本輝夫『水俣病誌』世織書房　二〇〇六年
同刊行委編『嶋田賢一さんを偲ぶ』一九八四年
W・ユージン・スミス、アイリーン・M・スミス、石牟礼道子『花帽子——坂本しのぶちゃんのこと』創樹社　一九七三年
吉田司『下下戦記』文春文庫　一九九一年
緒方正人『チッソは私であった』河出文庫　二〇二〇年
緒方正人語り・辻信一構成『常世の舟を漕ぎて——水俣病私史』世織書房　一九九六年

第七章
山口由美『ユージン・スミス——水俣に捧げた写真家の１１００日』小学館　二〇一三年
原田正純『宝子たち——胎児性水俣病に学んだ50年』弦書房　二〇〇九年
上村好男「ユージン・スミス＋アイリーン・スミスの智子の写真と私の家族」『水俣ほたるの家便り第十号』一九九九年七月一日
『アイリーン・スミス・コレクション　W・ユージン・スミスの写真』京都国立近代美術館　二〇〇八年
「ETV8　二人のフォトジャーナリスト（1）　トモコの小さな声　ユージン・スミスが水俣で見たもの」NHK　一九八六年

終章
津田敏秀『医学者は公害事件で何をしてきたのか』岩波現代文庫　二〇一四年
東島大『なぜ水俣病は解決できないのか』弦書房　二〇一〇年
岡本達明『水俣病の民衆史　第六巻　村の終わり』日本評論社　二〇一五年
宇井純『新装版合本　公害原論』亜紀書房　二〇〇六年
宮本憲一『戦後日本公害史論』岩波書店　二〇一四年
P・グランジャン他「7歳児における胎児期メチル水銀曝露による認知機能の低下」水俣病研究会編『水俣病研究　3』弦書房　二〇〇四年
中地重晴『水俣学ブックレット11　水銀ゼロをめざす世界　水銀条約と日本の課題』熊本日日新聞社　二〇一三年

石井妙子（いしい　たえこ）

1969年神奈川県茅ヶ崎市生まれ。白百合女子大学国文科卒業。同大学院修士課程修了。お茶の水女子大学女性文化研究センター（現・ジェンダー研究所）に教務補佐員として勤務後、囲碁観戦記者を経て、『おそめ　伝説の銀座マダムの数奇にして華麗な半生』を発表、ノンフィクション作家として活動を始める。作品に『満映とわたし』（岸富美子との共著　文藝春秋）、『原節子の真実』（新潮社　第15回新潮ドキュメント賞受賞）など。『女帝 小池百合子』（文藝春秋）で第52回大宅壮一ノンフィクション賞受賞。

魂《たましい》を撮《と》ろう
ユージン・スミスとアイリーンの水俣《みなまた》

二〇二一年九月十日　第一刷発行

著　者　石井《いしい》妙子《たえこ》
発行者　大松芳男
発行所　株式会社　文藝春秋
〒一〇二‐八〇〇八
東京都千代田区紀尾井町三番二十三号
電話　〇三‐三二六五‐一二一一
印刷所　凸版印刷
製本所　大口製本
組　版　ローヤル企画

ISBN978-4-16-391419-0